GRUNDLAGEN
DER HORIZONTAL-BOHRTECHNIK

Schriftenreihe aus dem
Institut für Rohrleitungsbau
Oldenburg

Band 13

Ernst Fengler /Sascha Bunger

GRUNDLAGEN DER HORIZONTAL-BOHRTECHNIK

2. Auflage

Herausgeber: Prof. Dipl.-Ing. Thomas Wegener

Bibliografische Information Der Deutschen Bibliothek

Die Deutsche Bibliothek verzeichnet diese Publikation in der Deutschen Nationalbibliografie; detaillierte bibliografische Daten sind im Internet über

http://dnb.ddb.de

abrufbar.

ISBN 978-3-8027-5325-1

Ein Unternehmen der Oldenbourg-Verlagsgruppe
Huyssenallee 52-56, D-45128 Essen
Telefon: (02 01) 8 20 02-0, Internet: http://www.vulkan-verlag.de

Lektorat/Projektmanagement: Dipl.-Ing. (FH) Nico Hülsdau
E-Mail: n.huelsdau@vulkan-verlag.de

Herstellung: H.-Jürgen Widuckel

Vorwort zur 2. Auflage

Mit dem Erscheinen der Erstauflage des vorliegenden Werkes zum Ende des Jahres 1997 – also nunmehr vor rund zehn Jahren – war die Absicht des iro verbunden, eine in Europa und in Deutschland immer noch junge Technologie einem breiteren Publikum zu präsentieren. Dabei wurde wesentliches Gewicht sowohl auf das zur Durchführung einer Bohrung notwendige Basiswissen als auch auf die praktischen Fragen bei der Durchführung einer HDD-Bohrung gelegt, das Buch sollte dieses innovative Verfahren des grabenlosen Bauens so beschreiben, dass Planer und Bauherrn die vielfältigen Möglichkeiten besser erkennen und da, wo es angezeigt ist, mit größerem Vertrauen zu dieser Baualternative greifen. In vielen Stunden und mit unendlicher Geduld hatte der damaligen Mitarbeiter des iro, Ernst Georg Fengler, das am iro vorhandene Wissen mit dem zahlreicher Fachleute und Experten aus dem Umfeld der HDD-Technik angereichert.

Seit geraumer Zeit ist diese Erstauflage vergriffen. Dies war Anlass genug für Sascha Bunger, Diplomand und Mitarbeiter des iro so wie seinerzeit E. G. Fengler, die erste Auflage gründlich zu überarbeiten und zu aktualisieren. Auch S. Bunger bedurfte der Mithilfe einiger Fachleute um das Buch mit dem nun vorliegenden Inhalt zusammenstellen zu können. Für diese Unterstützung ist insbesondere

- Ralf Kiesow, Prime Drilling GmbH,
- Dr. Jürgen Rammelsberg,
- Dr. Hans-Jürgen Kocks, Mannesmann Fuchs Rohr GmbH,
- Dr. Thorsten Späth, egeplast – Werner Strumann GmbH & Co. KG,
- Dr. Rüdiger Kögler, Ingenieurbüro Dr. Rüdiger Kögler,
- Michael Wiedermann, GELTEQ e. K.,
- Gerhard Herrmann,
- Günther Moll, Moll – prd Planungsgesellschaft für Rohrvortrieb und Dükerbau,
- Werner Limbach, Ingenieurbüro Nickel GmbH
- Ernst-Georg Fengler, LMR Drilling GmbH Oldenburg

zu danken. Dabei hat sich der zuletzt genannte bei der Weiterentwicklung des Werkes herausragend engagiert. Weiterhin wären noch eine Reihe von Personen zu nennen, z. B. für die Übernahme des fachlichen Lektorats durch Claus Schmidt sowie der abschließende Korrektur durch Herrn Heyer, es scheint jedoch geraten an dieser Stelle darauf zu verzichten.

Sascha Bunger hat in dem vorliegenden Band die bekannten Inhalte zum Teil neu geordnet, sinnvolle Details oder auch größere Abschnitte ergänzt sowie mit aktuellen Bildern und Tabellen der technischen Weiterentwicklung Rechnung getragen. Insgesamt wurde die nun übersichtliche Struktur des Buches hervorgehoben durch ein modernes Layout des VULKAN-VERLAGES in Essen, dessen Beitrag zum Erscheinen der 2. Auflage nicht hoch genug eingeschätzt werden kann.

Thomas Wegener

PRIME®
DRILLING
HDD-Technology

Inhalt

1. Einleitung

1.1 Was bedeutet HDD?

Die Horizontalbohrtechnik (engl. **H**ORIZONTAL **D**IRECTIONAL **D**RILLING, kurz HDD) stammt aus den USA und ist dort im Laufe der siebziger Jahre im Bereich der Tiefbohrtechnik entwickelt worden. Ausgangsbasis war, dass mittels horizontaler Bohrungen Lagerstätten fossiler Brennstoffe besser erschlossen werden konnten, als durch herkömmliche vertikale Bohrungen.

Durch damals neuartige Bohrlochsohlenantriebe und Bohrlochvermessungssysteme (**M**easuring **W**hile **D**rilling = MWD) wurden die Voraussetzungen geschaffen, eine Kurve gezielt zu bohren. Das horizontale Richtbohren hielt auf diese Weise Einzug in die Bohrtechnik.

Es wurde zunächst bis in eine vorher definierte Tiefe senkrecht gebohrt und dann eine Kurvensektion oder eine Kurvensektion mit zwischengeschalteten Tangentensektionen abgebohrt, bis die Bohrung mehr oder weniger horizontal in die Lagerstätte eintrat.

Später wurde dieses Bohrverfahren abgewandelt und auch im Rohrleitungsbau zur Unterquerung von Flüssen und ähnlichen Hindernissen eingesetzt. Als Geburtsstunde des HDD im heutigen Sinne gilt eine etwa 180 m lange Bohrung aus dem Jahre 1972, mit der der Fluss Pajaro in der Nähe des Ortes Watsonville, Kalifornien, mit einer Gashochdruckleitung DN 100 aus Stahl unterquert wurde.

In den 1970er Jahren war der Einsatz dieser Technik auf relativ kurze Kreuzungslängen beschränkt. Insgesamt wurden in dieser Zeit etwa 40 Bohrungen ausgeführt, die allesamt in den USA stattfanden. In den 1980er Jahren erfolgte eine rasante Weiterentwicklung des HDD-Verfahrens. Das Ergebnis war, dass diese neue Technologie weltweit bei Spezialprojekten im Pipelinebau eingesetzt wurde. In Europa sind HDD-Projekte erstmals Anfang der 1980 Jahre erfolgreich ausgeführt worden [1-1].

Das HDD-Verfahren wird zurzeit hauptsächlich zur Unterquerung von befestigten oder schützenswerten Oberflächen und Gewässern im grabenlosen Leitungsbau eingesetzt. Durch die stetige Weiterentwicklung der Technik haben sich neue Tätigkeitsfelder dieser Technologie entwickelt.

Für die erfolgreiche Anwendung des Verfahrens sind präzise Informationen über den zu durchbohrenden Baugrund wichtig, um die Ziele der gestellten Aufgabe technisch und wirtschaftlich optimal zu erreichen. Diese Ziele können zu dem nur erreicht werden, wenn alle Parameter, die zu einer solchen Maßnahme gehören wie z. B. Geologie, Gerätetechnik, Bohrspülung usw., miteinander abgestimmt sind.

In dem vorliegenden Handbuch werden die Grundlagen der Horizontalbohrtechnik erläutert und dem Leser die Hintergründe dieser grabenlosen Bautechnik vorgestellt. Mit Hilfe dieses Handbuches sollen u.a. Antworten auf folgende Fragen gegeben werden:

- Wie läuft prinzipiell eine HDD-Maßnahme ab?
- Welche Geräte und Werkzeuge sind auf einer Horizontalbohrmaßnahme zu finden?
- Aus welchen Werkstoffen bestehen die Produktenrohre bzw. was kann mit HDD eingezogen werden? Welche Verbindungstechniken sind für den Einsatz im HDD geeignet?

- Was ist eine Bohrspülung? Woraus besteht sie und welche Aufgaben haben die Inhaltsstoffe?
- Wie schafft es der Geräteführer den Bohrkopf an das Ziel zu bringen? Welche Möglichkeiten der Ortung stehen zur Verfügung?
- Was muss bei der Planung und bei der Durchführung einer Horizontalbohrmaßnahme beachten werden?

Auf theoretische Abhandlungen und grundlegende Erläuterungen aus der Physik oder der Chemie wird in diesem Rahmen weitestgehend verzichtet bzw. sie werden auf ein Mindestmaß begrenzt. Ziel soll es vielmehr sein, die Aspekte einer HDD-Maßnahme aus der Sicht der Beteiligten – sei es ausführende Baufirma, planendes oder begleitendes Ingenieurbüro oder Bauherr – zu verdeutlichen. Belange weiterer Beteiligter wie z. B. genehmigende Behörden oder Sachverständige für die Qualitätsprüfung oder für die Abnahme werden ebenso im notwendigen Umfang erwähnt.

Praktiker mögen also eine Antwort bzw. eine Lösung auf ihre Fragen und Probleme finden.

1.2 Der prinzipielle Ablauf einer Horizontalbohrung

Mit der Horizontalbohrtechnik werden Hindernisse unterirdisch gekreuzt. Um einen ersten Überblick über die Verfahrensweise der HDD-Technologie zu bieten, werden zunächst die einzelnen Arbeitsvorgänge kurz vorgestellt.

Eine Horizontalbohrung unterteilt sich lt. DVGW-Arbeitsblatt GW 321 [1-2] in mindestens drei Arbeitsschritte:

1. Pilotbohrung
2. Aufweitvorgang
3. Einziehvorgang

1.2.1 Pilotbohrung

Die Pilotbohrung ist der erste von drei Arbeitsschritten (**Bild 1.1**). Hier wird mit unterschiedlichen Ortungssystemen ein Bohrkopf mit Hilfe eines übertage aufgestellten Bohrgerätes von der Startgrube (Rigsite) zum Ziel (Pipesite) entlang der Bohrlinie vorangetrieben. Mit Hilfe einer Bohrsuspension, nachfolgend auch Bohrspülung oder nur Spülung genannt, baut der Bohrkopf das anstehende Gebirge hydraulisch ab. Ist ein rein hydraulisches Lösen nicht möglich, kann die Ortsbrust auch mit mechanischer Unterstützung gelöst werden.

Das abgebaute Bohrklein wird mit der Spülung durch den Ringraum an dem Bohrgestänge entlang nach übertage transportiert und dort entsorgt oder separiert. Erfolgt eine Separation, so wird die Spülung wieder in den Spülungskreislauf zurückgeführt.

Eine Asymmetrie im Meißel oder ein abgewinkeltes Gestängestück ermöglicht die Steuerung des Bohrkopfes [1-2, 1-3].

1.2.2 Aufweitvorgang (Räumen)

Ist die Pilotbohrung erfolgreich im Ziel angekommen, wird der zweite Arbeitsschritt durchgeführt. Das Pilotbohrloch muss in einem oder mehreren Aufweitvorgängen auf

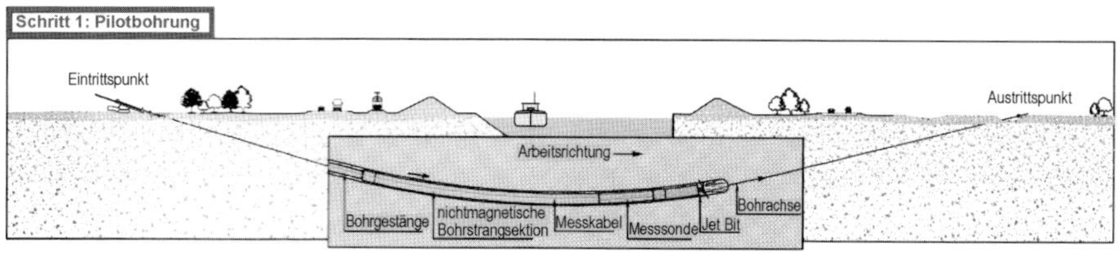

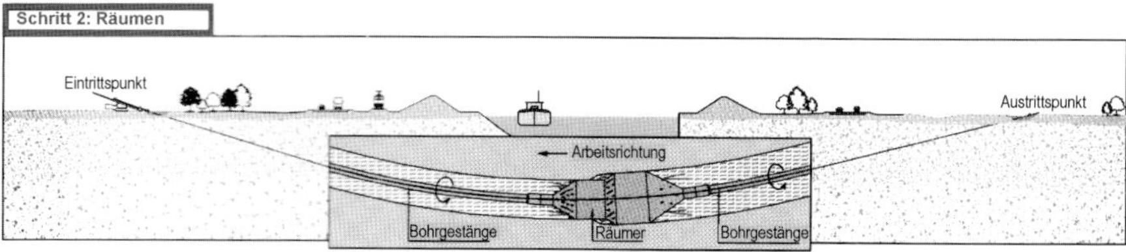

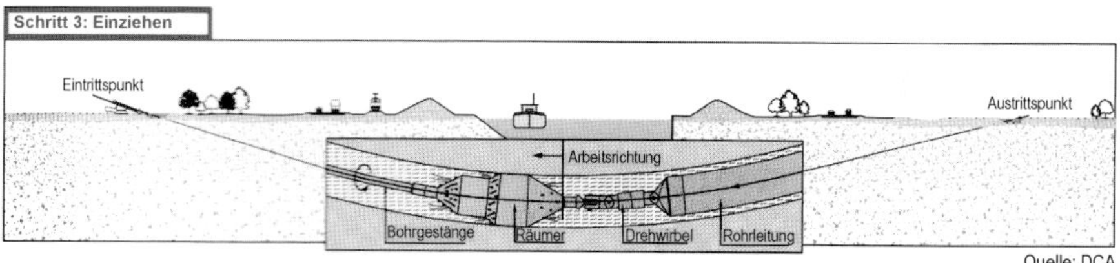

Quelle: DCA

Bild 1.1: Schematische Darstellung einer Horizontalbohrung [1-4]

den gewünschten Durchmesser vergrößert werden. Dazu wird die Bohrgarnitur[1] durch einen Aufweitkopf ersetzt, der der jeweiligen Geologie angepasst wird. Für unterschiedliche Bodenarten eignen sich unterschiedliche Aufweitwerkzeuge. Es kann zwischen Reamer, Flycutter oder Holeopener gewählt werden.

Der Aufweitkopf wird drehend und spülend durch das Pilotloch gezogen. Für jede an der Bohranlage ausgebaute Bohrstange wird an der Pipesite direkt eine neue Stange nachgesetzt. Dadurch befindet sich zu jeder Zeit ein kompletter Bohrstrang im Bohrloch, unabhängig von der Position des Räumers.

Der Aufweitvorgang wird so oft wiederholt, bis der gewünschte Durchmesser erreicht ist [1-2, 1-3].

1.2.3 Einziehvorgang

Der Einziehvorgang ist der dritte und letzte Arbeitsschritt einer Horizontalbohrmaßnahme. Das Produktenrohr wird an einem Ziehkopf mit einem zusätzlichen Reamer befestigt und somit in das Bohrloch eingezogen. Damit die Drehungen des Bohrgerätes nicht auf das Produktenrohr übertragen werden, ist zwischen dem Reamer und dem Ziehkopf ein Drehgelenk (Swivel) eingebaut. Diese Einziehgarnitur wird drehend zum Bohrgerät gezogen. Auch hier wird der Einzug durch die Spülung unterstützt.

[1] Bohrganitur = Meißel + Bohrmotor + Vermessungseinheit + Bohrgestänge (bei Felsbohrung)

Die Horizontalbohrung ist erfolgreich abgeschlossen, wenn das Produktenrohr komplett und schadensfrei eingezogen ist [1-2, 1-3].

1.3 Anwendungsgebiete des HDD-Verfahrens

Nachdem die prinzipielle Arbeitsweise in seinen Grundzügen vorgestellt worden ist, stellt sich die Frage, wozu diese Technologie genutzt wird:

Mit der Horizontalbohrtechnik werden zunächst Produktenleitungen eingebaut, die u.a. dem Transport von

- Rohöl,
- Erdgas,
- Produkten der Petrochemie,
- Raffinerieprodukten,
- Wasser,
- Abwasser,
- Fernwärme

dienen. Häufig werden auch Mantelrohre für den Einzug von Stromleitungen oder Lichtwellenleitern verlegt. Es hat sich gezeigt, dass es einige Gründe dafür gibt, Leitungen mit der Horizontalbohrtechnik einzubauen. Der Hauptgrund ist sicherlich die Querung von Hindernissen. Solche Hindernisse können sein [1-1]:

- Flüsse und Gewässer
- Straßen aller Art
- Bahnstrecken
- Start- und Landebahnen
- Unzugängliches Gelände
- Schützenwerte Oberflächen und Biotope

Durch diese grabenlose Bauweise wird das zu kreuzende Gebiet bzw. das unterquerte Objekt nicht berührt. Heutzutage haben sich für die Horizontalbohrtechnik nach jahrelanger Entwicklung weitere Spezialbereiche aufgetan [1-1]:

- Horizontalfilterbrunnen zur Trinkwassergewinnung
- Drainagen, Bewässerungssysteme
- Felsbohrungen
- Sanierung im Deponie- und Kontaminationsbereich
- On-shore / Off-shore-Verbindungen im Küstenbereich
- Verlegung von Kabeln und Rohrleitungen im Off-shore-Bereich
- Auslaufleitungen

Sicherlich ließe sich diese Liste noch um weitere Punkte erweitern. Auch sind im Fortlauf der technischen Entwicklung weitere Spezialanwendungen zu erwarten. Deshalb wird auf diese speziellen Anwendungsbereiche nur kurz im letzten Kapitel dieses Buches eingegangen und im Weiteren das Hauptaugenmerk auf die Grundlagen der Horizontalbohrtechnik gelegt.

2. Geologie

Die Horizontalbohrtechnik ist ein Verfahren zum grabenlosen Einbau von Leitungen in oberflächennahen Erdschichten. Daher sind genaue Kenntnisse der anstehenden geologischen Verhältnisse im Bereich der Vortriebsstrecke von entscheidender Wichtigkeit, da sie über das Gelingen einer Bohrung mit entscheiden und einen großen Einfluss auf den wirtschaftlichen Erfolg – auch beim ausführenden Unternehmer – haben. Eine gründliche Baugrunderkundung ist notwendig, um vermeidliche Schäden und unnötige Kosten zu vermeiden. Wie abwechselungsreich die Bodenverhältnisse sein können, lässt sich bereits in **Bild 2.1** erkennen.

Zur Beurteilung der anstehenden Boden- und Baugrundverhältnisse ist eine durchgehende Kerngewinnung nach DIN 4021 sinnvoll. Es wird empfohlen, folgende Baugrunderkundungsmaßnahmen durchzuführen:

- Ermittlung des Bodenprofils durch Bohrungen mit durchgehender Gewinnung gekernter Bodenproben
- Ermittlung und Erfassung der Grundwasserstände bei Antreffen und nach Abschluss der Bohrungen (gespanntes Grundwasser?)
- Ermittlung der Lagerungsdichte bzw. Konsistenz des Bodens durch Druck- bzw. Rammsondierungen
- Untersuchung der Bodenproben zur Ermittlung der relevanten Bodenkennwerte
- Ermittlung des spezifischen Bodenwiderstands in einem Bereich von 3 m oberhalb bis 3 m unterhalb der geplanten Rohrleitungsachse

Die heutige „Normen-Landschaft" stellt viele Werkzeuge zur Verfügung, um Informationen über den anstehenden Boden durch die oben aufgezählten Baugrunderkundungsmaßnahmen zu erhalten.

So kann der Untergrund nach DIN 1054, DIN 1055, DIN 4020, DIN 4021, DIN 4023, DIN 4094, DIN 18300 und DIN EN ISO 14688 anstelle von DIN 4022, wie bei klassischen Bauvorhaben, untersucht und klassifiziert werden.

Diese DIN-Normen reichen jedoch meist nicht aus, um den anstehenden Boden für die Horizontalbohrtechnik ausreichend zu klassifizieren. Eine solche Klassifizierung speziell für HDD existiert bis heute noch nicht [2-2]. Daher bedient sich die Horizontalbohrtechnik der Vorschriften verwandter Techniken, die sich auf ähnliche Verhältnisse stützen.

Die Horizontalbohrtechnik übernimmt aus den in der VOB zusammengefassten „Allgemeinen Technischen Vertragsbedingungen" (ATV) für Bohrarbeiten – DIN 18301 – und den ATV für Rohrvortriebsarbeiten – DIN 18319 – die entsprechenden Bodenklassifizierungen.

Des Weiteren ist es möglich, Böden nach ihrer Härte bzw. nach ihrer Abrasivität in Bezug auf die Bohrwerkzeuge einzuteilen.

Zur Erhöhung der Planungs- und Ausführungssicherheit werden ergänzend zu den direkten Aufschlüssen geophysikalische Untersuchungen empfohlen, um die Ergebnisse der punktuellen Bohrungen und Sondierungen auf der Vortriebsstrecke abzusichern.

Die Auswahl und Eignung der Verfahren richtet sich nach den anstehenden Baugrundverhältnissen sowie der Zielsetzung der Untersuchungen. In diesem Zusammenhang

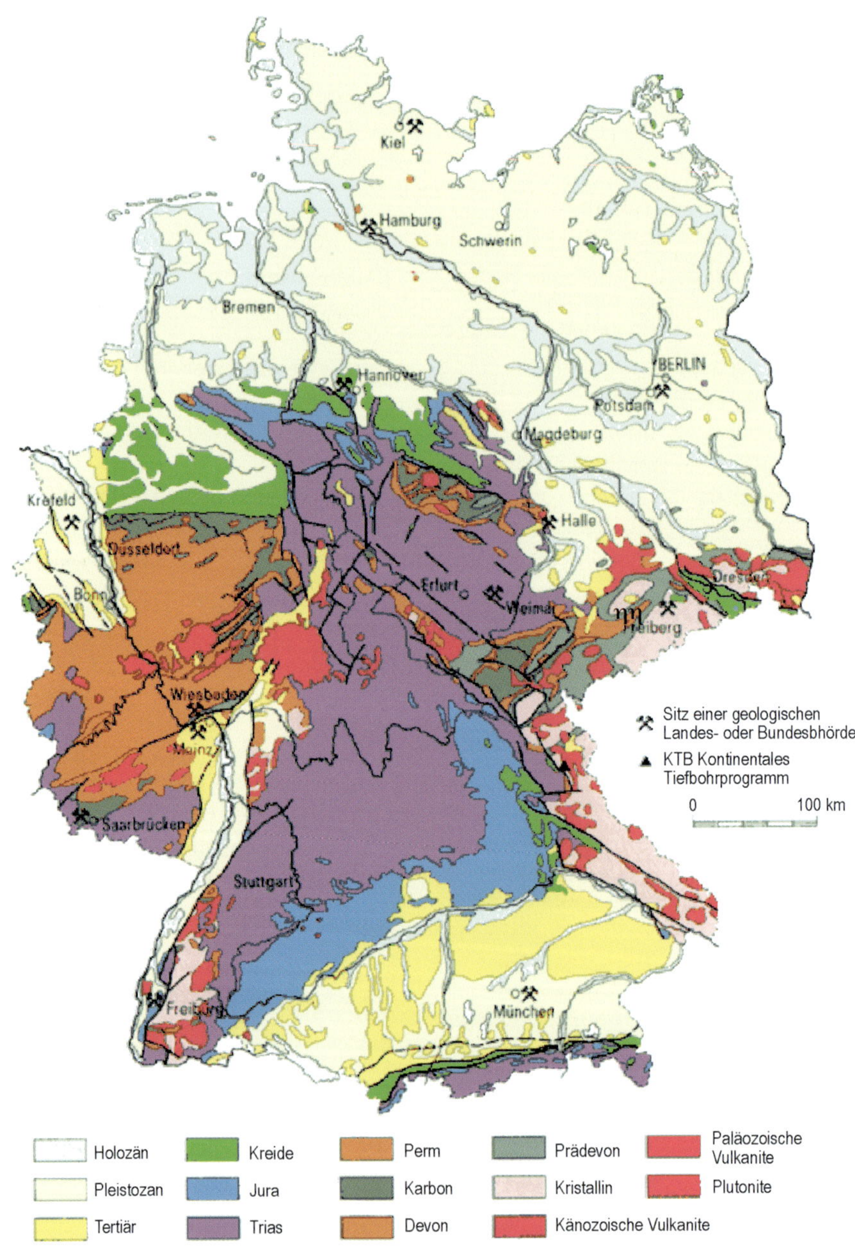

Bild 2.1: Geologische Verhältnisse in der Bundesrepublik Deutschland

sei auf die Technischen Richtlinien der „Drilling Contractors Association, Verband Güteschutz Horizontalbohrungen e.V.“ (DCA) und das DVGW-Arbeitsblatt GW 321 „Steuerbare horizontale Spülbohrverfahren für Gas- und Wasserleitungen” hingewiesen, die detailliert auf die Baugrunderkundung – insbesondere als Voruntersuchung für steuerbare horizontale Spülbohrverfahren – eingehen.

2.1 Der Baugrund

2.1.1 Klassifizierung von Boden und Fels

Die oben aufgeführten DIN-Normen dienen der Einteilung von Böden, der Klassifizierung für bautechnische Zwecke sowie der Ermittlung von Bodenkennwerten für weiterführende geotechnische Aufgabenstellungen. Im Folgenden werden diese Normen und weitere Klassifikationsmöglichkeiten näher beschrieben.

2.1.2 Klassifizierung nach DIN

Es werden zunächst einige tiefbautechnische Begriffe erläutert, die bei der grabenlosen Rohrverlegung von Bedeutung sind. Diese Begriffe werden zum Teil in den nachfolgend aufgeführten Schriften und Normen verwendet.

- Nichtbindiger Boden: „Böden wie Sand, Kies, Steine und Mischungen werden [...] als nichtbindig bezeichnet, wenn der Massenanteil der Bestandteile mit Korngrößen < 0,06 mm weniger als 5 % beträgt.“ (nach DIN 1054)
- Bindiger Boden: „Tone, tonige Schluffe und Schluffe sowie ihre Mischungen mit nichtbindigen Böden werden als bindig bezeichnet, wenn der Massenanteil der Bestandteile mit Korngrößen < 0,06 mm größer ist als 15 %.“ (nach DIN 1054)
- Organische und organogene Böden: „Böden wie Torf und Faulschlamm werden als organische Böden bezeichnet“ (nach DIN 1054)
- Weicher Boden: „Boden, der sich kneten lässt“ (nach DIN EN ISO 14688-1)
- Steifer Boden: „Boden, der sich schwer kneten, aber in der Hand zu 3 mm dicken Röllchen ausrollen lässt, ohne zu reißen oder zu zerbröckeln.“ (nach DIN EN ISO 14688-1)
- Halbfester Boden: „Boden, der bei dem Versuch ihn zu 3 mm dicken Röllchen auszurollen, zwar bröckelt und reißt, aber doch feucht genug ist, um ihn erneut zu einem Klumpen formen zu können.“ (nach DIN EN ISO 14688-1)
- Fester Boden: „Boden lässt sich nicht mehr kneten, sondern nur zerbrechen“ (nach DIN EN ISO 14688-1)
- Fels: Festgesteine unterteilt in Felsgruppen nach DIN 1054
- Bodenart: Einteilung erfolgt nach DIN EN ISO 14688-1
- Bodengruppe: Einteilung erfolgt nach DIN 18196
- Bodenklasse: Einteilung erfolgt nach dem Verwendungszweck, z. B. nach: DIN 18300, Erdarbeiten; DIN 18301, Bohrarbeiten; DIN 18319, Rohrvortriebsarbeiten

DIN 4020, DIN 4021, DIN 4023, DIN 4094 und DIN EN ISO 14688 befassen sich mit der Normung von Baugrunduntersuchungen sowie mit der Auswertung und Darstellung.

DIN 4020 – *Geotechnische Untersuchungen für bautechnische Zwecke*

DIN 4020 teilt die Bauvorhaben in drei „Geotechnische Kategorien" ein, die die bautechnischen Maßnahmen nach dem geotechnischen Risiko bewerten. Je nach Kategorie gibt diese Vorschrift den erforderlichen Umfang von Baugrunderkundungsmaßnahmen vor. Da das höchst mögliche Maß an Kenntnis über den anstehenden Boden erreicht werden soll, sind hier die Baugrunduntersuchungen gemäß der dritten und höchsten Kategorie durchzuführen. Dabei werden u.a. behandelt:

- Baugrunderkundung mit Kartenmaterial und Bestandsplänen
- Art der Erkundungen
- Abstand und Tiefe von Erkundungen

Hier werden für Linienbauwerke, denen auch Horizontalbohrungen zugeordnet werden können, Richtwerte für Abstände zwischen den Bohrungen (bzw. Sondierungen) von 50 bis 200 m angegeben. Die Tiefe dieser Erkundungsmaßnahmen soll zwischen 2–5 m unterhalb der geplanten Vortriebsstrecke liegen [2-4].

DIN 4021 – *Baugrund-Aufschluss durch Schürfe und Bohrungen sowie Entnahme von Proben*

Diese Norm listet die gebräuchlichsten Bohrverfahren auf, die für den Baugrundaufschluss eingesetzt werden. Die Verfahren werden nach folgenden Gesichtspunkten unterschieden:

- Verfahren für Boden und Fels
- Art der Bohrverfahren: drehend, rammend, schlagend usw. mit und ohne Gewinnung gekernter bzw. vollständiger Bodenproben
- Erreichbare Qualität der Proben (Güteklasse)

Die anstehende Geologie und die gewünschte Qualität der Bodenproben bestimmen die Wahl des Bohrverfahrens. Die Qualitätssicherung solcher Baugrunderkundungsmaßnahmen wird in DIN 4021, Ziffer 6.1.3 beschrieben (siehe Anhang 1) [2-5].

DIN EN ISO 14688 – *Geotechnische Erkundung und Untersuchung – Benennung, Beschreibung und Klassifizierung von Boden*

Diese Norm ist der Nachfolger der DIN 4022. Sie stellt die Grundlagen zur Benennung, Beschreibung und Klassifizierung von Böden auf der Basis der Eigenschaften dar, die für Böden im Bauingenieurswesen verwendet werden. Sie unterscheidet:

- Reine Bodenarten
- Zusammengesetzte Bodenarten, bestehend aus: *Hauptanteil*, der am stärksten vertreten ist oder die wesentlichen Eigenschaften der Bodenart prägt. *Nebenanteil*, als Adjektiv vorangesetzt, ggf. stark oder schwach beigefügt.
- Organische Bodenarten und Anteile

Reine Bodenarten werden gemäß **Tabelle 2.1** unterschieden.

Tabelle 2.1: Bodenartbenennung und Korngrößenfraktionen nach DIN EN ISO 14688-1 [2-6]

Bereich	Benennung	Kurzzeichen	Korngröße mm
sehr grobkörniger Boden	Großer Block	LBo	> 630
	Block	Bo	> 200 bis 630
	Stein	Co	> 63 bis 200
grobkörniger Boden	Kies	Gr	> 2 bis 63
	Grobkies	CGr	> 20 bis 63
	Mittelkies	MGr	> 6,3 bis 20
	Feinkies	FGr	> 2,0 bis 6,3
	Sand	Sa	> 0,063 bis 2,0
	Grobsand	CSa	> 0,63 bis 2
	Mittelsand	Msa	> 0,2 bis 0,63
	Feinsand	FSa	> 0,063 bis 0,2
feinkörniger Boden	Schluff	Si	> 0,002 bis 0,063
	Grobschluff	CSi	> 0,02 bis 0,063
	Mittelschluff	MSi	> 0,0063 bis 0,02
	Feinschluff	FSi	>0,002 bis 0,0063
	Ton	Cl	< 0,002

Tabelle 2.2: Symbole und Farben wichtiger Bodenarten nach DIN 4023 [2-7]

Benennung		Kurzzeichen		Zeichen		Flächenfarbe
Bodenart	Beimengung	Bodenart	Beimengung	Bodenart	Beimengung	
Kies	kiesig	G	g			hellgelb
Grobkies	grobkiesig	gG	gg			
Mittelkies	mittelkiesig	mG	mg			
Feinkies	feinkiesig	fG	fg			
Sand	sandig	S	s			orangegelb
Grobsand	grobsandig	gS	gs			
Mittelsand	mittelsandig	mS	ms			
Feinsand	feinsandig	fS	fs			
Schluff	schluffig	U	u			oliv
Ton	tonig	T	t			violett
Torf, Humus	torfig, humos	H	h			dunkelbraun
Mudde (Faulschlamm)	-	F	-			helllila
	org. Beimeng.	-	o			-
Auffüllung	-	A	-	A		-
Steine	steinig	X	x			hellgelb
Blöcke	mit Blöcken	Y	y			hellgelb
Fels allgemein	-	Z	-			dunkelgrün
Fels verwittert	-	Zv	-			

***DIN 4023** – Geotechnische Erkundungen und Untersuchungen; Zeichnerische Darstellung der Ergebnisse von Bohrungen und sonstigen direkten Aufschlüssen*

Diese Norm gilt für die zeichnerische Darstellung der Ergebnisse von Baugrundaufschlüssen.

In **Tabelle 2.2** werden die Symbole und die Farben der wichtigsten Bodenarten dargestellt. **Tabelle 2.3** zeigt die Symbole geologisch typischer Bodenarten. **Tabelle 2.4** stellt die Symbole und Farben gemischtkörniger Boden und Felsarten dar.

***DIN 4094** – 1 bis 4 – Baugrund; Felduntersuchungen*

DIN 4094 beschäftigt sich mit der Untersuchung des Baugrundes mit Sonden. Sie unterscheidet in Drucksondierung (Teil 1), Bohrlochrammsondierung (Teil 2) und Ramm-

Tabelle 2.3: Symbole und Farben geologisch typischer Bodenarten nach DIN 4023 [2-7]

Benennung	Kurzzeichen	Zeichen	Flächenfarbe
Mutterboden	Mu	Mu	hellbraun
Verwitterungslehm, Gehängelehm	L		grau
Geschiebelehm	Lg		grau
Geschiebemergel	Mg		blau
Löß	Lö		helloliv
Lößlehm	Löl		oliv
Klei, Schlick	Kl		lila
Wiesenkalk, Seekalk, Seekreide, Kalkmudde	Wk		hellblau
Bänderton	Bt		violett
Vulkanische Asche	V		dunkelgrau
Braunkohle	Bk		schwarzbraun

Tabelle 2.4: Symbole und Farben gemischkörniger Boden- und Felsarten nach DIN 4023 [2-7]

Benennung	Kurzzeichen	Zeichen	Flächenfarbe
Grobkies, steinig	gG, x		hellgelb
Feinkies und Sand	fG-S		orangegelb
Grobsand, mittelkiesig	gS, mg		orangegelb
Mittelsand, schluffig, schwach humos	mS, u, h'		orangegelb
Schluff, stark feinsandig	U, ¯fs		kreß (orange)
Torf, feinsandig, schwach schluffig	H, fs, u'		dunkelbraun
Seekreide mit organischen Beimengungen	Wk, o		hellblau
Klei, feinsandig	Kl, fs		lila
Sandstein, schluffig	Sst, u		orangegelb
Salzgestein, tonig	Lst, t		hellgrün
Kalkstein, schwach sandig	Kst, s'		dunkelblau

Tabelle 2.5: Klassifizierung nach DIN 18196 [2-7]

<table>
<tr><td rowspan="2">Merkmal</td><td colspan="16">Korngrößenverteilung
von der Gesamttrockenmasse $d < 63$ mm sind $\leq 0{,}06$ mm</td></tr>
<tr><td colspan="10">weniger als 40 %</td><td colspan="6">gleich oder mehr als 40 %</td></tr>
<tr><td>Haupt-gruppe</td><td colspan="10">Kieskorn, Sandkorn</td><td colspan="6">Schluff, Ton</td></tr>
<tr><td rowspan="2">Merkmal</td><td colspan="10">Massenanteil des Korns ≤ 2 mm</td><td colspan="6">Plastizitätsgrenze</td></tr>
<tr><td colspan="5">bis 60 %</td><td colspan="5">über 60 %</td><td colspan="3">I_p unterhalb A-Linie</td><td colspan="3">I_p oberhalb A-Linie</td></tr>
<tr><td></td><td colspan="5">Kies (G)</td><td colspan="5">Sand (S)</td><td colspan="3">Schluff (U)</td><td colspan="3">Ton (T)</td></tr>
<tr><td rowspan="2">Merkmal</td><td colspan="10">Korngrößenverteilung
von der Gesamtmasse sind $\leq 0{,}06$ mm</td><td colspan="6">Plastizitätsgrenze</td></tr>
<tr><td colspan="3">< 5 %</td><td>5 ÷ 15 %</td><td>15 ÷ 40 %</td><td colspan="3">< 5 %</td><td>5 ÷ 15 %</td><td>15 ÷ 40 %</td><td colspan="3">Fließgrenze w_l in %</td><td colspan="3">Fließgrenze w_l in %</td></tr>
<tr><td>Merkmal</td><td>$U < 6$
C_c bel.</td><td>$U \geq 6$
$1 \leq C_c \leq 3$</td><td>$U \geq 6$
$C_c < 1$
$C_c > 3$</td><td></td><td></td><td>$U < 6$
C_c bel.</td><td>$U \geq 6$
$1 \leq C_c \leq 3$</td><td>$U \geq 6$
$C_c < 1$
$C_c > 3$</td><td></td><td></td><td>< 35</td><td>35 ÷ 50</td><td>> 50</td><td>< 35</td><td>35 ÷ 50</td><td>> 50</td></tr>
<tr><td></td><td>Kies eng-gestuft</td><td>Kies weit gestuft</td><td>Kies intermit-tierend gestuft</td><td>Kies tonig oder schluffig</td><td>Kies stark tonig oder schluffig</td><td>Sand eng-gestuft</td><td>Sand weit gestuft</td><td>Sand intermit-tierend gestuft</td><td>Sand tonig oder schluffig</td><td>Sand stark tonig oder schluffig</td><td>Schluff leicht plastisch</td><td>Schluff mittel plastisch</td><td>Schluff ausge-prägt plastisch</td><td>Ton leicht plastisch</td><td>Ton mittel plastisch</td><td>Ton ausge-prägt plastisch</td></tr>
<tr><td>Kurzzei-chen</td><td>GE</td><td>GW</td><td>GI</td><td>GU
GT</td><td>GU*
GT*</td><td>SE</td><td>SW</td><td>SI</td><td>SU
ST</td><td>SU*
ST*</td><td>UL</td><td>UM</td><td>UA</td><td>TL</td><td>TM</td><td>TA</td></tr>
</table>

Die Zuordnung zu T bzw. T bei G und S erfolgt anhand der Zustandsgrenzen des Feinkorns

Organische und organogene Böden:		
	OU, OT	Schluffe / Tone mit organischen Beimengungen
	OH	grob- bis gemischtkörnige Böden mit Beimengungen humoser Art
	OK	grob- bis gemischtkörnige Böden mit kalkhaltigen, kieseligen Bildungen
	HN	nicht bis mäßig zersetzte Torfe (Humus)
	HZ	zersetzte Torfe
	F	Schlamm als Sammelbegriff für Faulschlamm, Mudde etc.
	A	Auffüllung aus Fremdstoffen

sondierung (Teil 3). Mit den in dieser Norm festgelegten Sondiergeräten können Tiefen bis zu 60 m erreicht werden. Die Sondierungen werden primär zur Ermittlung der Lagerungsdichte von nichtbindigen Böden bzw. der Konsistenz von bindigen Böden ausgeführt [2-8].

DIN 18196 *– Erd- und Grundbau; Bodenklassifizierung für bautechnische Zwecke*

DIN 18196 ordnet die Bodenarten in Bodengruppen allein nach ihrer stofflichen Zusammensetzung (**Tabelle 2.5**). Die Einordnung der Bodenarten findet nach folgenden Klassifikationsmerkmalen statt:

- Korngrößenbereiche,
- Korngrößenverteilung,
- plastische Eigenschaften,
- organische Bestandteile und
- Entstehung.

Der Zweck der Klassifizierung ist die Zusammenfassung von Bodenarten in Bodengruppen zur Bewertung der bautechnischen Eigenschaften und Eignung [2-9].

DIN 18300 *– Allgemeine Technische Vertragsbedingungen für Bauleistungen (ATV) Erdarbeiten*

ATV DIN 18300 unterteilt Boden und Fels primär nach ihrer Lösbarkeit in sieben Bodenklassen (**Tabelle 2.6**).

Diese Klassifizierung des Bodens ist für die Horizontalbohrtechnik nicht ausreichend, da sie für die Einschätzung von Bohrfortschrittsgeschwindigkeiten nicht geeignet ist.

Tabelle 2.6: Boden- und Felsklassen nach DIN 18300 [2-10]

Bodenklasse 1	Oberboden	Oberste Schicht des Bodens, die neben anorganischen Stoffen, z. B. Kies-, Sand-, Schluff- und Tongemischen, auch Humus und Bodenlebewesen enthält.
Bodenklasse 2	Fließende Bodenarten	Bodenarten, die von flüssiger bis breiiger Konsistenz sind und die das Wasser schwer abgeben.
Bodenklasse 3	Leicht lösbare Bodenarten	Nichtbindige bis schwach bindige Sande, Kiese und Sand-Kies-Gemische mit bis zu 15 Gew.-% Beimengungen an Schluff und Ton und mit höchstens 30 Gew.-% Steinen von über 63 mm Korngröße bis zu 0,01 m^3 Rauminhalt. Organische Bodenarten mit geringem Wassergehalt.
Bodenklasse 4	Mittelschwer lösbare Bodenarten	Gemische von Sand, Kies, Schluff und Ton mit mehr als 15 Gew.-% der Korngröße kleiner als 0,06 mm. Bindige Bodenarten von leichter bis mittlerer Plastizität, die je nach Wassergehalt weich bis halbfest sind und die höchstens 30 Gew.-% Steine von über 63 mm Korngröße bis zu 0,01 m^3 Rauminhalt enthalten.
Bodenklasse 5	Schwer lösbare Bodenarten	Bodenarten nach den Klassen 3 und 4, jedoch mit mehr als 30 Gew.-% Steinen von über 63 mm Korngröße bis zu 0,01 m^3 Rauminhalt. Nichtbindige Bodenarten mit höchstens 30 Gew.-% Steinen von über 0,01 m^3 bis 0,1 m^3 Rauminhalt.
Bodenklasse 6	Leicht lösbarer Fels und vergleichbare Bodenarten	Felsarten, die einen inneren, mineralisch gebundenen Zusammenhalt haben, jedoch stark klüftig, brüchig, bröckelig, schiefrig, weich oder verwittert sind, sowie vergleichbare feste oder verfestigte, bindige oder nichtbindige Bodenarten. Nichtbindige und bindige Bodenarten mit mehr als 30 Gew.-% Steinen von über 0,01 m^3 bis 0,1 m^3 Rauminhalt.
Bodenklasse 7	Schwer lösbarer Fels	Felsarten, die einen inneren, mineralisch gebundenen Zusammenhalt und hohe Gefügefestigkeit haben und nur wenig klüftig oder verwittert sind, auch festgelagerter, unverwitterter Tonschiefer, Nagelfluhschichten, Schlackehalden der Hüttenwerke und dergleichen. Steine von über 0,1 m^3 Rauminhalt.

So können nicht tragfähige Böden der Klasse 4 schnell und gut durchbohrt werden; Böden der Klasse 1 dagegen bereiten bohrtechnisch erhebliche Probleme. Um ein genaueres Bild über den anstehenden Boden zu erhalten, wird dieser in weitere Klassen nach den Normen DIN 18301 und DIN 18319 klassifiziert [2-2].

***DIN 18301** – Allgemeine Technische Vertragsbedingungen für Bauleistungen (ATV) – Bohrarbeiten*

ATV DIN 18301 gilt unter anderem für die Durchführung von Bohrungen zur Untersuchung des Baugrunds, zur Wassergewinnung und -einleitung sowie zur Grundwasserabsenkung. Des Weiteren gilt sie für die Durchführung von Bohrungen für Einpressarbeiten, Bohr- und Verpresspfähle sowie für Bohrungen die zum Einbau von Tragelementen und Verpressankern. Nach DIN 18301 erfolgt die Einstufung des erbohrten Bodenmaterials in Boden- und Felsklassen, die in **Tabelle 2.7** dargestellt werden [2-10].

Tabelle 2.7: Klassifizierung nach DIN 18301 [2-10]

Klasse BN: Nichtbindige Böden, Hauptbestandteile Sand und Kies, Korngröße bis 63mm

Feinkornanteil	Klasse
bis 15%	BN 1
über 15%	BN 2

Klasse BB: Bindige Böden: Hauptbestandteile Schluff, Ton oder Sand, Kies mit starken Einfluss der bindigen Anteile

Undränierte Scherfestigkeit c_u (kN/m²)	Konsistenz	Klasse
bis 20	flüssig bis breiig	BB 1
über 20 bis 200	weich und steif	BB 2
über 200 bis 600	halbfest	BB 3
über 600	fest bis sehr fest	BB 4

Klasse BO: Organische Böden, Hauptbestandteile: Torf, Mudde und Humus

Hauptbestandteile	Klasse
Mudde, Humus und zersetzte Torfe	BO 1
unzersetzte Torfe	BO 2

Zusatzklasse BS: Steine und Blöcke

Korngröße	Volumenanteil Steine und Blöcke	
	bis 30 %	bis 30 %
über 63 mm bis 200 mm (Steine)	BS 1	BS 2
über 200mm bis 600 mm (Blöcke)	BS 3	BS 4
Blöcke größer 600 mm sind hinsichtlich ihrer Größe gesondert anzugeben		

Klasse F: Fels

Verwitterungsgrad	Trennflächenabstand		
	bis 10 cm	über 10cm bis 30 cm	über 30 cm
zersetzt	in Klasse BB oder BN einzustufen		
entfestigt	FV 1		
angewittert	FV 2		FV 3
unverwittert	FV 4	FV 5	FV 6

Zusatzklassen FD: Einaxiale Festigkeit
Für die Felsklassen FV 2 bis FV 6 sind die Zusatzklassen FD ergänzend anzugeben

Einaxiale Festigkeit (N/mm²)	Klasse
bis 20	FD 1
über 20 bis 80	FD 2
über 80 bis 200	FD 3
über 200 bis 300	FD 4
über 300	FD 5

Klassifizierung nach DIN 18301 [10]

DIN 18319 *– Allgemeine Technische Vertragsbedingungen für Bauleistungen (ATV) – Rohrvortriebsarbeiten*

ATV DIN 18319 unterteilt Boden und Fels in 12 Lockergesteinsklassen, acht Felsklassen sowie vier Zusatzklassen für Steine (**Tabelle 2.8**). Des Weiteren wird eine Klasse für organische Böden ohne weitere Unterteilung aufgeführt [2-10]. DIN 18319 ist neben DIN 18300 die „Standardnorm" zur Klassifizierung der Geologie.

2.1.3 Klassifizierung nach Härteskalen

In der Vertikalbohrtechnik ist es üblich zwischen weichen, mittelharten und harten Formationen zu unterscheiden. In **Tabelle 2.9** wird für unterschiedliche Gesteine die Druckfestigkeit dargestellt. Für den Abbau des Gesteins ist der Schwellendruck maßgeblich, der ~ 5 bis 20 mal größer ist als die Druckfestigkeit [2-11].

Tabelle 2.8: Klassifizierung nach DIN 18319 [2-10]

Klassen L: Lockergesteine

Klassen LN: Nichtbindige Lockergesteine, Korngröße ≤ 63 mm

Lagerung	Lockergestein, nichtbindig	
	eng gestuft	weit oder intermittierend gestuft
Locker	LNE 1	LNW 1
Mitteldicht	LNE 2	LNW 2
Dicht	LNE 3	LNW 3

Klassen LB: Bindige Lockergesteine, Korngröße ≤ 63 mm

Konsistenz	Lockergestein, bindig	
	mineralisch	organogen
Breiig - weich	LBM 1	LBO 1
Steif - halbfest	LBM 2	LBO 2
Fest	LBM 3	LBO 3

Klasse LO: organische Böden

Keine weitere Einteilung

Zusatzklassen S

Massenanteil der Steine	Steingröße	
	bis 300 mm	bis 600 mm
bis 30 %	S 1	S 3
über 30 %	S 2	S 4

Klassen F: Festgesteine

Einaxiale Druckfestigkeit (MN/m²)	Festgestein	
	Trennflächenabstand	
	Dezimeterbereich	Zentimeterbereich
bis 5	FD 1	FZ 1
über 5 bis 50	FD 2	FZ 2
über 50 bis 100	FD 3	FZ 3
über 100	FD 4	FZ 4

Klassifizierung nach DIN 18319 [10]

Tabelle 2.9: Schwellendruckwerte bei mechanischer Gesteinszerstörung und Druck- sowie Scherfestigkeitswerte unter atmosphärischen Bedingungen für verschiedene Gesteine nach Maurer [2-13]

Gesteinsbezeichnung	**Schwellendruck** (MPa)	**Druckfestigkeit** (MPa)	**Scherfestigkeit** (MPa)
Tonstein	223	34	8
Kalkstein	340	42	21
Sandstein	660	57	21
Dolomit	2450	270	62
Granit	3430	260	59
Basalt	4260	270	66

Mit einer derartigen Einteilung nach Druckfestigkeit und Schwellendruck kann aber keine generelle Aussage über die Abbaubarkeit des Gesteins getroffen werden. Das Gelingen einer Horizontalbohrung ist neben der Kenntnis über die mechanischen Eigenschaften des anstehenden Bodens ebenso abhängig von der richtigen Maschinen- und Bohr- bzw. Spülkopfwahl sowie von der technischen Berücksichtigung auftretender Begleitumstände.

Böden können hinsichtlich ihrer Bohrbarkeit unterschieden werden. Unter der Bohrbarkeit wird die Eigenschaft eines Gesteins verstanden, unter bestimmten Verhältnissen einem eindringenden Bohrwerkzeug einen mehr oder weniger großen Widerstand entgegen zu setzten. Ein Boden ist nicht bohrbar, wenn er zu hart oder zu weich ist. Ist ein Boden zu hart, dann gibt es kein geeignetes Bohrwerkzeug, um ihn abzubauen. Ist ein Boden zu weich, dann lässt sich die Bohrung nicht steuern. Daraus folgt, dass die Härte und Festigkeit des Bodens eine entscheidende Rolle spielen.

Eine Folge dessen ist die Möglichkeit der Differenzierung von Formationen nach

Tabelle 2.10: Verbesserte (ergänzte) Mohssche Härteskala

Mineral	**Härte** (Mohs)	**absolute Härte**	**Vickershärte**	**Bemerkung**
Talkum (Steatit)	1	0,03	2,4	mit Fingernagel schabbar
Gips oder Halit	2	1,25	36	mit Fingernagel ritzbar
Kalzit	3	4,5	109	mit Kupfermünze ritzbar
Fluorit	4	5,0	189	mit Messer leicht ritzbar
Apatit oderMangan	5	6,5	536	mit Messer noch ritzbar
Orthoklas	6	37	795	mit Stahlpfeile ritzbar
Quarz	7	120	1.120	ritzt Fensterglas
Topas	8	175	1.427	
Korund	9	1.000	2.060	
Diamant	10	140.000	10.060	Härtestes natürlich vorkommendes Mineral; Nur von sich selbst und (unter Hitzeeinwirkung) von Bornitrid ritzbar.

„Härte“ bzw. Härtegraden. Hier sind als Ergebnis verschiedener Forschungen mehrere Härteskalen entstanden.

Die älteste Einteilung der Gesteine nach Härte ist durch Mohs erfolgt. Sie beschreibt die relative Oberflächenhärte eines Gesteins, – seinen Widerstand gegen Ritzen. Die zehn nach Mohs aufgeführten Minerale sind jeweils in der Lage das vorab genannte Mineral zu ritzen (**Tabelle 2.10**). Mohs' Härteskala hat den Nachteil, dass Ritzproben bei Gesteinen ungenauer sind als bei Mineralen. Minerale sind chemisch und physikalisch einheitliche Stoffe, während Gesteine sich aus Mineralen und anderen in der Erdkruste vorkommenden Stoffen zusammensetzen. Aus diesem Grund wurde versucht, die Mohssche Härteskala zu verbessern, speziell im Bereich der höheren Härtegrade. Mohs' Härteskala wurde mit anderen Härteskalen verglichen. Diese stammen zum Teil aus dem Stahlbau (Vickers-, Brinell- und Rockwell-Härte).

Neben den aus dem Maschinen- und Stahlbau kommenden Messverfahren kann die Härteskala nach Schreiner zur Anwendung kommen (**Tabelle 2.11**).

Tabelle 2.11: Klassifikation von Gesteinen nach ihrer Härte (Härteprüfung nach Schreiner), [2-13] (1 = mit tonigem Bindemittel)

Gesteinsklassen	I				II				III			
Härtewerte nach Schreiner [dimensionslos]	0 bis 100	100 bis 250	250 bis 500	500 bis 1000	1000 bis 1500	1500 bis 2000	2000 bis 3000	3000 bis 4000	4000 bis 5000	5000 bis 6000	6000 bis 7000	7000 bis 15000
tonige Gesteine	Ton											
		Schieferton										
	Tonmergel											
		Tonstein										
				verkieselter Tonschiefer								
geschichtete Schluffsteine			mit tonigem Bindemittel									
			porös mit tonigem Bindemittel									
				mit karbonatischem Bindemittel								
				kontaktartig gebunden								
quarzitische Sandsteine				1								
				mit organischen oder sulfatischen Bindemittel								
			kontaktartig gebunden									
							umgelagert gebunden					
Kalksteine	organogener Kalkstein											
			toniger Kalkstein									
		feinkörniger Kalkstein										
dolomitische Gesteine			toniger Dolomit									
		feinkörniger Dolomit										
							mittelkörniger Dolomit					
Sulfatgesteine			Gips									
							Anhydrit					
									kieselige und Kieselgesteine			

Klassifikation von Gesteinen nach ihrer Härte (Härteprüfung nach Schreiner), [2-13]
(1 = mit tonigem Bindemittel)

Schreiners Härteprüfmethode besteht darin, dass ein zylindrischer Stempel mit flachem, rundem Ende auf eine von der Fläche her definierte, plangeschliffene Gesteinsoberfläche mit einem zu messenden Druck aufgedrückt wird. Beim Einwirken eines Stahlstempels auf das Gestein wird der Wert für das Überschreiten der Elastizitätsgrenze festgehalten. Zu beachten ist bei diesem Versuch, dass der Stempeldurchmesser abhängig vom Korndurchmesser des anstehenden Gesteins ist [2-11].

2.1.4 Abrasivität

Eine weitere Möglichkeit ist es, die Gesteine nach ihrer Abrasivität zu unterscheiden. Unter der Abrasivität eines Gesteins wird seine verschleißende Auswirkung auf das Bohrwerkzeug verstanden.

Sievers, Sterba und Sheperd haben Untersuchungen zur Bestimmung der Abrasivität von Gesteinen durchgeführt und die Ergebnisse in Tabellen dokumentiert (**Tabelle 2.12**) [2-11].

Tabelle 2.12: Vergleich der Härtetabellen von Sheperd und Sievers/Sterba [2-13]

Klassifizierung der Gesteine nach ihrer Abrasivität				
nach Sheperd		nach Sterba und Sievers		
Gesteins-bezeichnung	Abrieb am Metallkörper [mg/min]	Abrieb am Metallkörper [mg/min]	Abrasivitätsgrad	Gesteinsgruppe
Steinkohle	1 - 2	0 - 1,3	1	
		1,4 - 5	2	sehr schwach
		5,1 - 11,3	3	abrasiv
Kalkstein (weich) Tonschiefer	14 19	11,4 - 20,0	4	
Kalkstein (mittelhart) Eisenerz	29 31	20,1 - 31,3	5	
Granit Syenit	37 38	31,4 - 45,0	6	schwach
Kieselschiefer Kalkstein, sehr hart	46 52	45,1 - 61,3	7	abrasiv
Sandstein Quarzit	63 69	61,4 - 80,0	8	
		80,1 - 101	9	
		102,0 - 125	10	mittelmäßig
		126,0 - 151	11	abrasiv
		142,0 - 180	12	
		181 - 211	13	
		212 - 245	14	stark
		240 - 281	15	abrasiv
		282 - 320	16	
		321 - 361	17	
		362 - 405	18	extrem stark
		406 - 451	19	abrasiv
		452 - 500	20	

Vergleich der Härtetabellen von Sheperd und Sievers/Sterba, [13]

In den meisten Tabellen bzw. Untersuchungen wird davon ausgegangen, dass die Abrasivität mit dem Quarzgehalt eines Gesteins steigt. Je abrasiver ein Gestein ist, desto stärker ist der am Bohrwerkzeug zu erwartende Verschleiß.

2.1.5 Fest- und Lockergesteine

Im deutschsprachigen Raum wird in der Bodenmechanik zwischen Fest- und Lockergesteinen unterschieden.

Festgesteine werden ihrer Entstehung entsprechend in Erstarrungs-, Ablagerungs- und Umwandlungsgesteine unterteilt.

Zu den *Erstarrungsgesteinen*, die auch als magmatische Gesteine bezeichnet werden, gehören Porphyr, Diabas und Basalt. Sie sind in großen Tiefen unter hohem Druck langsam ausgekühlt.

Ablagerungsgesteine, die auch als Sedimentgesteine bezeichnet werden, entstehen durch Verwitterung und Erosion. Bei den Ablagerungsgesteinen wird zwischen drei Gruppen unterschieden:

- Trümmersedimente: Konglomerate, Sandstein, Grauwacke und Tonschiefer
- Chemische Sedimente: Kalkstein, Dolomit, Gips, Steinsalz
- Organische Sedimente: Steinkohle, Ölschiefer

Umwandlungsgesteine, die auch als metamorphe Gesteine bezeichnet werden, sind infolge von Bewegungen der Erdkruste in größere Tiefen gelangt. Dort sind sie unter hohem Druck und hoher Temperatur umgewandelt worden. Gneis, Marmor und Quarzit gehören mit zu den bekanntesten metamorphen Gesteinen.

Lockergesteine stellen, im Gegensatz zu Fels bzw. Festgesteinen, ein leicht verformbares System dar. Lockergesteine bestehen aus einem dreiphasigen System:

- Bodenkörnern als Festmasse
- Enthaltenes Wasser
- Bodenluftraum (bzw. Porenraum)

Die geringe Festigkeit derartiger Böden führt dazu, dass sie als Lockergesteine bezeichnet werden. Sie können auf verschiedene Arten entstanden sein. Dabei kann es sich um folgende Entstehungsprozesse handeln:

- Chemische oder biologische Verwitterung, die zu einer Zerstörung der Gesteine führt
- Abtragung bzw. Erosion von Gesteinen
- Transport von Gesteinen
- Ablagerung bzw. Sedimentation von Gesteinen [2-12]

2.2 Geotechnische Untersuchungen

Die Baugrunduntersuchungen sollten von Ingenieurbüros bzw. Geologiebüros durchgeführt werden, die sich auf die besonderen Bedürfnisse der Horizontalbohrtechnik eingestellt haben. Diese Gutachter wissen um die kostenentscheidenden Faktoren wie z. B. Kornrauhigkeit oder Art des bindigen Anteils und liefern somit ein aussagekräftiges Bodengutachten, das nicht nur die geotechnischen Eigenschaften des Untergrundes beschreibt, sondern auch als vertrauenswürdige kalkulatorische Grundlage dient [2-5].

Eine geotechnische Untersuchung des Untergrundes sollte aus einer Voruntersuchung, aus einem Aufschlussverfahren (geologisch geotechnische Erkundungen) und einer geophysikalischen Erkundung bestehen.

2.2.1 Vorerkundungsmaßnahmen

Die Vorerkundung des anstehenden Bodens erfolgt durch die Auswertung vorhandener Unterlagen z. B. Kartenmaterial, Luft- und Satellitenaufnahmen und die Erkundung vor Ort durch eine Begehung der geplanten Trasse.

Dem Planer stehen als Kartenmaterial geologische Karten (Bild 2.1) und Ingenieurgeologische Karten/Baugrundkarten (**Bild 2.2**) zur Verfügung. Sie dienen der Erfassung von Grund- und Eckwertdaten für das zu erstellende Baugrundgutachten. Sie geben ein allgemeines Bild der zu erwartenden Geologie. Damit stellen derartige Karten den großräumigen geologischen Zusammenhang dar, während sich durch Sondierungen bzw. Bohrungen nur punktuelle Aufschlüsse ergeben.

Den in geologischen Karten angegebenen Erdzeitalter werden eine Fülle an gesteinstechnischen Informationen zugeordnet, so dass mit der Ermittlung der Erdaltersstufe aus einer geologischen Karte bereits genaue Materialeigenschaften der anstehenden Gesteine beschrieben und erläutert werden können. Ein genaueres Bild der geologischen Verhältnisse liefern die ingenieurgeologischen Karten, auch Baugrundkarten genannt. Diese Karten sind allerdings nicht für alle Gebiete der Bundesrepublik erhältlich. Nur einige Großstadtregionen verfügen über ein derartiges Kartenmaterial. In den Baugrundkarten sind die Eigenschaften der Gesteine des Untergrundes bis ca. 10 m

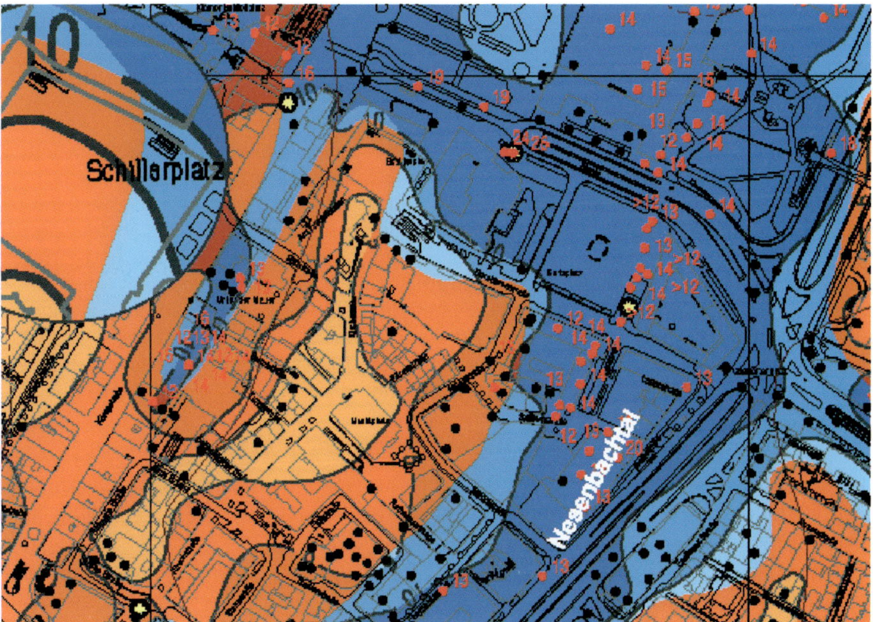

Bild 2.2: Beispiel einer Baugrundkarte

Tiefe dargestellt. Sie enthalten auch Grundwasserspiegelangaben und Angaben über Zonen mit Auffüllungen und künstlichen Veränderungen.

Die Auswertung von Luftbildern und Satellitenaufnahmen und der Vergleich mit früheren Aufnahmen lassen auf versteckte, an der Oberfläche nicht sichtbare Hindernisse schließen.

Bei einer Ortsbegehung lassen sich bereits viele Information im Hinblick auf die Bodenverhältnisse sammeln, indem man bereits vorhandene natürliche Aufschlüsse und die Vegetation bewertet. Hierbei sind Gespräche mit Ortsansässigen sehr hilfreich [2-3].

2.2.2 Aufschlussverfahren

2.2.2.1 Lokale Aufschlüsse

Erste Eindrücke über die lokal anstehende Geologie werden oftmals bereits bei einer ersten Baustellenbegehung gewonnen. Die örtlichen Gegebenheiten lassen häufig schon erste Rückschlüsse auf die anstehende Geologie zu. Dabei können an Hängen freigelegte Formationen oder Erosionsrinnen im Flachland als Informationsquellen dienen [2-3].

2.2.2.2 Schürfgruben

Schürfgruben stellen eine einfache und sichere Art dar, um Aufschlüsse über die anstehenden Baugrundverhältnisse im oberflächennahen Bereich zu erhalten. Schürfgruben bzw. Schlitze eignen sich sehr gut für Trassenerkundungen. Angaben über die Lagerungsdichte bzw. Konsistenzverhältnisse der unter der Schürfgrubensohle liegenden Schichten lassen sich durch Sondierungen von der Grubensohle aus erzielen.

Bei Horizontalbohrungen können die Start- und Zielgrube als Schürfgruben erstellt werden [2-13].

2.2.2.3 Sondierbohrungen / Rammkernsondierungen

Sondierbohrungen dienen der Erfassung der vertikalen Schichten an ausgewählten Punkten, nahe der zukünftigen Bohrung. Dabei wird ein speziell geformter Stahlstab mit Schlitzung durch Anwendung von Schlagenergie mehrere Meter tief in das Erdreich hineingetrieben und im Endtiefenbereich des Bodens durch Drehung aus dem gegebenen Verbund geschnitten. Solche Aufschlüsse sind ein preiswertes und schnell durchführbares Verfahren, um ergänzende Aussagen zu schon vorhandenen Baugrunduntersuchungen zu erhalten. Da die Aufschlusstiefe begrenzt und die Gewinnung von Proben vor allem in nichtbindigen Böden unterhalb des Grundwasserspiegels problematisch ist, sind diese Bohrverfahren nur bedingt und vor allem nur für Horizontalbohrungen mit geringer Erdüberdeckung geeignet.

2.2.2.4 Bohrungen mit durchgehender Gewinnung von Bodenproben

Bohrungen werden zur Feststellung der Schichtenfolge bei gleichzeitiger Gewinnung von Bodenproben, als Einzelproben oder mit durchlaufendem Kern, rammend, drehend, schlagend oder drückend durchgeführt.

Die Wahl des Bohrverfahrens hängt von den Bodenverhältnissen und der geforderten Güteklasse der Bodenproben ab. DIN 4021 liefert hier einen Anhalt.[2]

[2] vergleiche Kapitel 2.1.2

Mittels der Bodenproben lassen sich alle wesentlichen Bodenkenngrößen bestimmen. Dazu gehören unter anderem

- die Korngröße und Korngrößenverteilung nach DIN 18123,
- der Wassergehalt und das Wasseraufnahmevermögen nach DIN 18121,
- die Dichte und Wichte nach DIN 1080 und 18125,
- die Lagerungsdichte nach DIN 18126,
- die Scherfestigkeit nach DIN 18137,
- die einaxiale Druckfestigkeit bei Fels nach DIN 18136,
- das Quellverhalten nach DIN 18132.

Bohrungen können nur in für Bohrfahrzeuge zugänglichen Gebieten durchgeführt werden. Sie liefern sehr detaillierte Informationen über den zu untersuchenden Baugrund, allerdings nur an den Bohrpunkten und nicht flächendeckend.

Es ist sinnvoll, die Baugrunderkundungsbohrungen parallel zur geplanten Leitungstrasse in einem Abstand von 50 bis 200 m durchzuführen. Dabei soll ein seitlicher Abstand zur geplanten Leitungstrasse von ca. 5 bis 10 m eingehalten werden, wobei die Bohrungen und Sondierungen wechselseitig zur geplanten Leitungstrasse abgeteuft werden sollen. Für die Kreuzung von Gewässern werden Untersuchungen des anstehenden Baugrunds im unmittelbaren Gewässerbereich empfohlen. Je nach Größe des Gewässers können Bohrungen auf dem Wasser notwendig werden. Bei stark gestörten und kleinräumig wechselnden Baugrundverhältnissen ist es im Einzelfall sinnvoll, die Untersuchungsbohrungen direkt auf der geplanten Bohrachse durchzuführen. Spülungsausbrüche lassen sich dann durch ordnungsgemäße Verfüllung und Abdichtung der Untersuchungsbohrlöcher vermeiden.

2.2.2.5 Ramm- und Drucksondierung

Sondierungen liefern zusätzliche Informationen über den Baugrund, indem die Sonde bei einem definierten gleichmäßigen Energieaufwand des Ramm- bzw. Druckgerätes in den anstehenden Boden getrieben wird. Bei Rammsonden lässt sich über die Schlagzahl je Tiefenintervall (Sondierprotokoll) ein Sondierdiagramm erstellen. Durch die gewonnenen Schlagzahlen lassen sich in Verbindung mit direkten Aufschlüssen (z. B. Bohrungen) Informationen über die Lagerungsdichte bzw. Konsistenz der anstehenden Böden ermitteln. Auch ohne die Durchführung zusätzlicher direkter Aufschlüsse sind mittels der Sondierdiagramme (**Bild 2.3**) Rückschlüsse auf die Schichtenfolge der anstehenden Böden möglich. Sondierungen sollten jedoch nur ergänzend zu Bohrungen eingesetzt werden, da die gewonnen Daten für eine ausführliche Beurteilung des Baugrundes nicht ausreichen.

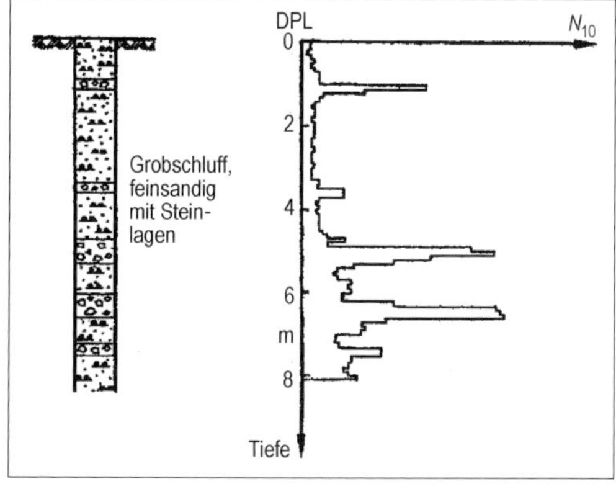

Bild 2.3: Beispiel eines Sondierdiagramms [2-8]

Drucksondierungen ermitteln permanent Werte der Mantelreibung und des Spitzenwiderstands. Sie ergeben gute Anhaltswerte über die Lagerung bzw. Konsistenz des Baugrunds [2-13].

2.2.2.6 Geophysikalische Verfahren

Die Geophysik beschäftigt sich mit den physikalischen Eigenschaften der Erde. Sie liefert in diesem Zusammenhang Informationen für Bau, Planung und Betrieb von Bauwerken. Mit geophysikalischen Verfahren können innerhalb kurzer Zeit Aussagen über die anstehenden Formationen im durchgehenden Profil getroffen werden. Die Qualität bzw. die Genauigkeit einer Messung, mit der ein Objekt oder eine Struktur von seiner Umgebung unterschieden werden kann, hängt ab von

- der Messgröße,
- der Entfernung zwischen Sensor und Messobjekt,
- dem Medium zwischen Sensor und Messobjekt,
- der Erfahrung und Qualifikation der Bediener/Vermesser.

Für die geophysikalischen Verfahren kommen folgende Anwendungen in Betracht:

- Erkundung, Detektion, Lokalisierung von geologischen Schichtverläufen, Kabeln und Rohrleitungen aller Art, Fundamenten, Fundamentresten, Findlingen, Störkörpern
- Untersuchungen der Bodenstruktur (Morphologie), Prüfung und Ergänzung von Planunterlagen, Vorbereitung von Tiefbaumaßnahmen, Trassenuntersuchungen
- Ermittlung von Materialeigenschaften (elektrische Leitfähigkeit, dynamische elastische Modulen, Dichte, Wärmeleitfähigkeit)

Im Folgenden werden folgende geophysikalischen Baugrunderkundungsverfahren beschrieben:

- Georadar
- Geoelektrik
- Seismik
- Bohrlochmessungen

Als weitere Messverfahren können auch die Magnetik oder die Elektromagnetik zur Anwendung kommen. Sie werden hier nicht detailliert beschrieben, da die Magnetik und Elektromagnetik vorwiegend der Lokalisierung metallischer Gegenstände dienen. Es handelt sich damit im weiteren Sinne um unterstützende Verfahren [2-14].

Georadar

Das elektromagnetische Untersuchungsverfahren EMR (= **E**lektro**m**agnetische **R**eflexion) dient der hochauflösenden, zerstörungsfreien Erkundung des Untergrundes. Die örtliche Bestimmung von Objekten bzw. Strukturen bezüglich ihrer Tiefenlage, Dimension, Erfassung der Art (metallisch, nicht metallisch) und evtl. des Aufbaus ist in Abhängigkeit von der anstehenden Geologie bis zu einigen Metern Tiefe möglich.

Das physikalische Messprinzip des EMR-Verfahrens (**Bild 2.4**) beruht auf dem Abgeben kurzer elektromagnetischer Impulse in den Untergrund (einige ns, MHz-Bereich)

Bild 2.4:
Prinzip des Elektromagnetischen Prinzips [2-14]

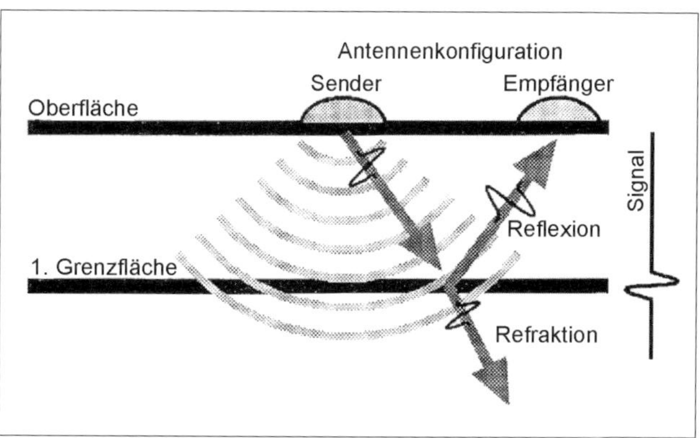

über eine an der Oberfläche befindliche Antenne. Diese gesendeten elektromagnetischen Wellen werden an den Grenzen unterschiedlicher Materialien bzw. Schichten (Formationen) reflektiert und refraktiert (= gebrochen). In Abhängigkeit von der Frequenz des Senders kann durch Störkörper eine Beugung oder eine Streuung der Signale auftreten.

An einer Empfangsantenne werden die Amplituden und die Laufzeit über den Weg des Signals (Reflexion, Refraktion, Beugung, Streuung) von einer Sendeantenne zu einer Empfangsantenne gemessen. Dabei können eine oder mehrere Antennen gleichzeitig zum Einsatz kommen.

Die Eindringtiefe des Signals und das Auflösungsvermögen sind immer von den Gegebenheiten bzw. der Zusammensetzung des anstehenden Baugrunds abhängig (**Tabelle 2.13**).

Strukturelle Einschränkungen des EMR-Verfahrens ergeben sich durch Schichten höherer elektrischer Leitfähigkeit wie z. B. durch tonige Formationen, die zu einer starken Dämpfung des Signals führen.

Weitere Einschränkungen ergeben sich durch große Ansammlungen von stark streuenden Störkörpern (wie z. B. Findlingen, Kieslinsen und Geröll) oder durch stark heterogene Lagerungsverhältnisse, wie sie durch Schutt oder Verfüllungen hervorgerufen werden können.

Externe Einschränkungen des EMR-Verfahrens ergeben sich zum einen durch starke, elektromagnetische Störwellen im anstehenden Frequenzbereich (z. B. Wetterradar, Funkleitstrahlen, Funkrichtstrecken) und zum anderen durch oberirdische Reflektoren (wie z. B. Überlandleitungen, Fahrzeuge, Brücken und Dächer).

Tabelle 2.13: Darstellung der gegenseitigen Abhängigkeit von Frequenzbereich, Eindingtiefe in den Untergrund und Auflösungsvermögen der Objekte [2-14]

Frequenzbereich	**Eindringtiefe in den Untergrund**	**Auflösungsvermögen der Objekte**
10.000.000 Hz = 10 Mhz bis 10.000.000.000 Hz = 10 Ghz	hoch (1 - 100 Meter und mehr) bis niedrig (einige Millimeter)	niedrig (einige Meter) bis hoch (einige Millimeter)

Messtechnische Einschränkungen können sich durch einen eingeschränkten Zugang zum Gelände, durch hohen und dichten Bewuchs und durch bebaute Flächen ergeben.

Das EMR-Verfahren kann von einem Auto, Boot, Helikopter oder Flugzeug aus betrieben werden. Die Standardmessung erfolgt gewissermaßen als kontinuierliche Messung mit über der Geländeoberfläche bewegten Antennen. Die Länge einer Messung ist im Prinzip nur durch die Anzahl der Daten und ihre Speicherung begrenzt.

Die Auswertung der Daten kann sowohl vor Ort als auch im Büro erfolgen. Vor Ort kann eine Interpretation der Rohdaten am Bildschirm oder anhand ausgedruckter Radargramme vorgenommen werden. Das kann bei einfachen Problemstellungen mit Aussagen zu Untergrundstrukturen und Objekten ausreichend sein. Für komplexe Problemstellungen ist eine umfangreiche Nachbearbeitung der Messwerte notwendig, die u. U. weitere Arbeitsschritte nach sich ziehen kann [2-14].

Geoelektrik

Das physikalische Messprinzip der Geoelektrik basiert auf dem Einsatz von mindestens zwei Sonden und zwei Elektroden (**Bild 2.5**).

Die spießförmigen Sonden- bzw. Elektrodenpaare C_1 und P_1 werden in einer genau definierten Anordnung in den Boden gesteckt oder ggf. eingegraben. Bei der oft zur Anwendung kommenden „Schlumberger-“ oder „Wenneranordnung“ werden die Stromelektroden (C_1 und C_2) und Messsonden entlang einer geraden Linie in den Boden eingebracht. Die Stromelektroden stehen dabei außen, die Sonden (P_1 und P_2) innen. Mittels der Elektroden wird ein Strom bekannter Stärke in den Untergrund eingespeist. Mit Hilfe der beiden Sonden wird der Spannungsabfall an der Oberfläche gemessen. Aus Strom und Spannung lässt sich mittels des Ohm'schen Gesetzes der scheinbare spezifische Widerstand berechnen. Dafür muss der Abstand r von Sonden und Elektroden genau bekannt sein.

Bei geoelektrischen Untersuchungen wird für einen festen Punkt auf dem Messprofil nach und nach der Abstand der Elektroden erweitert und so die Messtiefe zunehmend vergrößert.

Grundsätzlich gilt bei geoelektrischen Kartierungen, dass mit abnehmender Erkundungstiefe die Dichte des Messpunktnetzes ansteigt. Näherungsweise kann davon ausgegangen werden, dass die Erkundungstiefe ca. $^1/_3$ des Elektrodenabstands beträgt.

Die Geoelektrik unterliegt ebenfalls bestimmten Einschränkungen hinsichtlich der Messungen sowie der Interpretierbarkeit der Messergebnisse. Liegen z. B. mit einem

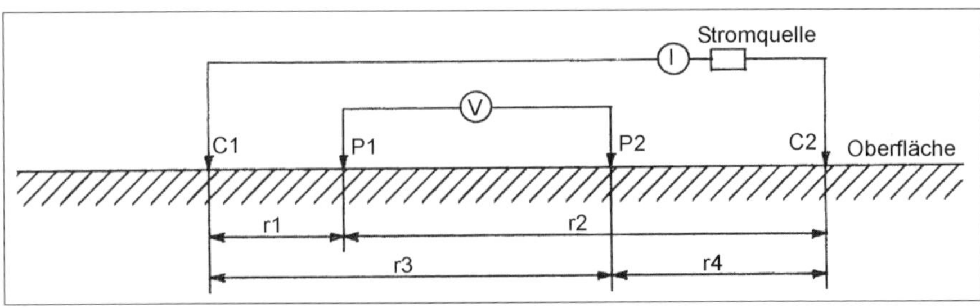

Bild 2.5: Prinzipsskizze der Geoelektrik [2-14]

hohen elektrischen Widerstand behaftete Schichten unterhalb Schichten niedrigen Widerstands, so sind sie nur dann zu lokalisieren, wenn sie mindestens doppelt so mächtig wie die darüberliegende elektrisch gut leitende Schicht sind. Polarisierungseffekte an den Sonden können die Qualität der Messung ebenfalls beeinflussen.

Des Weiteren wirken versiegelte Oberflächen behindernd, da für die Sonden und Elektroden Löcher gebohrt werden müssen. Gefrorene Böden behindern ebenfalls den Messablauf.

Für die Durchführung von Feldmessungen sind verschiedene Gerätekonzepte und Messkonfigurationen verfügbar. Um die Effekte durch eine mögliche Polarisierung der Messsonden zu eliminieren, wird die Polarität des über die Elektroden in den Boden eingespeisten Stromes zyklisch gewechselt. Dabei wird oft geschalteter Gleichstrom angewendet. Jede Polung wird gemessen und anschließend der Mittelwert der Einzelmessungen berechnet [2-14].

Seismik

Die Seismik als Baugrunderkundungsverfahren basiert auf der Messung der seismischen Geschwindigkeit. Hierbei können Akustik, Sonar und Ultraschall als Teildisziplin der Seismik angesehen werden.

Die Informationsträger der seismischen Verfahren sind Wellenfelder, die zu Bildern des Untergrundes aufgearbeitet werden. Bei der Auswertung von seismischen Messungen kommen primär drei Wellenarten zum Einsatz:

- Raumwellen
- Oberflächenwellen
- Grenzschichtgebundene oder geführte Wellen

Die Wellengeschwindigkeiten in den verschiedenen Materialien bzw. Formationen sind die entscheidenden Parameter für die Wellenausbreitung. Die Bestimmung der Wellengeschwindigkeiten erfolgt durch Kenngrößen wie die Dichte, die Porosität und die elastischen Module des Untergrundes. Der Untergrund beeinflusst die Ausbreitung der seismischen Wellen unter Berücksichtigung der bereits aufgeführten Parameter durch Reflexion, Brechung, Beugung, Absorption und Streuung.

Die seismischen Wellen werden künstlich erzeugt. Das kann durch Hammerschläge, Vibratoren, Implosionen, Luftschallquellen und Explosionen erfolgen. Die Aufzeichnung der seismischen Wellen geschieht in der Regel durch Geophone (Sensoren zum Registrieren elastischer Wellen).

Die sich von der seismischen Quelle ausbreitenden Wellen können an der Oberfläche registriert werden. Dies ist möglich, nachdem die Wellen durch Reflexion (= Zurückwerfen von Wellen) oder Refraktion (= kritische Reflexion, Welle bewegt sich entlang einer Grenzfläche) wieder zurück zur Oberfläche gelangen. Dementsprechend wird zwischen Reflexions- und Refraktionsseismik unterschieden. Wellen, die Wasserwellen ähnlich zwischen dem Sender und dem Empfänger an der Erdoberfläche entlanglaufen, werden als Oberflächenwellen bezeichnet. Sie haben eine beschränkte Tiefenerstreckung und werden insbesondere durch die Strukturen des flachen Untergrundes beeinflusst.

Die Auflösung ist bei den seismischen Verfahren stark von den Signalfrequenzen im Untersuchungsbereich abhängig. Generell nimmt die Auflösung mit steigender Frequenz zu, die Eindringtiefe jedoch ab.

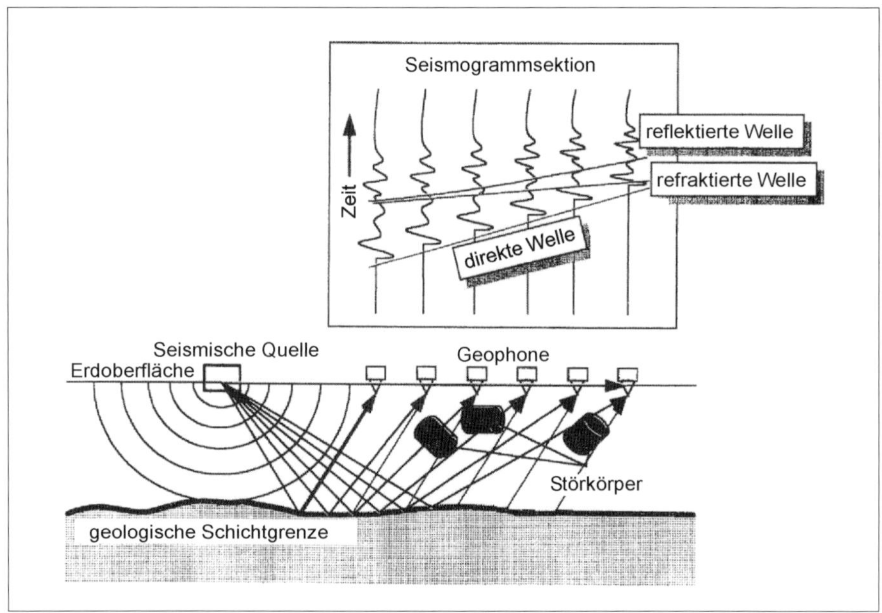

Bild 2.6: Prinzip der Reflexion [2-14]

Die Reflexionsseismik basiert auf der Reflexion von Wellen an Grenzflächen mit unterschiedlichen elastischen Parametern, aus denen unterschiedliche seismische Geschwindigkeiten resultieren (**Bild 2.6**). Es wird eine Geschwindigkeits-Tiefen-Funktion erstellt. Um Fehlinterpretationen der Messergebnisse zu vermeiden, wird jedes Reflexionselement des Untergrundes bei einer Messung i.d.R. mehrfach überdeckt. Bei einer zweidimensionalen Seismik werden die Aufnehmer und die Quellen in einer Linie angeordnet. Damit ist ein Profilschnitt erhältlich, der in der lotrechten Ebene entlang des Profils liegt. Bei einer dreidimensionalen Seismik wird mit einer flächendeckenden Aufnahmegeometrie gearbeitet, die ein räumliches Bild der Untergrundstruktur liefert.

Die Refraktionsseismik basiert auf dem Brechen von Wellen beim Durchgang von einem Medium in ein anderes. Das Brechen der Wellen ist mit verschiedenen seismischen Geschwindigkeiten verbunden. Die Grundlage für die Anwendbarkeit der Refraktionsseismik ist die Annahme eines Schichtenmodells. In diesem Modell wird angenommen, dass die seismischen Geschwindigkeiten mit zunehmender Tiefe ansteigen. Mit Hilfe der Refraktionsseismik können durch Wellengeschwindigkeiten und Amplitudenuntersuchungen die Eigenschaften des Untergrundes und dessen Änderungen bestimmt werden. In Abhängigkeit von der Messgeometrie können oberflächennahe Strukturen mit einem hohen Auflösungsvermögen und einer geringen Eindringtiefe oder tiefere großräumige Strukturen mit einer hohen Eindringtiefe, aber geringerer Auflösung untersucht werden.

Die Reflexionsseismik und die Refraktionsseismik stellen sich ergänzende Verfahren dar. Das Messverfahren besteht i.d.R. aus einem „Schuss" und einem „Gegenschuss" auf eine feste Geophonauslage. Die Aufgabenstellung der Messung und die ggf. vorgehend untersuchten Untergrundstrukturen bestimmen die Wahl der Quelle, der Geophone sowie der Geophonabstände [2-14].

Bohrlochmessungen

Mit Bohrlochmessungen lassen sich die Formationseigenschaften in der unmittelbaren Umgebung des Bohrlochs bestimmen, teilweise sogar vor der Ortsbrust.

Im Wesentlichen kommen vier Gruppen von Messverfahren zur Anwendung, wobei die Messverfahren kombiniert eingesetzt werden können bzw. einzelne Messverfahren auch mehreren Gruppen angehören können:

1. *Elektrische Widerstandsmessung:*

   Dieses Messverfahren basiert auf der Messung des *elektrischen Widerstandes* der anstehenden Geologie. Dabei wird auch auf physikalische Messverfahren, die bei geophysikalischen Untersuchungen an der Oberfläche zur Anwendung kommen, zurückgegriffen.

2. *Direkte Messparameterermittlung:*

   Bei diesem Messverfahren werden die *Messparameter direkt ermittelt*. Es werden z. B. das Bohrlochkaliber, die Temperatur, der Spülungsfluss und die elektrische Leitfähigkeit der Bohrspülung ermittelt.

3. *Ionisierende Strahlen:*

   Mit Hilfe von *Gamma- und Neutronenstrahlen* wird die Dichte und die Porosität der anstehenden Formationen ermittelt.

4. *Ultraschall, Seismik:*

   Die vierte Gruppe der Messverfahren basiert auf Messprinzipien, die nur bei Bohrlochmessungen zur Anwendung kommen. Dazu gehören unter anderem:

   - die Televiewer-Messung, bei der eine Abtastung der Bohrlochwand mittels *Ultraschall* stattfindet
   - Sonden, die die Geschwindigkeit und die Absorption *seismischer Wellen* im Gebirge ermitteln

Die Genauigkeit der Messungen wird von physikalischen Parametern der Spülflüssigkeit (Dichte, Zusätze usw.) und der Qualität der Bohrung beeinflusst [2-14].

2.2.3 Zusammenfassung der Aufschlussverfahren

Die wesentlichen Einsatzparameter der aufgeführten Baugrunderkundungsmethoden werden in **Tabelle 2.14** zusammengefasst.

2.3 Bodenkennwerte

2.3.1 Korngrößenverteilung DIN 18123

Die Korngrößenverteilung ist eine massenbezogene, prozentuale Darstellung der verschiedenen Korngrößenbereiche, die durch Siebung, Sedimentation oder ein Kombinationsverfahren ermittelt wird. Aus der Korngrößenverteilung geht die Kornverteilungskurve oder auch Körnungslinie (**Bild 2.7**) hervor. Die Körnungslinie dient – neben der Benennung von Böden – der Bewertung bodenmechanischer Eigenschaften. Zusätzlich zu Eigenschaften wie der Frostempfindlichkeit, Scherfestigkeit, Zusammendrückbarkeit, usw. lässt sich auch die Durchlässigkeit k_f anhand der Kornverteilungskurve bestimmen.

Tabelle 2.14: Vergleich verschiedener Baugrunderkundungsmethoden; (++ = sehr gut; + = gut; – = ungünstig)

Verfahren:	Geologische Karten		Lokale Aufschlüsse		Schürfgruben		Ramm- und Drucksondierungen		Bohrungen		Geophysikalische Verfahren	
Aufwand	gering	+	gering	+	gering	+	mittel	+/-	groß	-	mittel	+/-
Zugänglichkeit erforderlich	nein	+	nein	+	ja	-	ja	-	ja	-	ja	-
nur ergänzend einsetzbar	ja	-	ja	-	ja	-	ja	-	nein	++	teilweise	+/-
Aufschluss oberflächennah möglich	ja	+	ja	+	ja	+	ja	+	ja	+	ja	+
Flächendeckender Aufschluss möglich	ja	+	ja	+	nein	-	nein	-	nein	-	ja	+
Aufschluss in größeren Tiefen möglich	ja	+	ja	+	nein	-	ja	+	ja	+	teilweise	+/-
Aussagehalt des Messergebnis	mäßig	-	unterschiedlich	+/-	gut	+	gut	+	sehr gut	++	gut bis mäßig	+

Vergleich verschiedener Baugrunderkundungsmethoden; (++ = sehr gut; + = gut; - = ungünstig)

2.3.2 Ungleichförmigkeitszahl und Krümmungskoeffizient DIN 18196

Die Ungleichförmigkeitszahl U und der Krümmungskoeffizient C_C beschreiben den Verlauf der Kornverteilungskurve. Der Krümmungskoeffizient und die Ungleichförmigkeitszahl sind für die Zuordnung der Bodengruppe nach DIN 18196 von Bedeutung (**Tabelle 2.15**). Aus der Ungleichförmigkeitszahl, dem Krümmungskoeffizient und dem

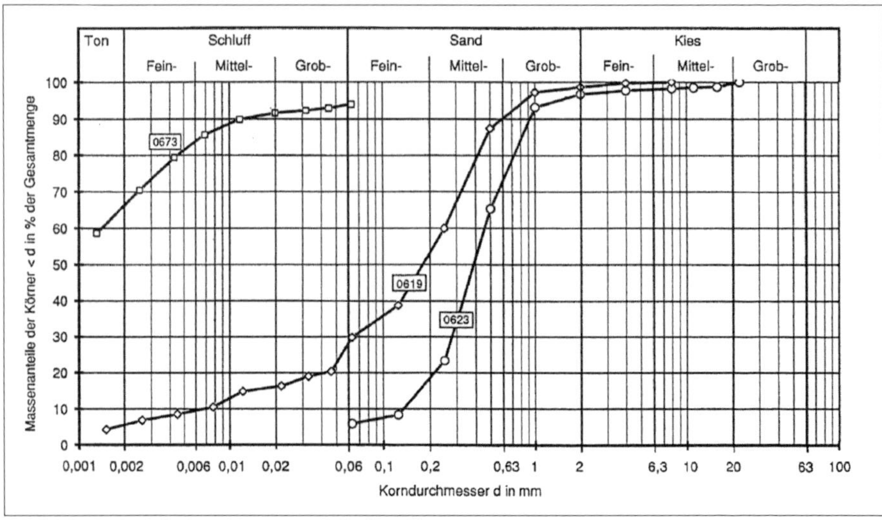

Bild 2.7: Beispiel einer Körnungslinie [2-16]

Tabelle 2.15: Unterteilung grobkörniger Böden in Abhängigkeit von der Ungleichförmigkeitszahl U und der Krümmungszahl C nach DIN 18196 [2-3]

Benennung	Kurzzeichen	Ungleichförmigkeitszahl U	Krümmungszahl C_C
enggestuft	E	< 6	beleibig
weitgestuft	W	≥ 6	1 bis 3
intermittierend gestuft	I	≥ 6	< 1 oder > 3

Unterteilung grobkörniger Böden in Abhängigkeit von der Ungleichförmigkeitszahl U und der Krümmungszahl C nach DIN 18196 [3]

Verlauf der Korngrößenverteilung können bereits Bodeneigenschaften wie die Verdichtbarkeit eines Bodens abgeleitet werden. So sind z. B. enggestufte nichtbindige Böden schlechter verdichtbar als vergleichsweise weitgestufte Böden.

Ungleichförmigkeitszahl:

$$U \text{ bzw. } C_U = \frac{d_{60}}{d_{10}}$$

Krümmungszahl:

$$C_C = \frac{(d_{30})^2}{d_{10} \cdot d_{60}}$$

2.3.3 Lagerungsdichte DIN 18126

Die Lagerungsdichte, d.h. der natürliche, vorhandene Verdichtungszustand nichtbindiger Böden kann – mittels der in DIN 18126 genormten Laborversuche und anschließender Ableitung des minimalen und maximalen Porenanteils – rechnerisch ermittelt werden.

Eine weitere Möglichkeit die Lagerungsdichte anstehender Böden zu bestimmen besteht, wie in Kapitel 2.2.2.5 näher beschrieben, in der Korrelation von Sondierungen (z. B. Ramm- oder Drucksondierungen nach DIN 4094) und den zugehörigen Aufschlussbohrungen. Dabei ist insbesondere die Ungleichförmigkeitszahl U sowie die Lagerung des anstehenden Bodens, über bzw. unter Grundwasser, zu berücksichtigen.

Nichtbindige Böden können bezüglich ihrer Lagerung eine sehr lockere, lockere, mitteldichte oder dichte Lagerung aufweisen. Mit Zunahme der Lagerungsdichte erhöhen sich auch die Wichte und die Scherfestigkeit des Bodens.

Stehen Böden in mitteldichter bis dichter Lagerung an, weisen diese gegenüber Böden von geringerer Lagerungsdichte deutliche Vorteile bezüglich der Bohrkanalstabilität auf.

2.3.4 Zustandsform DIN 18122

Bei bindigen Böden wird die Verformbarkeit des Bodens durch die Konsistenz (Zustandsform) beschrieben. Unterschieden werden hier die breiige, weiche, steife bzw. halbfeste und feste Konsistenz bindiger Böden. Die Konsistenz bindiger Böden wird durch den Wassergehalt geprägt, der die Standfestigkeit insbesondere bindiger Böden deutlich beeinflusst (siehe Kap. 2.3.5). Die Konsistenz kann nach DIN 18122 oder über die Korrelation zwischen Sondierung und Aufschlussbohrung anhand von Tabellenwerken ermittelt werden.

2.3.5 Wassergehalt DIN 18121

Wasser ist in nahezu allen natürlichen Böden zu finden und kann die Standfestigkeit, Tragfähigkeit und Verdichtbarkeit eines Bodens, insbesondere bindiger Böden, stark beeinflussen.

Findet die Bohrung in grundwasserführenden Schichten statt, ist mit der Infiltration von Grundwasser in den Bohrkanal und somit mit einer Verdünnung der Bohrspülung zu rechnen. Dem kann durch die Wahl geeigneter Spülungszusätze entgegengewirkt werden.

Die Bestimmung des Wassergehaltes erfolgt in Anlehnung an DIN 18121 z. B. durch Ofentrocknung bei 105 °C bis zur Gewichtskonstanz oder z. B. durch Feldversuche (Carbidverfahren) nach DIN 19682 Blatt 3.

Der Wassergehalt kann gemäß DIN 18121 wie folgt berechnet werden:

$$w = \frac{m_w}{m_d} \cdot 100 \text{ in } \%$$

m_w = Masse der feuchten Probe (kg)

m_d = Masse der trockenen Probe (kg)

Typische Versuchswerte bei der Ermittlung des Wassergehalts sind [2-16]:

- Tone: $30 \leq w \leq 100$ %
- Schluffe: $15 \leq w \leq 40$ %
- Entfestigte Ton- und Steinschluffe: $20 \leq w \leq 150$ %
- Torfe: $30 \leq w \leq 1000$ %
- Sande und Kiese erdfeucht: $5 \leq w \leq 15$ %

2.3.6 Quellverhalten DIN 18132

Verläuft die Horizontalbohrstrecke innerhalb von tonigen Böden, ist mit dem Quellen der Böden bei Wasserzutritt zu rechnen. Dies kann zu einer ungewollten Verengung des Bohrkanals führen. Bei der Festlegung des Bohrlochdurchmessers ist das Quellverhalten der Böden im Bereich der Bohrachse zu berücksichtigen.

2.3.7 Bodenwichte

Unter der Wichte eines Bodens wird dessen lotrecht wirkende Gewichtskraft bezogen auf das zugehörige Bodenvolumen verstanden. Die Bodenwichte geht grundlegend in eine Vielzahl geotechnischer Berechnungen ein. Die Wichte eines Bodens ist von dessen Lagerungsdichte abhängig.

2.3.8 Kohäsion DIN 18137

Unter der Kohäsion eines Bodens wird seine Haftfestigkeit verstanden. Bindige Böden zeichnen sich besonders hinsichtlich dieses inneren Zusammenhalts aus. Im Gegensatz dazu kann bei nichtbindigen Böden, z. B. bei Sanden, eine sogenannte scheinbare Kohäsion auftreten, die in Abhängigkeit vom Wassergehalt infolge auftretender Kapillarkräfte entsteht und sich mit der Austrocknung des Bodens aufhebt. Die Kohäsion ist neben der zugehörigen Reibungskraft ausschlaggebend für die Standfestigkeit eines Bodens.

2.3.9 Durchlässigkeit

Der Durchlässigkeitsbeiwert k_f beschreibt die Zeit, in der eine Flüssigkeit eine definierte Strecke durch eine bestimmte Bodenart zurücklegen kann. Die Durchlässigkeit von Böden ist von der Struktur, der Korngröße und der Kornverteilung abhängig.

Detailliert kann die Durchlässigkeit k_f mittels Laborversuch (z. B. Triaxialzelle DIN 18130) bestimmt werden. Näherungsweise kann die Durchlässigkeit anhand der Kornverteilungskurve eines Bodens ermittelt werden. Zum Einsatz kommen in der Regel die gängigen Berechnungsverfahren von Beyer, Seelheim und Hazen.

Für die überschlägige Ermittlung des Durchlässigkeitsbeiwertes stehen Tabellenwerke zur Verfügung. Ebenfalls möglich ist die Bestimmung im Feldversuch (z. B. Bohrlochmethode) nach DIN 19682.

Für das HDD-Verfahren ist der Durchlässigkeitsbeiwert aus spülungstechnischen Aspekten interessant, z. B. für die Antwort auf folgende Fragen:

- Wieviel spülungsfremdes Wasser kann in den Bohrkanal eindringen?
- Wie schnell wird der Filtrationsprozess beim Aufbau des Filterkuchens stattfinden?

2.3.10 Einaxiale Druckfestigkeit bei Festgesteinen DIN 18136

Ein wesentliches Kriterium für die Auswahl der Abbaumethode ist die einaxiale Druckfestigkeit des zu durchörternden Festgesteins.

2.3.11 Scherfestigkeit DIN 18137

Mit Hilfe der Scherfestigkeit lassen sich Aussagen über die Standfestigkeit des anstehenden Bodens treffen. Sie wird über den inneren Reibungswinkel φ ausgedrückt. Die Scherfestigkeit ist bezüglich der Standfestigkeit des Bohrloches von Bedeutung.

2.3.12 Quarzanteil

Der Quarzanteil in Festgesteinen kann als proportional zur Druckfestigkeit angesehen werden. Mit zunehmendem Quarzanteil nimmt die Gesteinshärte zu. Angaben über den Quarzanteil beeinflussen daher die Auswahl der Abbaumethoden und der Bohrwerkzeuge bezüglich der Abrasivität des abzubauenden Gesteins.

2.3.13 Chemische Zusammensetzung

Die chemische Zusammensetzung der Formationen ist für die Auswahl der zur Anwendung kommenden Spülung und ggf. erforderliche Zusatzmittel von Bedeutung. Mit diesen Zusätzen können ggf. spülungstechnisch problematische Parameter der

Formationen beherrscht werden. So können beispielsweise stark salzhaltige Böden zu einer Abnahme der Viskosität infolge der Ausflockung von Tonteilchen führen, dem durch die Zugabe von Polymeren – die eine Erhöhung der Viskosität bewirken – entgegengewirkt werden kann.

Hinsichtlich der zum Einsatz kommenden Spülflüssigkeiten kann für den überwiegenden Teil der verwendeten Bentonite (vgl. Kap. 5) gesagt werden, dass diese selbst bei Einsatz in wasserführenden Bodenschichten – unter Berücksichtigung gewisser Kriterien – keine problematischen Stoffe darstellen. Anders verhält sich dies für nötigenfalls verwendete Additive, die zu einer deutlichen Beeinträchtigung der Wasserqualität führen können. Hier wird empfohlen, die vom Hersteller beigefügten Sicherheitsdatenblätter bezüglich der Umweltgefährdung genau zu berücksichtigen. Vor jeder Bohrung ist die Umweltverträglichkeit der zur Anwendung kommenden Suspension durch den Nachweis der Wassergefährdungsklasse zu erbringen.

2.4 Baugrundrisiko

Nach der allgemeinen Rechtssprechung kann das Baugrundrisiko in ein „echtes" und in ein „unechtes" Baugrundrisiko unterteilt werden. Das „echte" Baugrundrisiko ist das nicht vorhersehbare. Es ist das Restrisiko, das bleibt, obwohl alle Beteiligten ordnungsgemäß und fehlerfrei gearbeitet haben, und trotz bestmöglicher Planungen baugrundbedingte Erschwernisse auftreten. Dieses Risiko trägt i.d.R. der Auftraggeber, es sei denn der Auftragnehmer hat dies durch eine Individualvereinbarung oder durch einen Sondervorschlag übernommen. Bei dem „unechten" Baugrundrisiko sind die Erschwernisse auf ein Verschulden oder eine Pflichtverletzung eines Beteiligten zurückzuführen. Das unechte Baugrundrisiko ist ein vermeidbares Risiko, dessen Ursachen z. B. auf eine unzureichende Ausschreibung, eine unzureichende Erkundung, offensichtliche Mängel in der Leistungsbeschreibung, die vom Auftragnehmer nicht gerügt wurden, das Fehlen notwendiger Bedenken und Hinweise des Auftraggebers oder das Arbeiten gegen die Regeln der Technik zurückzuführen sind. Da diese Ursachen nicht mehr viel mit dem Baugrund gemein haben, spricht man hier auch von einem „allgemeinen Baurisiko". Wenn im folgenden Abschnitt über Baugrundrisiko gesprochen wird, handelt es sich um das „echte" Baugrundrisiko.

Um das Baugrundrisiko gering zu halten, ist eine möglichst genaue Bodenuntersuchung von einem Ingenieurbüro bzw. einem Geologen durchzuführen, der mit den Bedürfnissen einer Horizontalbohrung vertraut ist. Auch bei genausten Untersuchungen des Bodens und sorgfältiger Arbeit der Vertragsparteien besteht immer die Gefahr, dass der bei den Bauarbeiten vorgefundene Boden von dem vermuteten Boden abweicht. Dies kann zum einen an der Vielfältigkeit der geotechnischen Eigenschaften des Untergrundes oder an der falschen Bewertung der Untersuchungsergebnisse liegen.

Einige dieser unvorhergesehenen Bodenverhältnisse werden im Folgenden beschrieben:

- Bei sehr locker gelagerten Böden ist mit Verlusten der Spülflüssigkeit zu rechnen. Sie dringt in Klüfte, Spalten und/oder Porenräume des Gesteins ein. Das gilt auch für stark sandige und/oder kiesige Böden. Der Spülungskreislauf kann durch den Verlust der Spülflüssigkeit unterbrochen werden. Daraus folgt eine Kostensteigerung, die durch erhöhten Spülungsverbrauch und ggf. durch einen zusätzlichen Zeitaufwand zum Anmischen neuer Spülung entsteht.

Klüfte und Risse treten auch in Festgesteinen auf. Je spröder ein Gestein ist, desto stärker ist es von Rissen durchsetzt [2-15]. Statistische Untersuchungen verschiedener Gesteinsarten auf Rissverteilung haben ergeben, dass Quarzit die 7,2-fache Anzahl (= ca. 630 Risse) von Rissen auf ca. 30 m im Vergleich zu Kalkstein (= ca. 90 Risse) aufweist. Eine Faustformel aus der Tiefbohrtechnik besagt, dass der Abstand großer Risse in etwa der jeweiligen Schichtstärke der anstehenden Formation entspricht.

- Werden beim Bohren mit einem Bohrmotor überraschend sehr weiche Schichten wie Schlick oder Fließsand angetroffen, lässt sich der Bohrmotor nur schwer steuern. Er neigt aufgrund seines hohen Eigengewichtes dazu, der Schwerkraft folgend von der Bohrachse abzuweichen. Auch bei Spüllanzen können, in Abhängigkeit von der Form der Spüllanze, Steuerungsprobleme auftreten. Ein zur Längsachse der Spüllanze wirkender Gegendruck des Erdreiches ist mit der (eventuell exzentrischen) Meißelspitzenfläche nur schwer zu erzielen.
- Bodenformationen, die stark mit Grobgestein durchsetzt sind, können das Durchörtern des Bodens erschweren. Das auftretende Gestein verursacht dabei zwei Probleme:
  1. Das erste Problem tritt auf, wenn die Pilotbohrung direkt auf ein Objekt großer Härte trifft. Kommt ein Rollenmeißel zum Einsatz, wird u. U. versucht, den Stein direkt zu durchbohren, ihn seitlich des Bohrloches in das Erdreich zu drücken oder ihm auszuweichen. Trifft eine Spüllanze auf das Objekt, besteht i.d.R. nur die Möglichkeit des Ausweichens.
  2. Das zweite Problem existiert sowohl bei der Pilotbohrung als auch beim Aufweiten des Bohrloches. In die Bohrlochwand gedrückte Steine/Findlinge fallen trotz der Stützflüssigkeit bzw. Einbettung in den Filterkuchen zurück in das Bohrloch. Die Folge kann sein, dass das Bohrgestänge oder das Bohrwerkzeug verklemmen.
- Der plötzliche Übergang von harten zu weichen Bodenschichten oder umgekehrt stellt die Horizontalbohrtechnik vor Probleme. Das Fortsetzen der Bohrung führt dazu, dass im Bohrloch eine „Stufe" gebohrt wird. Diese Stufe kann beim Einziehen dazu führen, dass das Produktrohr im Bohrloch verklemmt oder beschädigt wird.
- Bodenschichten, die in einem flachen Winkel (beinahe parallel) zur Bohrtrasse geneigt sind, können das gesteuerte Bohren erheblich erschweren.

  Beispiel: Im Rahmen der Pilotbohrung sind die ersten Bohrstangen mit einer konstanten Neigung in das Erdreich eingebracht worden. Es wird aus einer diagonalen in eine horizontale Position übergegangen. Im weiteren Verlauf der Bohrung wird eine zum Eintrittswinkel des Bohrgestänges beinahe parallele Gesteinsschicht angetroffen. Da der Auftreffwinkel zwischen der Gesteinsschicht und dem Meißel sehr flach ist, kann dieser nicht in das Gestein eindringen – ein Übergang in eine Kurvenfahrt mit dem Ziel, eine horizontale Bohrposition einzunehmen, gelingt nicht. Stattdessen schabt der Meißel bzw. die Bohrgarnitur an der Gesteinsschicht entlang (und lässt sich evtl. nur noch von dieser wegsteuern).
- Befinden sich im Boden Ansammlungen von Kies oder Schotter (sogenannte „Kiesnester") ist es ggf. notwendig, eine Bodenverbesserung durch Injektionen mit Zementschlämmen oder Kunstharzen vorzunehmen, damit die Stabilität des Bohrloches verbessert wird. Eine derartige Bodenverbesserung kann entweder von der Geländeoberfläche mittels Injektionslanze oder im Rahmen der Pilotbohrung durchgeführt werden.

- Gesteine, deren stark magnetische Eigenschaften nicht erkannt werden oder in denen sich Potentiale aufgebaut haben, können die Werte der Messgeräte in der Steuersonde verfälschen. Dadurch besteht die Möglichkeit einer ungewollten Abweichung von der geplanten Bohrachse.

Die Rechtssprechung weist dem Bauherrn das Baugrundrisiko zu. Dies entbindet aber die anderen am Bau Beteiligten nicht von ihrer Verpflichtung, die geplante Ausführung zu überprüfen und Bedenken anzumelden[3], wenn den Anforderungen an eine hinreichende Baugrunduntersuchung nicht genüge getan wurde. Eine gerechte Risikoverteilung zwischen Auftraggeber und Auftragnehmer findet nach DIN 18319 in der Form statt, dass der Auftraggeber Gewähr für die Richtigkeit der geotechnischen Daten des Untergrundes und der Auftragnehmer Gewähr für die Auswahl des richtigen Verfahrens übernimmt [2-6].

Bei Bauvorhaben mit sehr problematischen Bodenverhältnissen können die Vertragsparteien das aus diesem Boden resultierende Risiko unterschiedlich untereinander aufteilen, so dass eine mögliche Havarie für alle Parteien kalkulierbar geregelt ist.

2.5 Kalkulationsfaktor Baugrund

Die möglichst genaue Beschreibung des Baugrundes in den Vertragsunterlagen ermöglicht dem Bieter, die tatsächlichen Verhältnisse, die bei der Durchführung der Baumaßnahmen erwartet werden können, zu bewerten. Diese Bewertung führt zu Annahmen bzgl. der Wahl des zum Einsatz kommenden Equipments, zur Zusammensetzung und zur Menge der Bohrspülung und auf den zu erwartenden Bohrfortschritt. Der Kalkulator kann also den Preis für die Leistung kalkulieren und muss ihn nicht raten.

Bisweilen werden allerdings die in den Vertragsunterlagen angegebenen Bodenklassen ohne ersichtlichen Grund nach oben verschoben. Wohl um die in Kapitel 2.4 aufgeführten Erschwernisse, die trotz ausführlicher Bodenuntersuchungen auftreten können, und daraus entstehende Mehrkosten zu vermeiden. Dann werden z. B. aus Unsicherheit hinsichtlich des Untergrundes Felsschichten mit ausgeschrieben, obwohl keine Hinweise auf Fels vorhanden sind. Diese übertriebene Vorsicht – man kann es auch Fehlinformation nennen – führt aber zu einer gesamten Verteuerung des Bauvorhabens, wenn der Bieter diese Erschwernisse in seinem Angebot mit berücksichtigt. Wie man **Bild 2.8** entnehmen kann, spielt eine genaue

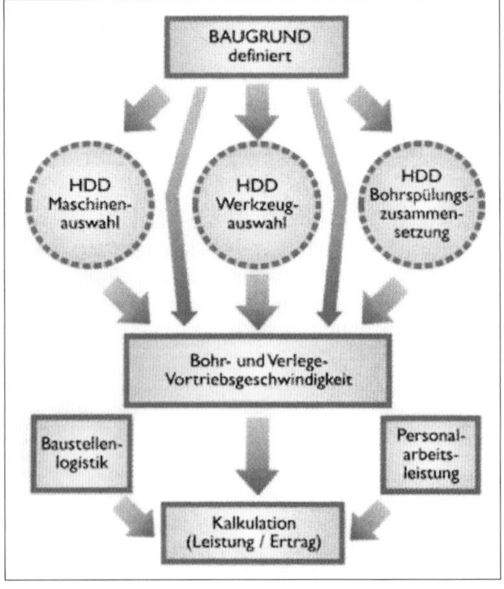

Bild 2.8: Bedeutung des Kalkulationsfaktors Boden [2-17]

[3] vergleiche Kapitel 8.1.1

Kenntnis über den anstehenden Boden bereits bei der Kalkulation eine wichtige Rolle. Ein vom Gutachter definierter Untergrund wirkt sich bei der Bearbeitung des Angebots nicht nur auf die Wahl der Maschinentechnik, der Werkzeuge und Bohrspülung, sondern auch auf die Vortriebsgeschwindigkeit aus.

Wenn der Bieter aufgrund eigener Erfahrungen die gegebenen Informationen des Ausschreibenden z. B. auf Fels als Fehlinformation interpretiert, wird er möglicherweise diese Erschwernis bei der Kostenfindung vernachlässigen, um sich gegenüber den Mitbewerbern einen Vorteil zu verschaffen. Der Bieter übernimmt somit auch erhebliche Risiken. Denn wenn doch Felsschichten durchörtert werden müssen, ist der Auftraggeber vor Nachforderungen sicher.

3. Produktenrohre

In Rohrleitungen werden die unterschiedlichsten Medien transportiert. Diese lassen sich wie folgt grob klassifizieren [3-1]:

- Flüssigkeiten: Wasser, Abwasser, chemische Flüssigkeiten
- Gase: technische Gase, Wasserdampf (Fernwärme)
- Feststoffe: Stofftransport in fließenden Flüssigkeiten

Je nach Anwendungsbereich ergeben sich spezifische Anforderungen an das Rohr als Produktrohr oder auch als Mantelrohr für andere Medienleitungen in Bezug auf [3-1]:

- Dichtigkeit
- Chemische und biologische Beständigkeit
- Widerstand gegen inneren und äußeren Abrieb
- Hydraulische Eigenschaften
- Mechanische Eigenschaften
- Nutzungsdauer

Für die Horizontalbohrtechnik haben sich Stahlrohre, Rohre aus duktilem Gusseisen und Kunststoffrohre bewährt. Das Einsatzspektrum der Horizontalbohrtechnik umfasst somit unter Berücksichtigung der ebenfalls verlegbaren Kabel für den Strom- und Kommunikationsbereich heute den gesamten öffentlichen und privaten Versorgungsbereich.

3.1 Stahlrohre

3.1.1 Einleitung

Die hohen mechanischen Anforderungen an die Produktenrohre für den grabenlosen Einbau werden durch Stahlrohre in besonderem Maße erfüllt. Die von der Nutzungsdauer unabhängige Gebrauchstauglichkeit ist maßgeblich auf die im betrachteten Anwendungsbereich unveränderlichen mechanischen Eigenschaften zurückzuführen. Stahlrohre werden aufgrund der Vielzahl möglicher Werkstoffgüten nicht nur mit Blick auf die Zugkräfte beim Rohreinzug sondern für alle denkbaren Betriebsdrücke in Bezug auf die einzusetzenden Wanddicken und damit das zu handhabende Rohrgewicht optimiert. In den Standardwanddicken sind die Rohre für die üblichen Lasten aus Erdüberdeckung und Verkehrslast ausreichend bemessen. Stahlrohre werden seit Jahrzehnten in den Nennweiten von DN 50 bis DN 2000 mit der Horizontalbohrtechnik eingezogen.

Die Vielzahl von Verbindungstechniken erlaubt flexible Planungen für die Einrichtung der Baustellen. Geschweißte Leitungsstränge werden vormontiert und kontinuierlich eingezogen. Die Schweißverbindung garantiert dabei eine absolut kraftschlüssige Verbindung. Insbesondere im Falle der Stumpfschweißverbindungen stören keine Muffenüberstände, wie sie bspw. im Falle der Steckmuffenverbindungen unvermeidlich sind. Die längskraftschlüssige Stahlsteckmuffenrohre können hingegen auch in Einzelrohrverlegung im Rhythmus der Gestängewechsel montiert und eingezogen werden.

Die unterschiedlichen Korrosionsschutzsysteme erlauben eine auf die vorliegenden Bodenverhältnisse abgestimmte Rohrausführung. Optional sind zusätzliche mechanische Schutzmaßnahmen wie verstärkte Umhüllungen, profilierte Umhüllungsausführungen oder Zementmörtelummantelungen. Auch zusätzliche Ummantelungen aus glasfaserverstärkten Reaktionsharzen sind insbesondere bei größeren Leitungsdimensionen im Einsatz.

Die Längsleitfähigkeit der geschweißten Verbindungen erlaubt die Überwachung und Kontrolle des Verlegeerfolges durch die Prüfverfahren des kathodischen Korrosionsschutzes. Unvorhersehbare Hindernisse beim Einzug oder auch unzulässige Beschädigungen durch Fremdeinwirkungen im späteren Betrieb führen zur Beschädigung der Umhüllung. In den freiliegenden Bereichen des Stahlgrundmaterials werden durch den kathodischen Korrosionsschutz Korrosionsvorgänge nicht nur auf ein Minimum begrenzt, sondern können auch messtechnisch von der Erdoberfläche erfasst und lokalisiert werden [3-2, 3-3]

3.1.2 Lieferbedingungen und Ausführungen

3.1.2.1 Benennung von Stahlsorten

Im Laufe der Jahre haben sich aufgrund der Vielzahl von Lieferbedingungen verschiedene Bezeichnungen für Stahlrohre ergeben. Dazu zählen:

- *Herkömmliche Kurznamen nach DIN 1626 (z. B. St 37.0, St 52.0 usw.)*

  Hierbei bedeutet die Zahl nach der Bezeichnung St die Mindestzugfestigkeit in kp/mm^2

- *Kurznamen nach EN und ISO (z. B. L 235, L 235 GA usw.):*

  Je nach europäischer Lieferbedingung wird nach einem, dem jeweiligen Anwendungszweck zugeordneten Buchstaben (z. B. L = line pipe, P = pressure pipe) die Mindeststreckgrenze in N/mm^2 angegeben. Die nachgesetzten Buchstaben nehmen Bezug auf spezielle Anforderungen, Behandlungen, Prüfungen usw. [3-2]

- *Kurznamen nach API (American Petroleum Institute, z. B. Grade B, X 42 usw.):*

  Hier sind die Güten „Grade A" und „Grade B" die Standardgüten, wobei der St 37.0 mit einer Mindeststreckgrenze von 235 N/mm^2 zwischen dem Grade A (210 N/mm^2) und dem Grade B (245 N/mm^2) angesiedelt ist. Die nachgestellte Nummer der höherfesten X-Güten entspricht der Mindeststreckgrenze in psi*1000 (1000 psi entsprechen 6,895 MPa) [3-2]

Tabelle 3.1 und **Tabelle 3.2** geben je nach Lieferbedingung einen vergleichenden Überblick der Kurznamen.

Tabelle 3.1: Vergleich der Kurznamen von Stahlsorten nach DIN und DIN EN [3-4]

Derzeitige Kurznamen: Stahlsorte nach DIN 1626	Zukünftige Kurznamen: Stahlsorten nach prEN 10224 : 1995 [1)]
USt 37.0	-
St 37.0	L 235
St. 44.0	L 275
St. 52.0	L 335
[1)] noch nicht verbindlich [2)] nicht mehr gebräuchlich	

Tabelle 3.2: Vergleich der Kurznamen von Stahlsorten nach DIN 17172/DIN EN 10208-2 und der API 5L [3-3]

Kurznamen von Stahlsorten nach DIN 17172/DIN EN 10208 -2				Kurznamen von Stahlsorten nach API 5 L
normalgeglühte Stähle		thermomechanisch behandelte Stähle		
DIN 17172	DIN EN 10208-2	DIN 17172	DIN EN 10208-2	
StE 210.7				A
StE 240.7	L 245 NB		L 245 NB	B
StE 290.7	L 290 NB	StE 290.7 TM	L 290 NB	X 42
StE 320.7		StE 320.7 TM		X 46
StE 360.7	L 360 NB	StE 360.7 TM	L 360 NB	X 52
StE 385.7		StE 385.7 TM		X 56
StE 415.7	L 415 NB	StE 415.7 TM	L 415 NB	X 60
		StE 445.7 TM		X 65
		StE 480.7 TM		X 70
				X 80

3.1.2.2 Stahlrohrausführungen

Die beiden folgenden Textbausteine nennen exemplarisch typische Stahlrohrausführungen wie sie je nach Anwendungsbereich für die Horizontalbohrtechnik ausgeschrieben werden:

Wasser

Geschweißte Stahlrohre für den Anwendungsbereich nach DIN 2460, Abmessungen 88,9 mm x 3,2 mm, Werkstoff L 235 nach DIN EN 10224 oder gleichwertig nach DIN 2460 mit PE-Umhüllung nach DIN 30670, Ausführung PE-N, n und FZM-Ummantelung nach DVGW-Arbeitsblatt GW 340 in der Ausführung FZM-S, innen mit Zementmörtelauskleidung nach DIN EN 10298 für Trinkwasser, Endenausführung C3 (Endenausführung B nach ehem. DIN 2614), beidseitig mit Kappen verschlossen, in Festlängen von 12 m mit Abnahmeprüfzeugnis 3.1 nach DIN EN 10204 für die Rohre und Abnahmeprüfzeugnis 2.2 für Umhüllung und Auskleidung. [3-2]

Gas

Geschweißte Stahlrohre für den Anwendungsbereich nach DIN EN 12007-3, (bis 16 bar) Abmessungen 88,9 mm x 3,2 mm, Werkstoff L 235 GA nach DIN EN 10208-1 oder gleichwertig nach DIN EN 12007-3 und DVGW-Arbeitsblatt G 462 mit PE-Umhüllung nach DIN 30670, Ausführung PE-N, n, und FZM-Ummantelung nach DVGW-Arbeitsblatt GW 340 in der Ausführung FZM-S, beidseitig mit Kappen verschlossen, in Festlängen von 12 m mit Abnahmeprüfzeugnis 3.1 (DIN EN 10204) für die Rohre und Abnahmeprüfzeugnis 2.2 für die Umhüllung. [3-2]

Für Angaben, die über diese Beispiele hinausgehen, werden die üblichen Kurzzeichen in **Tabelle 3.3** vorgestellt.

Tabelle 3.3: Kurzzeichen für zusätzliche Bestellangaben [3-4]

Kurzzeichen	Beschreibung	
S	Nahtlose Rohre	Ausführung des Rohres
W	Geschweißte Rohre	
St	Stückanalyse ist zu liefern	Analyse
Cu	Kupfergehalt wird festgelegt	
PT	Eindringprüfung	Zerstörungsfreie Prüfung von Formstücken
MP	Magnetpulverprüfung	
UT	Ultraschallprüfung	
ET	Wirbelstromprüfung	
RT	Durchstrahlungsprüfung	
HL... bis HL...	Herstelllängenbereich	Längen Tabelle A.2
FL	Festlänge	
GL	Genaulänge	
P	Glatte Rohrenden	Endenausführung
V	Schweißnahtvorbereitung	
M	Einsteckschweißmuffe	
SM	Steckmuffe	
F	Flansch	
K	Kupplung	
ZM	Zementmörtelauskleidung	Auskleidung
PE	Polyethylen (PE-n), Normalschichtdicke Polyethylen (PE-v), verstärkte Schichtdicke	Umhüllung/ Ummantelung/ Beschichtung
PP	Polypropylen	
FZM	Faserzementmörtel-N (FZM-N), für die konventionelle Rohrverlegung Faserzementmörtel-S (FZM-S), für die grabenlose Rohrverlegung	
2.2	Werkszeugnis 2.2	Prüfbescheinigung
3.2	Abnahmeprüfzeugnis 3.2	

3.1.2.3 Kennwerte von Stahl und Stahlrohren

Für die Auslegung von Stahlrohrleitungen sind im Allgemeinen folgende Kennwerte zu berücksichtigen. Eine Übersicht der mechanischen Kennwerte Streckgrenze, Zugfestigkeit und Bruchdehnung bieten **Tabelle 3.4**, **Tabelle 3.5** und **Tabelle 3.6**.

3.1.2.4 Längenbezogene Massen

Tabellen 3.7, **3.8** und **3.9** nennen die standardmäßig lieferbaren Rohrdurchmesser, Maße und längenbezogenen Massen mit ZM-Auskleidung, PE-Umhüllung und FZM-Ummantelung für Wasserrohrleitungen nach DIN 2460 [3-4].

Die lieferbaren Längen von Stahlrohren für Gase, brennbare Flüssigkeiten, Wässer usw. liegen zwischen 6 und 18 m. Hier muss je nach Lieferbedingung zwischen Herstelllänge, Festlänge und Genaulänge unterschieden werden [3-3].

Tabelle 3.4: Mechanische Kennwerte der Rohre nach DIN 1626 im Lieferzustand bei Raumtemperatur (für Wanddicken über 40 mm sind die Werte bei der Bestellung zu vereinbaren [3-3]

Stahlsorte		Obere Streckgrenze Wanddicken in mm		Zugfestigkeit R_m	Bruchdehnung A_5		Biegedurchmesser für den technologischen Biegeversuch bei schmelzgeschweißten Rohren[1)]
		≤ 16	> 16 ≤ 40	N/mm²	längs	quer	
Kurzname	Werkstoffnummer	N/mm² min.			% min.		
USt 37.0*	1.0253	235	-	350 bis 480	25	23	2 s
St 37.0	1.0254	235	225	350[3)] bis 480	25	23	2 s
St. 44.0	1.0256	275[2)]	265[2)]	420[3)] bis 550	21	19	3 s
St. 52.0	1.0421	355	345	500[3)] bis 650	21	19	4 s

1) s Wanddicke des Rohres, Biegewinkel 180°
2) Für kaltgefertigte Rohre im Lieferzustand NBK (oberhalb des oberen Umwandlungspunktes unter Schutzgas oder Vakuum geglüht) sind um 20 N/mm² niedrigere Mindestwerte der Streckgrenze zulässig
3) Für kaltgefertigte Rohre im Lieferzustand NBK sind 10 N/mm² niedrigere Mindestwerte der Zugfestigkeit zulässig
* Nicht mehr gebräuchlich

Tabelle 3.5: Mechanische Kennwerte der Rohre nach DIN 1628 im Lieferzustand bei Raumtemperatur (für Wanddicken über 40 mm sind die Werte bei der Bestellung zu vereinbaren [3-3]

Stahlsorte		Obere Streckgrenze R_{eH} Wanddicken in mm		Zugfestigkeit R_m	Bruchdehnung A_5		Biegedurchmesser für den technologischen Biegeversuch bei schmelzgeschweißten Rohren[1)]	Kerbschlagarbeit[2)] für den Grundwerkstoff (ISO-Spitzkerbproben bei +20°C)	
		≤ 16	> 16 ≤ 40	N/mm²	längs	quer		längs	quer
Kurzname	Werkstoffnummer	N/mm² min.			% min.			J min.	
St 37.4	1.0255	235	225	350[5)] bis 480	25	23	2 s	43	27
St. 44.4	1.0257	275[4)]	265[4)]	420[5)] bis 550	21	19	3 s	43	27
St. 52.4	1.0581	355	345	500[5)] bis 650	21	19	4 s	43	27

1) s Wanddicke des Rohres, Biegewinkel 180°
2) Mittelwert aus drei Proben, wobei nur ein Einzelwert den angegebenen Mindestwert u, höchstens 30% unterschreiten darf.
3) Diese werte gelten auch bei der Prüfung der Kerbschlagarbeit in Schweißnahtmitte bei Rohren > 500 mm Außendurchmesser und ≥ 10 mm Wanddicke
4) Für kaltgefertigte Rohre im Lieferzustand NBK (oberhalb des oberen Umwandlungspunktes unter Schutzgas oder Vakuum geglüht) sind um 20 N/mm² niedrigere Mindestwerte der Streckgrenze zulässig
5) Für kaltgefertigte Rohre im Lieferzustand NBK sind 10 N/mm² niedrigere Mindestwerte der Zugfestigkeit zulässig

Tabelle 3.6: Streckgrenzen verschiedener Stahlsorten nach ISO, EN und API [3-3, 3-5]

Kurznamen von Stahlsorten nach DIN 17172 / DIN EN 10208 -2				Mindest-streckgrenze	Kurznamen von Stahlsorten nach API 5 L
normalgeglühte Stähle		thermomechanische behandelte Stähle		[N/mm²]	
DIN 17172	DIN EN 10208-2	DIN 17172	DIN EN 10208-2		
StE 210.7				210	A
StE 240.7	L 245 NB		L 245 MB	240	B
StE 290.7	L 290 NB	StE 290.7 TM	L 290 MB	290	X 42
StE 320.7		StE 320.7 TM		320	X 46
StE 360.7	L 360 NB	StE 360.7 TM	L 360 MB	360	X 52
StE 385.7		StE 385.7 TM		385	X 56
StE 415.7	L 415 NB	StE 415.7 TM	L 415 MB	415	X 60
		StE 445.7 TM	L 450 MB	445	X 65
		StE 480.7 TM	L 485 MB	480	X 80
			L 595 MB		

3.1.3 Rohrverbindungen und Rohrendenausführungen

Stahlrohre, die mit dem HDD-Verfahren eingezogen werden, können generell durch Schweißverbindungen, bei Wasser- und Abwasserleitungen alternativ auch durch Steckmuffenverbindungen längskraftschlüssig verbunden werden.

3.1.3.1 Schweißverbindung

Als Schweißverbindungen werden sowohl Stumpfschweißverbindungen als auch Einsteckschweißmuffen (**Bild 3.1**) eingesetzt. Bei beiden Verbindungsarten ist die Längskraftschlüssigkeit aber auch die Längsleitfähigkeit sichergestellt. Diese Rohrleitungen sind somit für den kathodischen Korrosionsschutz geeignet [3-6].

Stumpfschweißverbindungen können im begehbaren Dimensionsbereich für alle Stahlrohrdurchmesser und alle Einsatzgebiete angewendet werden. Im Bereich der nicht begehbaren Leitungsdimensionen beschränkt sich die Anwendung der Stumpfschweiß-

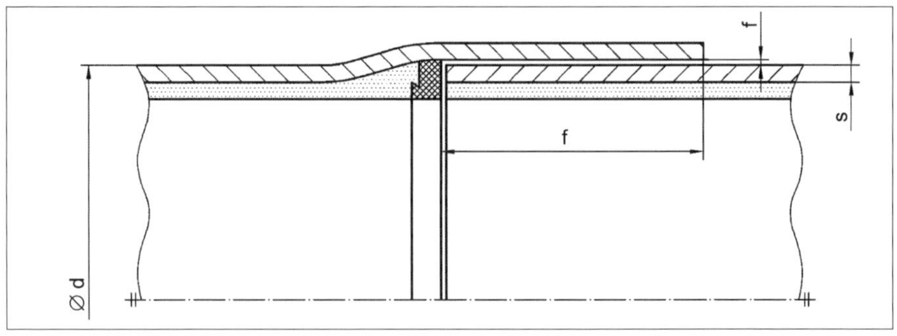

Bild 3.1: Einsteckschweißmuffen-Verbindungen für Stahlleitungsrohre [3-4]

Tabelle 3.7: Maße und längenbezogene Massen von geschweißten und nahtlosen Stahlrohren für Stumpfschweißverbindung und zulässiger Bauteilbetriebsdruck [3-4]

Nenn-weite	Rohraußen-durchmesser d_1	Geschweißte Stahlrohre				Nahtlose Stahlrohre		
		Nenn-wand-dicke s[1)]	Längen-bezogene Masse[2)]	Zulässiger Bauteil-betriebsdruck der Rohrleitung PFA[1)]		Nenn-wand-dicke s[1)]	Längen-bezogene Masse[2)]	Zulässiger Bauteil-betriebs-druck der Rohr-leitung PFA[1)]
				L235[3)] mit VN = 1,0 und Abnahme-prüfzeugnis 3.1	L355[3)] mit VN = 1,0 und Abnahme-prüfzeugnis 3.1			L235[3)] mit Werkszeug-nis 2.2
DN	mm	mm	kg/m	bar	bar	mm	kg/m	bar
80	88,9	3,2	6,76	100	125	3,2	6,76	80
100	114,3	3,2	8,77	63	100	3,6	9,83	63
125	139,7	3,6	12,1	63	100	4,0	13,4	63
150	168,3	3,6	14,6	50	80	4,5	18,2	63
200	219,1	3,6	19,1	40	63	6,3	33,1	63
250	273	4,0	26,5	40	50	6,3	41,4	50
300	323,9	4,5	35,4	32	50	7,1	55,5	50
350	355,6	4,5	39,0	32	50	8,0	68,6	50
400	406,4	5,0	49,5	32	50	8,8	86,3	50
500	508	5,6	69,4	25	40	11	135	50
600	610	7,1	93,8	25	40	—	—	—
700	711	7,1	109	20	32	—	—	—
800	813	8,0	141	20	32	—	—	—
900	914	10,0	179	20	32	—	—	—
1 000	1 016	10,0	219	20	32	—	—	—
1 200	1 219	12,5	328	20	32	—	—	—
1 400	1 422	14,2	435	20	32	—	—	—
1 600	1 626	16,0	564	20	32	—	—	—
1 800	1 829	17,5	715	20	32	—	—	—
2 000	2 032	20,0	869	20	32	—	—	—

1) Berechnung nach Anhang C mit folgenden Sicherheitsbeiwerten: S = 1,50 für L235 mit Abnahmeprüfzeugnis 3.1,
S = 1,7 für L235 mit Werkszeugnis 2.2. S = 1,58 für L355 mit Abnahmeprüfzeugnis 3.1, ohne Zuschlag für Korrosion bzw. Abnutzung. Bei Rohren mit Auskleidung und Umhüllung ist in der Regel kein Korrosionszuschlag erforderlich. Der errechnete zulässige Bauteilbetriebsdruck wurde auf die nächstniedrigere der früher gebräuchlichen Druckstufe abgerundet. Der angegebene Druck PFA gilt für Rohrleitungen mit Schweißverbindung, für eine Verkehrsbelastung bis zu SLW 60, eine Erdüberdeckung von 0,6 bis 6 m und zusätzlich einem möglichen Abfall des Innendrucks auf den absoluten Druck p_{abs} = 0,2 bar.

2) Längenbezogene Masse ohne Berücksichtigung der Umhüllung, der Auskleidung und der Muffenverbindung.

3) Stahlsorte nach DIN EN 10224.

Tabelle 3.8: Maße und längenbezogene Massen von geschweißten Stahlrohren für Einsteckschweißmuffenverbindung und zulässiger Bauteilbetriebsdruck [3-4]

Nennweite	Rohraußendurchmesser d	Nennwanddicke s[1)]	Längenbezogene Masse[2)]	Einstecktiefe t	Muffenspiel f[4)]	zulässiger Bauteilbetriebsdruck der Rohrleitung PFA[1)]	
						L235[3)] mit v_N = 1,0 und Abnahmeprüfzeugnis 3.1	L355[3)] mit v_N = 1,0 und Abnahmeprüfzeugnis 3.1
DN	mm	mm	Kg/m	mm	mm	bar	bar
80	88,9	3,2	6,76	50	1	100	125
100	114,3	3,2	8,77	55	1,5	63	100
125	139,7	3,6	12,1	60	1,5	63	100
150	168,3	3,6	14,6	65	1,5	50	80
200	219,1	3,6	19,1	80	2	40	63
250	273	4,0	26,5	90	2	40	50
300	323,9	4,5	35,4	105	2	32	50
350	355,6	4,5	39,0	115	2,5	32	50
400	406,4	5,0	49,5	120	2,5	32	50
500	508	5,6	69,4	130	3	25	40
600	610	7,1	93,8	130	3	25	40
700	711	7,1	109	130	3	20	32
800	813	8,0	141	130	3	20	32
900	914	10,0	179	130	3	20	32
1 000	1 016	10,0	219	130	3	20	32

1) Berechnung nach Anhang C mit folgenden Sicherheitsbeiwerten: S =1,50 für L235 mit Abnahmeprüfzeugnis 3.1,
S =1,58 für L355 mit Abnahmeprüfzeugnis 3.1, ohne Zuschlag für Korrosion bzw. Abnutzung. Bei Rohren mit Auskleidung und Umhüllung ist in der Regel kein Korrosionszuschlag erforderlich. Der errechnete zulässige Bauteilbetriebsdruck wurde auf die nächstniedrigere der früher gebräuchlichen Druckstufe abgerundet. Der angegebene Druck PFA gilt für Rohrleitungen mit Schweißverbindung, für eine Verkehrsbelastung bis zu SLW 60, eine Erdüberdeckung von 0,6 bis 6 m und zusätzlich einem möglichen Abfall des Innendrucks auf den absoluten Druck p_{abs} = 0,2 bar.

2) Längenbezogene Masse ohne Berücksichtigung der Umhüllung, der Auskleidung und der Muffenverbindung.

3) Stahlsorte nach DIN EN 10224.

4) Mit Blick auf die Montagebedingungen sollte unter Berücksichtigung der Außendurchmessertoleranzen und zulässigen Ovalitäten das angegebene Muffenspiel bezogen auf den max. möglichen Außendurchmesser eingehalten werden.

Tabelle 3.9: Maße und längenbezogene Massen von geschweißten Stahlrohren für Steckmuffenverbindung und zulässiger Bauteilbetriebsdruck [3-4]

Nenn-weite	Rohr-außen-durch-messer d_1	Muffen-durch messer d_2[1)]	Nennwand-dicke s[2)]	Einsteck-tiefe t	Längen-bezogene Masse[3)]	zulässiger Bauteil-betriebsdruck der Rohrleitung PFA[2)] L235[4)] mit V_N = 1,0 und Abnahme-prüfzeugnis 3.1
DN	mm	mm	mm	mm	kg/m	bar
80	98,0	136	3,6	138	9,0	40
100	117,5	158	3,6	143	9,0	40
125	144,7	185	4,0	153	13,8	40
150	168,3	213	4,0	162	16,2	40
200	219,1	271	4,5	169	23,8	40
250	273	326	5,0	181	33,0	40
300	323,9	380	5,6 (6,3) [5)]	188	44,0	40

1) Die Toleranzen für Muffendurchmesser betragen ± 0,8 mm.

2) Berechnung nach Anhang C mit folgenden Sicherheitsbeiwerten: S =1,50 für L235 mit Abnahme-prüfzeugnis 3.1, ohne Zuschlag für Korrosion bzw. Abnutzung. Bei Rohren mit Auskleidung und Umhüllung ist in der Regel kein Korrosionszuschlag erforderlich. Der errechnete zulässige Bauteilbetriebsdruck wurde auf die nächstniedrigere der früher gebräuchlichen Druckstufe abgerundet. Der angegebene Druck PFA gilt für Rohrleitungen mit Schweißverbindung, für eine Verkehrsbelastung bis zu SLW 60, eine Erdüberdeckung von 0,6 bis 6 m und zusätzlich einem möglichen Abfall des Innendrucks auf den absoluten Druck p_{abs} = 0,2 bar.

3) Längenbezogene Masse ohne Berücksichtigung der Umhüllung, der Auskleidung und der Muffenverbindung.

4) Stahlsorte nach DIN EN 10224.

5) Klammerwert gibt Nennwanddicke für Steckmuffenverbindung nach Bild 4 bis 40 bar an.

verbindung auf Gasleitungen und Leitungen für Trinkwasser oder trinkwasserähnliche Medien. Im Falle der Leitungen für Abwasser oder ähnlich korrosive Medien wird die Einsteckschweißmuffe eingesetzt. Hier kann vor dem Schweißen im Muffengrund Material zum Schutz des Schweißnahtbereiches eingebracht werden.

Die Ausführung der Rohrenden für die Stumpfschweißverbindung ist in den entsprechenden Lieferbedingungen festgelegt. Die Rohrenden werden üblicherweise im Winkel von 30° abgeschrägt. Die verbleibende Steghöhe soll 1,6 mm (±0,8 mm) betragen.

Bei Wasserleitungsrohren sind unterschiedliche Ausführungen der ZM-Auskleidung an den Rohrenden zu unterscheiden. Bei begehbaren Stahlleitungsrohren wird die Zementmörtelauskleidung an den Rohrenden mit einem Rückschnitt von etwa 20 mm versehen. Der Spalt wird nach dem Schweißen mit Mörtel ausgefüllt (Endenausführung Typ C1 nach DIN EN 10298) (**Bild 3.2**). Für die Endenausführung nicht begehbarer Leitungsdimensionen sind die Ausführungen C2 und C3 nach DIN 10298 zu berücksichtigen (**Bild 3.3**). Mit diesen Ausführungen ist im Falle der meisten Trinkwässer

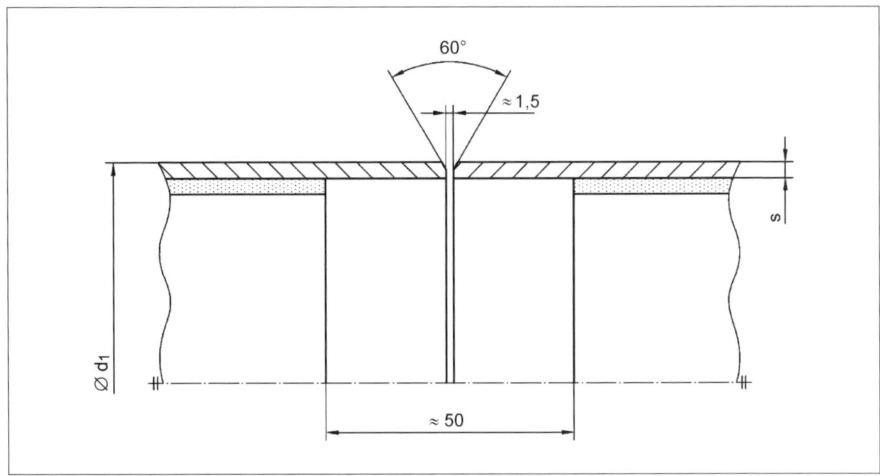

Bild 3.2: Stumpfschweißverbindung: Ausführung C1 nach DIN EN 10298:2005-12, Anhang A bzw. Ausführung nach DIN 2880:1999-01, Bild 1 [3-4]

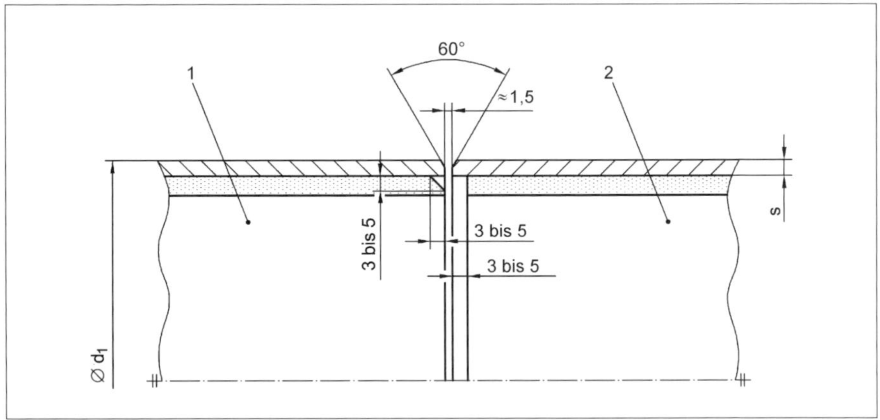

Bild 3.3: Stumpfschweißverbindung: Ausführung C2 und C3 nach DIN EN 10298:2005-12, Anhang A bzw. Ausführung A und B nach DIN 2880:1999-01, Bild 2 [3-4]

sichergestellt, dass der Verbindungsbereich durch Passivierung und Deckschichtbildung geschützt ist.

3.1.3.2 Steckmuffenverbindungen

Steckmuffenverbindungen für Stahlrohre sind im Bereich von DN 80 bis DN 300 in DIN 2460 genormt. Für die Horizontalbohrtechnik können die Steckmuffenverbindungen durch den Tyton-Sit-Ring (**Bild 3.4**) oder durch den Einsatz der so genannten (D)oppel-(K)ammer-(M)uffen-Verbindung (**Bild 3.5**) längskraftschlüssig ausgelegt wer-

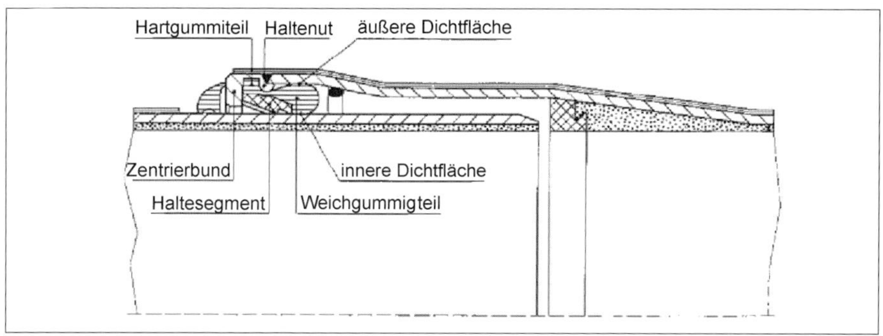

Bild 3.4: Aufbau einer TYTON SIT-Verbindung [3-7]

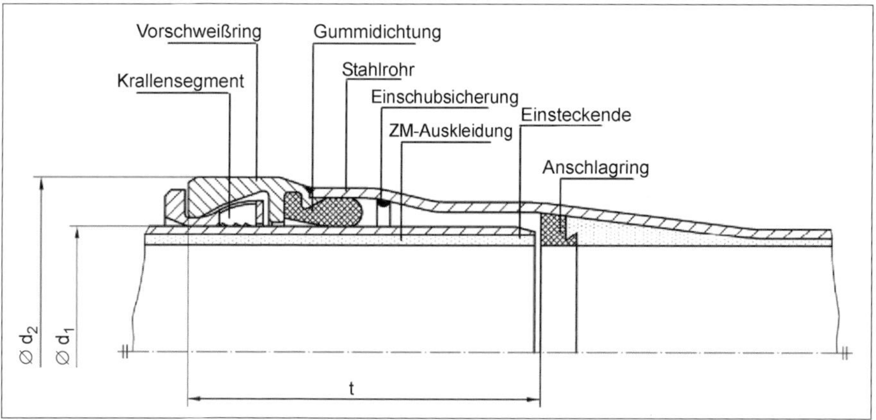

Bild 3.5: Aufbau einer DKM-Verbindung [3-7]

den. **Tabelle 3.10** gibt einen Überblick der zulässigen Zugkräfte. Aufgrund der Muffengeometrie ist im Vergleich zu den Schweißverbindungen eine größere Aufweitung des Bohrkanals erforderlich [3-4].

Tabelle 3.10: Zulässige Zugkräfte (kN) und Abwinklung in Abhängigkeit von der Steckmuffenausführung (Rohrlänge 6 m) [3-4]

Dimension	TYTON-SIT		DKM	
	Zugkraft (kN)	Biegeradius (m)	Zugkraft (kN)	Biegeradius (m)
DN 100	23	115	50	115
DN 150	48	115	100	115
DN 200			170	115
DN 250			260	115
DN 300			370	115

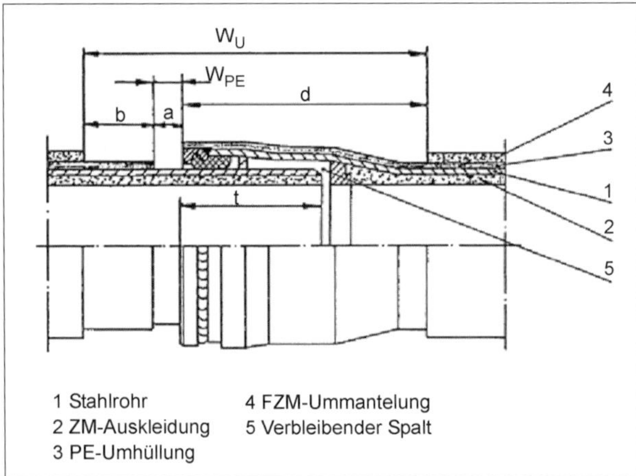

Bild 3.6: Steckmuffen-Verbindung – ohne Ummantelung entfallen die Werte b, d und W_u [3-3]

Bild 3.6 zeigt eine Steckmuffenverbindung mit ihren wichtigsten Anschlussmaßen. Am Spitzende schließt die Zementmörtelauskleidung bündig mit dem Stahlrohr ab. Ein Anschlagring schützt den Zementmörtel bei der Montage bzw. beim Einschub des Spitzendes. Die Einstecktiefe der Rohrenden bei Steckmuffenverbindungen ist je nach Rohrdurchmesser unterschiedlich. Die entsprechenden Maße sind **Tabelle 3.11** zu entnehmen. Werksseitig werden Muffenbereich und Einsteckende mit einer Epoxidharzbeschichtung geschützt [3-3].

Tabelle 3.11: Maße für Rohrendenausführung bei Anwendung der Steckmuffenverbindung (Die Klammermaße gelten für die Verlegung in Bergsenkungsgebieten) [3-3]

DN	a [mm]	b [mm]	d [mm]	W_{PE} [mm]	W_U [mm]	t [mm]
100	30 (55)	130	160	30 (55)	320 (345)	110 (85)
125	30 (55)	130	160	30 (55)	320 (345)	120 (95)
150	30 (55)	84	220	30 (60)	334 (364)	131 (101)
200	30 (55)	82	220	30 (60)	332 (364)	133 (103)
250	30 (55)	82	220	30 (60)	332 (364)	143 (113)
300	30 (55)	80	220	30 (60)	330 (364)	150 (120)

3.1.4 Umhüllung, Ummantelung und Auskleidung von Stahlrohren

Bei der Verlegung von Stahlleitungsrohren sind nicht nur die mechanischen sondern auch korrosionschemischen Beanspruchungen durch den umgebenden Boden und ggf. das Transportmedium zu berücksichtigen. So ist die Lebensdauer abhängig von der Güte und der Unversehrtheit des zur Verwendung kommenden Korrosionsschutzes.

Werksseitig werden die Rohre versehen mit:

- *Umhüllungen*: nach DIN 30675 eine elektrisch isolierende Beschichtung auf Metallflächen zum Schutz gegen Außenkorrosion. In der Regel wird hier die Polyethylenumhüllung nach DIN 30670 eingesetzt.
- *Ummantelungen*: zusätzliche mechanische Schutzmaßnahmen für die Korrosionsschutzumhüllung. Für die Horizontalbohrtechnik werden je nach Dimension üblicherweise glasfaserverstärkte Kunststharzschichten oder Faserzementmörtelummantelungen verwendet.
- *Auskleidungen*: überwiegend aus Zementmörtel speziell für Rohrleitungen zum Transport wässriger Medien.

3.1.4.1 Polyethylen-Umhüllungen

Eine qualitativ hochwertige PE-Umhüllung erfüllt folgende Anforderungen:

- Langzeitbeständigkeit der Umhüllung im Betrieb
- Hoher Schutz gegen mechanische Einwirkungen
- Hoher elektrischer Umhüllungswiderstand

Durch derartige Umhüllungen geschützte Rohrleitungen besitzen einen Korrosionsschutz, der nach DIN 30675 Teil 1 auch in stark aggressiven Böden der Bodenklasse III einsetzbar ist. Die optimale Umhüllungsqualität wird durch die Kombination der duroplastischen Epoxidharzgrundschicht, des Haftvermittlers und des chemisch beständigen Polyethylens erreicht (**Bild 3.7**). Die PE-Umhüllung von Stahlrohren ist in DIN 30670 genormt. Dort werden zwei Ausführungsarten unterschieden:

- N = Normalausführung für Dauerbetriebstemperaturen bis 50 °C (PE-LD)
- S = Sonderausführung für Dauerbetriebstemperaturen bis 70 °C (PE-MD)

Es sind zwei Mindestschichtdickenbereiche vorgesehen, die Normalschichtdicke n und die verstärkte Schichtdicke v (**Tabelle 3.12**). Die PE-Umhüllung wird durch das Extrusionsverfahren appliziert. Hier sind auch Sonderformen mit zusätzlich aufextrudierter Rippenstruktur als mechanischen Schutz möglich.

Alternativ zur Polyethylenumhüllung sind speziell im Falle der Horizontalbohrtechnologie auch Polypropylenumhüllungen in der Anwendung. Diese Umhüllungen sind in DIN 30678 genormt

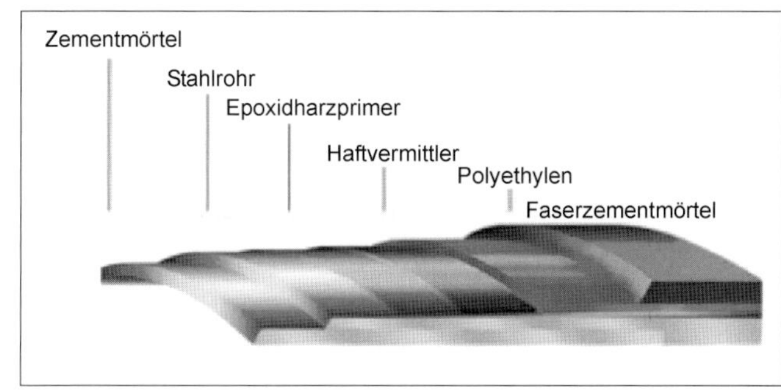

Bild 3.7: Prinzipieller Aufbau eines Stahlrohres mit einer ZM-Auskleidung, PE-Umhüllung und FZM-Ummantelung [3-7]

Tabelle 3.12: Mindestschichtdicken für Umhüllungen [3-8]

PE-Umhüllungen nach DIN 30670			PP-Umhüllung nach DIN 30678	
Dimension	normal (n)	verstärkt (v)	Dimension	Schichtdicke
bis DN 100	1,8 mm	2,5 mm	bis DN 100	1,8 mm
> DN 100; ≤ DN 250	2,0 mm	2,7 mm	DN 125 bis DN 250	2,0 mm
>DN 250; < DN 500	2,2 mm	2,9 mm	DN 300 bis DN 500	2,2 mm
≥ DN 500; < DN 800	2,5 mm	3,2 mm	ab DN 600	2,5 mm
≥ DN 800	3,0 mm	3,7 mm		

3.1.4.2 Ummantelungen

Als zusätzliche mechanische Schutzmaßnahme bietet sich die Ummantelung aus Faserzementmörtel (FZM) nach DVGW-Arbeitsblatt GW 340 an [3-9]. Dieser Mörtel besteht aus Quarzsand, Zement, Kunststoff- oder Glasfasern und einer oder mehreren Kunststoff-Gewebebandagen. Die Mindestschichtdicke beträgt 7 mm. In der Horizontalbohrtechnik wird die FZM-Ummantelung lt. Regelwerk in der Ausführung FZM-S eingesetzt. Diese Sonderausführung unterscheidet sich von der Standardausführung (FZM-N) durch den Haftverbund zwischen Mörtelschicht und Polyethylenumhüllung zur Aufnahme der Scherkräfte beim Rohreinzug (**Bild 3.8**).

3.1.4.3 Auskleidungen

Rohre zum Transport wässriger Medien werden i.d.R. durch Auskleidungen mit Zementmörtel vor Korrosion geschützt. Die Auskleidung hat den Zweck, die hydraulischen Eigenschaften gegenüber dem nicht ausgekleideten Rohr zu verbessern und Korrosionsschäden zu vermeiden.

Die Zementmörtelauskleidung von Rohren wird nach dem Rotationsschleuderverfahren oder Anschleuderverfahren durchgeführt. Beim Rotationsschleuderverfahren wird nach dem Einbringen des Mörtels das Rohr auf eine hohe Rotationsgeschwindigkeit gebracht, so dass durch die hohe Zentrifugalkraft der Mörtel verdichtet und geglättet wird. Beim Anschleuderverfahren wird der Mörtel mit einem rotierenden Schleuderkopf

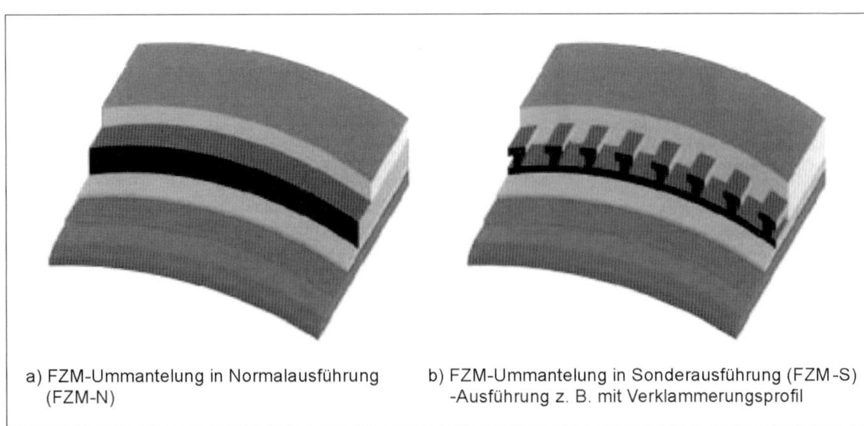

a) FZM-Ummantelung in Normalausführung (FZM-N)

b) FZM-Ummantelung in Sonderausführung (FZM-S) -Ausführung z. B. mit Verklammerungsprofil

Bild 3.8: Unterschiede bei FTM-Ummantelungen [3-3]

gegen die Innenoberfläche geworfen. Die Zementmörtelart ist den zu transportierenden Medien anzupassen. Empfehlungen für die Wahl geeigneter Mörteltypen sind in DIN 2880 zu finden [3-3].

3.1.4.4 Nachumhüllung von Verbindungen

Die Nachumhüllung der Rohrverbindungen erfolgt mit Umhüllungssystemen, die für Leitungen ohne kathodischen Korrosionsschutz in DIN 30672 bzw. bei Leitungen mit kathodischen Korrosionsschutz in DIN EN 12068 genormt sind. Die Nachumhüllungen an der Baustelle sind von Fachkräften auszuführen, die über Nachweise entsprechend DVGW-Merkblatt GW 15 verfügen (Umhüllerpass). Die Nachumhüllung ist nach den jeweiligen Verarbeitungsanleitungen der Hersteller auszuführen. Bewährt haben sich beispielsweise PE-Schrumpfschläuche oder Bindensysteme, die speziell im Falle der Horizontalbohrtechnologie durch glasfaserverstärkte Reaktionsharzwicklungen ergänzt werden können. Als Nachumhüllung der zusätzlich mit Zementmörtel ummantelten Stahlleitungsrohre werden auch Vergussmörtelsysteme angeboten.

Beim Einsatz von Steckmuffenverbindungen ist speziell in der Bohrtechnik die Änderung des Durchmessers im Verbindungsbereich zu beachten. Zur Nachumhüllung eignen sich besonders durch Wärme schrumpfende Materialien, da sich diese nach der Erwärmung dicht an die Übergangsstellen anlegen. Beim Rohreinzug können die Verbindungsbereiche durch Blechmanschetten zusätzlich geschützt werden.

3.2 Kunststoffrohre

3.2.1 Einleitung

Neben Rohrleitungen aus Stahl und duktilem Guss werden Rohre aus Kunststoff mit der Horizontalbohrtechnik verlegt. Aufgrund der hohen Zugkräfte und der Biegung beim Einzug eines Produktenrohres sind nicht alle Arten von Kunststoffrohren im HDD einsetzbar. Nur Rohre aus Polyethylen (PE) weisen die geforderten Eigenschaften auf. PE-Rohre werden hauptsächlich in der Ausführung mit hoher Dichte (PE-HD) verwendet. Außerdem kommen Rohre aus vernetztem Polyethylen (PE-X) zum Einsatz.

3.2.2 Eigenschaften

Die Eigenschaften, die Kunststoffrohre aus PE auszeichnen, werden hier kurz aufgezählt [3-1, 3-10, 3-11]:

- Prognostizierte Nutzungsdauer von über 100 Jahren nach DIN 8074
- Hohe Widerstandsfähigkeit gegen aggressive Medien
- Hohe Abriebsfestigkeit
- Geringes Gewicht
- Materialbruch so gut wie ausgeschlossen
- Günstige Verlegemöglichkeiten aufgrund großer Flexibilität
- Große Baulängen möglich

Die Eigenschaften wie Zugfestigkeit, E-Modul, Härte und Beständigkeit gegen Korrosion sind ganz eng mit der Dichte des Kunststoffes verbunden. Bei einer Erhöhung der Dichte verbessern sich diese Eigenschaften. Bei der Rohrherstellung wird das Polyethylen erhitzt und kühlt anschließend wieder ab. Dabei kristallisiert es. Je höher der Kristallinitätsgrad ist, desto höher ist die Dichte. Die Dichte von PE-HD liegt bei 0,94 bis 0,96 g/cm^3.

Im Gegensatz zu den oben genannten Effekten bei der Erhöhung der Dichte nehmen tendenziell die Schlagzähigkeit und der Widerstand gegen Spannungsrissbildung mit zunehmender Dichte ab.

Polyethylen ist ein Kunststoff, der aus Kettenmolekülen besteht. Durch neue Produktionstechniken ist es möglich, die Lage, den Ort und die Länge von Seitenketten zu bestimmen, die an den Hauptketten der Makromoleküle angebaut werden. Dadurch, dass Seitenketten gezielt eingebaut werden können, werden erhöhte Verzahnungen der Molekülketten erreicht.

Mit dieser neuen Technik der Polyethylenherstellung wird auch das PE der „dritten Generation“ PE 100 hergestellt.

Der Ausgangspunkt für diese Klassifizierung ist die Messung der Zeitstandskurve und ihre Auswertung nach der Extrapolationsmethode gemäß ISO/TR 9080. Dabei wird ein Wert für eine Vergleichspannung bei 20 °C und 50 Jahren Dauer ermittelt.

Aus dieser Klassifizierungsmethode gehen folgende PE-Generationen hervor:

1. PE 63 ≙ PE der ersten Generation
2. PE 80 ≙ PE der zweiten Generation
3. PE 100 ≙ PE der dritten Generation

Diese Generationen gehören zu den Polyethylenen mit hoher Dichte (PE-HD). Mit jeder weiteren Generation von PE-Rohren konnten nachstehende Eigenschaften verbessert werden:

- Zeitstandinnendruckfestigeit
- Erhöhter Widerstand gegen Rissfortpflanzung
- Erhöhter Widerstand gegen Kerbwirkung
- Druckfestigkeit

Es besteht die Möglichkeit, die Makromoleküle vom Polyethylen zu dreidimensionalen Raumnetzmolekülen zu verbinden bzw. zu vernetzen. Vernetztes Polyethylen wird mit PE-X bezeichnet. Die Vernetzung von PE kann auf verschiedene Weise erfolgen. Es wird zwischen Peroxydvernetzung (PE-Xa), Silanvernetzung (PE-Xb) und Strahlenvernetzung (PE-Xc) unterschieden. PE-Xc unterscheidet sich gegenüber herkömmlichem Polyethylen durch nachstehende Merkmale [3-10]:

- Erhöhte Kriechfestigkeit
- Hoher Widerstand gegen äußere Punktlasten
- Hoher Widerstand gegenüber den Auswirkungen von Kerben und Riefen
- Verbesserte Rückstelleigenschaften
- Hohe Kerbschlagzähigkeit
- Formbeständig durch verbesserte Werkstofffestigkeiten
- Gesteigerte Langzeitverhalten
- Erhöhte Beständigkeit gegen Chemikalien
- Erhöhte Temperaturbeständigkeit

Polyethylen verliert beim Vernetzen seine thermoplastischen Eigenschaften. Es wird ein Duromer. PE-X-Rohre stehen nur für kleine Durchmesser zur Verfügung.

PE-Rohre sind aufgrund ihrer Oberflächenbeschaffenheit nicht klebbar. Sie werden beim HDD-Verfahren i.d.R. durch Schweißen miteinander verbunden.

PE ist ein Werkstoff, dessen spezifische Eigenschaften sich mit einem Wechsel der Temperatur ändern. Polyethylen weist eine 10-fach größere Wärmeausdehnung als Stahl auf.

Die Wärmedehnzahl von Polyethylen beträgt:

$$0{,}2\frac{\text{mm}}{\text{m}}\cdot\text{K} \qquad (3\text{-}1)$$

Ändert sich auf einer Baustelle, z. B. beim Einziehen des Rohres die Temperatur eines 200 m langen Rohres, das in der Sonne liegt, von 50 °C auf 10 °C (im Erdreich), dann resultiert aus der Temperaturdifferenz ein Längenunterschied von 1,6 m. Daraus folgt, dass PE-Rohre nicht unmittelbar nach dem Einziehvorgang auf ein für ihren späteren Einsatz geltendes Maß zurechtgeschnitten werden sollten.

3.2.3 Benennung von PE-Rohren

Durch die Erstellung europäischer Normen findet eine Vereinheitlichung der bestehenden Regelwerke statt. Die alten bzw. zukünftigen Werkstoffbezeichnungen sind **Tabelle 3.13** zu entnehmen.

Tabelle 3.13: Alte und aktuelle Werkstoffbezeichnungen [3-12]

Werkstoffbezeichnungen			
vor 1987		seit 1987	zukünftig
PE hart	HDPE Typ 1 HDPE Typ 2	PE-HD	PE 63; PE 80; PE 100
PE weich	LDPE	PE-LD	PE 40

ISO DIS 12162 trägt dem unterschiedlichen Verhalten bzw. Leistungsvermögen der verschiedenen Rohrwerkstoffe Rechnung. Daraus folgend stehen zwei Materialien mit verschiedenen Berechnungsspannungen zur Verfügung. Die Berechnungsspannung sowie die MRS-Werte (Minimum Required Strength) für PE 80 und PE 100 enthält **Tabelle 3.14**.

Tabelle 3.14: Festigkeitsklassen, MRS-Werte und Berechnungsspannungen für PE-Rohre [3-12]

PE-HD Festigkeitsklassen	**M**inimum **R**equired **S**trength MRS	Berechnungsspannung σ_S
PE 80	8 N/mm²	6,3 N/mm
PE 100	10 N/mm²	8 N/mm

Der MRS-Wert entspricht der zulässigen Spannung für PE-Rohre. Zur Berechnung bzw. Beschreibung der Rohre werden entweder der SDR-Wert (**S**tandard **D**imension **R**atio) oder der Nenndruck (PN) benutzt. SDR ist ein Verhältniswert, der sich definiert durch:

$$SDR = \frac{\text{Rohraußendurchmesser}}{\text{Wanddicke}} \tag{3-2}$$

PN gibt die Druckstufe von PE-Rohren an und berechnet sich wie folgt:

$$PN = \frac{20 \cdot \sigma_S}{SDR - 1} \tag{3-3}$$

In Abhängigkeit von SDR und PN ergibt sich die in **Tabelle 3.15** angegebene Rohrreihe. Diese Rohrreihe gilt für Druckrohre (Versorgungsrohre). Neben dieser Reihe gibt es noch eine Reihe für Freispiegelleitungen. Da Freispiegelleitungen selten mit HDD verlegt werden, wird diese hier nicht aufgeführt.

Die Einzelrohrlängen für PE-Rohre liegen zwischen 6 und 30 m für Stangenware (S) bzw. 100 m und mehr für Rollenware. Das DVGW-Arbeitsblatt 321 empfiehlt, PE-X nur in Ringbunden zu verwenden.

Tabelle 3.15: Rohrreihen und Druckstufen im Überblick [3-13]

		Druckrohre Versorgungsleitungen							
SDR		17,6		17		11		7,4	
PE 80 SF=2,0	PN	4,8	1,0	5,0	1,0[1]	8,0	4,0[1]	12,3	
PE 80 SF=1,6	PN	6,0		6,2		10,0		15,3	
PE 80 SF=1,25	PN	7,5		8,0		12,5		20	
PE 100 SF=2,0	PN	6,0		6,2	4,0[1]	10,0	10,0[1]	15,3	
PE 100 SF=1,6	PN	7,5		7,8		12,5		19,2	
PE 100 SF=1,25	PN	9,6		10		16		25	
OD (MM)		s (mm)	Liefer-form	s (mm)	Liefer-form	s (mm)	Liefer-form	s (mm)	Liefer-form
16						3,0		2,3	S/R
20						2,0 3,0	S/R	3,0	S/R
25				1,8	S/R	2,3 3,0	S/R	3,5	S/R
32		2,0 2,3	S/R	2,0	S/R	3,0 3,0	S/R	4,4	S/R
40		2,3	S/R	2,4	S/R	3,7	S/R	5,5	S/R
50		2,9	S/R	3,0	S/R	4,6	S/R	6,9	S/R
63		3,6	S/R	3,8	S/R	5,8	S/R	8,6	S/R
75		4,3	S/R	4,5	S/R	6,8	S/R	10,3	S/R
90		5,1	S/R	5,4	S/R	8,2	S/R	12,3	S/R
110		6,3	S/R	6,6	S/R	10,0	S/R	15,1	S/R
125		7,1	S/R[2]	7,4	S/R[2]	11,4	S/R	17,1	S/R
140		8,0	S/R[2]	8,3	S/R[2]	12,7	S/R	19,2	S/R
160		9,1	S/R[2]	9,5	S/R[2]	14,6	S/R	21,9	S/R
180		10,2	S	10,7	S	16,4	S/R[2]	24,6	S/R[2]
200		11,4	S	11,9	S	18,2	S	27,4	S
225		12,8	S	13,4	S	20,5	S	30,8	S
250		14,2	S	14,8	S	22,7	S	34,2	S
280		15,9	S	16,6	S	25,4	S	38,3	S
315		17,9	S	18,7	S	28,6	S	43,1	S
355		20,1	S	21,1	S	32,2	S	48,5	S
400		22,7	S	23,7	S	36,3	S	54,7	S
450		25,5	S	26,7	S	40,9	S	61,5	S
500		28,4	S	29,7	S	45,4	S	68,3	S
560		31,7	S	33,2	S	50,8	S		
630		35,7	S	37,4	S	57,2	S		
710		40,2	S	42,1	S	64,5			
800		45,3	S	47,4	S				
900		51,0	S	53,3	S				
1000		56,7	S	59,3	S				
1200		68,0	S		S				

Maße nach DIN EN 12201-2, DIN EN 1555-2, DIN EN 13244-2

DVGW zugelassene Rohrleitungen:
- Trinkwasser: SDR 7,4 und SDR 11 für PE 80, SDR 11 und SDR 17 für PE 100
- Gas (bis OD 630 mm): SDR 14,6[3] und SDR 11 für PE 80, sowie SDR 11 und SDR 17,6[3] für PE 100

S= Stangen, R= Ringbunde
1= Betriebsdrücke für Gas nach DVGW
2= mit Sondertransport als Ringbund möglich
3= nur Rohre mit Außendurchmesser OD>63 mm

3.2.4 Belastbarkeit

3.2.4.1 Zugkräfte

Die Belastungen beim Einziehen der PE-Rohre in das Bohrloch erfordern eine Berechnung der auftretenden Kräfte am Produktrohr. Es ist in diesem Zusammenhang wichtig, Kenntnis über die zulässigen Spannungen von PE-Rohren zu haben.

Aus dahin gehenden Versuchen sind in der Vergangenheit Rechenmodelle für Kunststoffrohre zur Sanierung von Rohrleitungsnetzen durch Relining entstanden, die sich auch auf das HDD-Verfahren anwenden lassen.

Die zulässige Spannung hängt auch von der Temperatur des Rohres ab. Bei 20 °C haben PE 80-Rohre eine zulässige Spannung von $\delta_{z,\,zul}$ = 8,0 N/mm^2 und PE 100-Rohre von $\delta_{z,\,zul}$ =10 N/mm^2.

Unter Berücksichtigung evtl. später im Betrieb auftretender axialer Dehnung infolge Innendrucks bei nicht verdämmten Druckrohren bzw. Biegedehnungen bei gekrümmten Leitungen sollte die maximale Zugdehnung ε_z nicht überschritten werden. Die Rohrhersteller empfehlen heute einen Wert von ε_z = 8 %. Vor einigen Jahren war noch ε_z = 2 % üblich.

Die Dehnung hängt unter anderem auch von der Dauer der Zugbelastung ab. Den Werten $\delta_{z,zul}$ und δ_z liegen eine Einziehdauer von einer ½ h zu Grunde.

Aus den vorgehenden Parametern ergeben sich für die max. Einziehlänge von PE-Rohren bei Strecken mit Steigungen bis max. 10° – unabhängig vom Durchmesser und der Wanddicke – folgende zulässige Einziehlänge:

- bei 20 °C: $L_{zul} \approx 680$ m
- bei 40 °C: $L_{zul} \approx 425$ m

Es ist zu beachten, dass mit steigender Temperatur die Übertragbarkeit von Zugkräften abnimmt. Die Temperatur von 40 °C ist beispielsweise an Sonnentagen im Sommer zugrunde zu legen, an denen die Oberflächentemperatur des Rohres bis auf 65 °C ansteigen und sich eine mittlere Rohrwandtemperatur von etwa 40 °C einstellen kann. Es empfiehlt sich, wenn sonniges Wetter mit hohen Temperaturen zu erwarten ist, den Einziehvorgang der Produktrohre in den frühen Morgenstunden durchzuführen (oder den Rohrstrang „kühl" zu halten).

Als Parameter zur Bestimmung der zulässigen Biegeradien sind zum einen bei hohen SDR-Werten (also niedrigen Druckstufen) die Knickung, zum anderen bei niedrigen SDR-Werten (höhere Druckstufen) die Randfaserdehnung zu betrachten. Die Biegeradien können nährungsweise mit nachstehenden Formeln berechnet werden:

$$R_K = \frac{r_m^2}{0{,}28 \cdot s} \approx \frac{100}{PN} \cdot d_m \qquad R_\varepsilon = \frac{r_a}{\varepsilon} \tag{3-4}$$

R_K = Biegeradius gegen Knickung (mm)

R_ε = Biegeradius gegen Dehnung (mm)

r_m = mittlerer Rohrradius (mm)

d_m = mittlerer Rohrdurchmesser (mm)

r_a = Rohraußenradius (mm)

s = Rohrwanddicke (mm)

PN = Druckklasse des Rohres

ε = Randfaserdehnung (= ε_{zul} - ε_z = 1 bis 2 %)

Für Rohre aus PE-HD gelten die in **Tabelle 3.16** dargestellten Biegeradien in Abhängigkeit von der Verlegetemperatur.

Tabelle 3.16: Biegeradius für PE-Rohre in Abhängigkeit von der Temperatur [3-12]

Verlegetemperatur:	≥ 0 °C	ca. 10 °C	ca. 20 °C
Biegeradius:	50 x d_a	35 x d_a	20 x d_a

Die zulässigen Zugkräfte werden nicht nur durch die Zugspannung im Rohr, sondern auch durch die im Bereich des Zugkopfes auftretenden Spannungen begrenzt. Je nach Konstruktion des Zugkopfes werden die Kräfte auf das Rohr über eine Schweißverbindung (bei angeschweißtem Einziehkonus), über eine Flanschverbindung mit Vorschweißbund, über sich im Rohr aufspreizende Innenzugverbindungen oder über eine Bolzenverbindung übertragen. Die nach DIN 16962 und 16963 gefertigten Vorschweißbunde sind so konstruiert, dass sie die in der vorstehenden Tabelle aufgeführten Kräfte für SDR 17 und SDR 11 aufnehmen können.

Beim Einziehen in das Bohrloch werden die PE-Rohre im Bereich der Zielgrube großen Randspannungen ausgesetzt. Die Zielgrube ist also so zu dimensionieren, dass der Biegeradius des PE-Rohres nicht unterschritten wird.

3.2.4.2 Abrieb

Die Anfälligkeit von PE-Rohren gegenüber Abrieberscheinungen durch Feststoffe im Bohrkanal ist reduzierbar. Hierzu bieten sich zwei Möglichkeiten an:

1. PE-Rohre werden in der Praxis oft mit den größten erhältlichen Wanddicken bestellt, da Kerben und Riefen im Grundwerkstoff örtlich zulässig sind. Vorraussetzung dafür ist, dass diese flach auslaufen und nicht tiefer als 10 % der Rohrwanddicke sind.
2. PE-Rohre mit einem aufextrudierten Schutzmantel aus PP verhindern, dass die Rohre bei grabenlosen Verlegetechniken an der Rohroberfläche beschädigt werden. Der Nachweis für die Wirksamkeit dieser Ummantelung wurde in Versuchen und Testreihen erbracht.

3.2.5 Verbindungen

In der Horizontalbohrtechnik werden PE-Rohre in der Regel mit dem Heizelementstumpfschweißverfahren verbunden. Dies empfiehlt auch das DVGW-Arbeitsblatt GW 321. Das Heizwendelmuffenschweißen kommt nicht (oder nur in Ausnahmefällen) zur Anwendung.

3.2.5.1 Verbindungslose Rohre

PE-Rohre weisen den Vorteil auf, dass sie bis DN 180 als Rollenware erhältlich sind. Diese Rohre haben Längen von 100 bis über 2000 m. Durch den Einsatz von Rollenware wird das Risikopotential von geschweißten Verbindungen eliminiert, soweit die Länge der Bohrtrasse nicht die Länge des aufgerollten Rohres überschreitet.

3.2.5.2 Schweißverbindungen

Eine Schweißverbindung ist die übliche und von Fachleuten empfohlene Verbindungstechnik für die Horizontalbohrtechnik. Neben der Langzeitfestigkeit und -dichtheit weisen Schweißverbindungen folgende Eigenschaften auf [3-15]:

- Längskraftschlüssige Verbindung
- Unempfindlich gegen Biege- und Schwerlast
- Keine Infiltration / keine Exfiltration
- Kein Wurzeleinwuchs
- Kein Muffenversatz
- Geeignet für Druckleitungen

Die beiden wichtigsten Schweißverfahren für PH-HD-Rohre sind das Heizelement-Stumpfschweißen und das Heizwendel-Muffenschweißen.

Beim Heizelement-Stumpfschweißen sind nur Polyethylene mit gleichem Schmelzindex miteinander verschweißbar, da mit dem Grad der Kristallinität der Schmelzbereich des Polyethylens differiert ist. Mit dem Heizwendel-Muffenschweißen sind auch Rohre aus PE-80, PE-100 und PE-X in Kombination miteinander verschweißbar [3-15].

Heizelement-Stumpfschweißen

Beim Heizelementstumpfschweißen werden die Rohrenden in Spannelementen erfasst und mechanisch oder hydraulisch zentriert. Nach Vorbereitung der Rohrenden für den Schweißprozess werden die Stirnflächen der Rohrenden aufeinander zu bewegt. Anschließend werden die Verbindungsflächen angeglichen.

Bild 3.9: Heizelement-Stumpfschweißenverfahren [3-13]

Bild 3.10:
Schnitt durch eine Stumpfschweißnaht [3-15]

Danach erfolgt das Erwärmen unter einem kontrollierten Andruck auf das Heizelement.

Haben die Stirnflächen die zum Verschweißen notwendige Temperatur erreicht, wird das Heizelement entfernt und die Stirnflächen unter Druck zusammengefügt. Während die Schweißflächen abkühlen, muss der Druck auf die Stirnflächen aufrechterhalten werden (**Bild 3.9**).

Nach der Fertigstellung der Schweißnaht haben sich sowohl innen als auch außen Schweißwulste gebildet (**Bild 3.10**). Diese müssen unter Umständen nachträglich entfernt werden.

Heizwendel-Muffenschweißen

Das Heizwendel-Muffenschweißen (**Bild 3.11**) wird als Verbindungstechnik in der Freispiegelentwässerung von OD = 110 mm und in der Druckentwässerung von OD = 63 mm bis 710 mm verwendet. In der Horizontalbohrtechnik findet diese Verbindungsart selten und nur in Ausnahmefällen eine Anwendung. Bei der Verwendung von

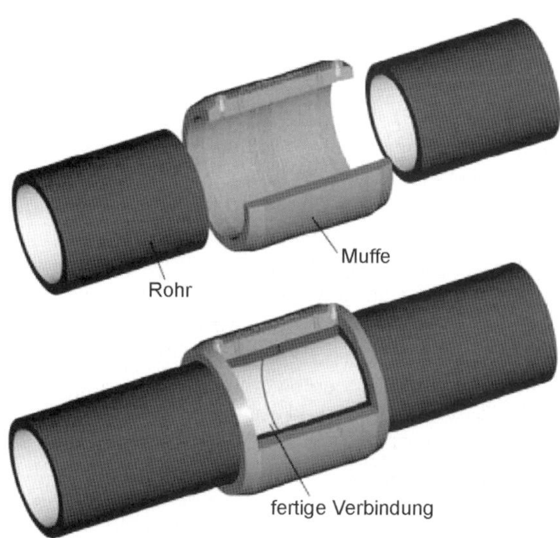

Bild 3.11:
Darstellung des Heizwendel-Muffenschweißverfahrens [3-15]

Bild 3.12:
Schnitt durch eine Heizwendelschweißung [3-15]

Muffen ist zu beachten, dass diese sowohl eine größeren Aufweitung des Bohrkanals als auch eine größere erforderliche Zugkraft bedeuten.

Durch in Widerstandsdrähten fließender elektrischer Strom wird die Innenseite der Muffe und die Außenseite des Rohres erhitzt und somit auf Schweißtemperatur gebracht. Beide Bauteile beginnen an der Oberfläche zu schmelzen. Nach der Abkühlung kommt es zu einer unlösbaren, homogenen Verbindung (**Bild 3.12**). Bei dieser Schweißverbindung entstehen keine Schweißwulste [3-15].

3.3 Duktiles Gusseisen[4]

3.3.1 Einleitung

In den letzten Jahren haben sich beim Stand der Technik und beim Technischen Regelwerk einige Entwicklungen beim duktilen Gusseisen ergeben. Inzwischen sind weltweit viele Kilometer Rohre aus duktilem Gusseisen mittels HDD-Verfahren eingebaut worden, womit sich die positiven Erfahrungen verbreitert haben. Der Anwendungsbereich des HDD-Verfahrens wurde ebenfalls ausgeweitet. In der gleichen Zeitspanne wurde das technische Regelwerk für die grabenlosen Einbau- und Erneuerungsverfahren weiterentwickelt und auf andere Verfahren ausgedehnt. Dabei hat sich gezeigt, dass Rohre aus duktilem Gusseisen die hohen Ansprüche an die Leistungsfähigkeit und Gebrauchstauglichkeit für das HDD-Verfahren erfüllen:

1. Auf duktile Gussrohre können dank der formschlüssigen Verbindungen hohe Zugkräfte übertragen werden.
2. Die Montagezeit der längskraftschlüssigen Gussrohrverbindungen ist kürzer als jede andere gebräuchliche Verbindungstechnik. Damit besteht die Möglichkeit des Rohreinzeleinzugs ohne das Risiko einer thixotropen Verfestigung der Bohrsuspension mit der Gefahr des „Festsetzens“ der Rohrleitung im Bohrloch. Es genügt eine nur kurze Baugrube für eine Rohrlänge, in die das jeweils letzte Rohr abgelassen und mit der Muffe des vorlaufenden Stranges verbunden wird.
3. Diese Zugkraft kann sofort nach der Verbindungsmontage ohne jede temperatur- bzw. zeitbedingte Abminderung auf den Rohrstrang übertragen werden.

Wo genügend Platz zur Verfügung steht, kann natürlich auch der gesamte Rohrstrang aufgebaut, druckgeprüft und eingezogen werden. Dabei kann es erforderlich werden,

4 [3-16]

den Rohrstrang mit einem Oberbogen unter einem steileren Winkel in den Bohrkanal einzuziehen.

Nachteilig bei duktilen Gussrohren ist aber, dass die Verbindungsmuffen eine Vergrößerung des aufzuweitenden Bohrloches bedingen. Hier ist der Durchmesser der Muffe und nicht der des Rohres maßgebend.

3.3.2 Verbindungstechnik

3.3.2.1 Steckmuffenverbindungen

Die heute bei Rohren eingesetzten Steckmuffenverbindungen TYTON® und Standard sind in DIN 28603 [3-17] genormt. Die Dichtung wird direkt beim Einschieben des Einsteckendes in die Muffe komprimiert. Maße und Toleranzen der Verbindungsteile sind so abgestimmt, dass die Dichtheit gegen

- Wasser-Innendruck,
- Gas-Innendruck und
- äußeren Überdruck (Gas und Wasser)

auch unter außergewöhnlichen Belastungen während der gesamten Nutzungsdauer sichergestellt ist. Wesentliche Voraussetzung für dieses Verhalten ist das innere Profil der Muffe mit der konstruktiven Begrenzung von Abwinkelungs- und Dezentrierwegen. Dadurch wird die Kompression der Dichtung in vorgegebenen Grenzen gehalten. Die Produktnormen DIN EN 545 [3-18] für Rohre für den Trinkwassertransport und DIN EN 598 [3-19] (Rohre für den Abwassertransport) enthalten so genannte Funktionsanforderungen, die in fremd überwachten Typ-Prüfungen nachzuweisen sind. Bei diesen Typ-Prüfungen werden die Bauteile und ihre Verbindungen wie folgt geprüft:

- Bauteildichtheit gegen Wasserinnendruck
- Verbindungsdichtheit bei Scherkraft und Abwinkelung gegen positiven Innendruck
- Verbindungsdichtheit bei Scherkraft und Abwinkelung gegen negativen Innendruck
- Verbindungsdichtheit bei Scherkraft und Abwinkelung gegen positiven Außendruck

Die längskraftschlüssigen Verbindungen müssen zusätzlich noch eine dynamische Prüfung absolvieren, bei der der Innendruck mit 24.000 Lastwechseln zwischen dem halben und dem ganzen Betriebsdruck wechselt.

3.3.2.2 Längskraftschlüssige Verbindungen

Bewegliche Steckmuffenverbindungen können keine Längskräfte übertragen. Aus dem Innendruck des Mediums entstehen an Endverschlüssen, Richtungs- oder Querschnittsänderungen oder Abzweigen Kräfte, die zur Lagesicherung über geeignete Konstruktionen in den Baugrund eingeleitet werden müssen. Das können entweder Widerlager oder längskraftschlüssige (= zugfeste) Verbindungen sein. Zugfeste Verbindungen des Typs TYTON® (**Bild 3.13**) bzw. Standard sind gleich-

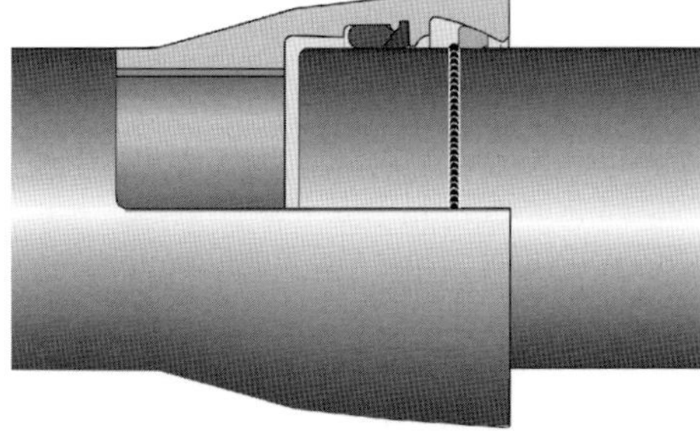

Bild 3.13: Querschnitt durch die TIS-K-Verbindung [3-16]

zeitig längskraftschlüssig und gelenkig; ihr Funktionsprinzip beruht darauf, dass durch geringfügige Verlagerung der Formstücke und der anschließenden Rohre der Erdwiderstand aktiviert wird. Das technische Regelwerk zum Einsatz der längskraftschlüssigen Verbindungen ist das DVGW-Arbeitsblatt GW 368, Juni 2002 [3-20] (s. Kapitel 3.2.5). In diesem Blatt sind die heute üblichen Konstruktionen in Schnittbildern mit den zugehörigen Leistungsdaten aus den oben erwähnten Typprüfungen dargestellt.

Das DVGW-Arbeitsblatt GW 321 [3-14] empfiehlt generell die formschlüssigen Verbindungen, besonders wenn die Trasse mehrere Richtungsänderungen enthält. Auswahlkriterien sind dabei u. a. die Einzuglänge, der Kurvenradius, Nennweite und Nenndruck.

In dem Regelwerk GW 321 existiert ein Warnhinweis, wonach die reibschlüssigen Verbindungen, z. B. TYTON SIT® (**Bild 3.14**) nur in Absprache mit den Rohrherstellern eingesetzt werden sollten. In diesen Absprachen wird auf das Risiko verwiesen, welches entsteht, wenn Rohrleitungen mit reibschlüssigen Verbindungen unter mehrfach gegenläufigen Abwinkelungsbewegungen eingezogen werden.

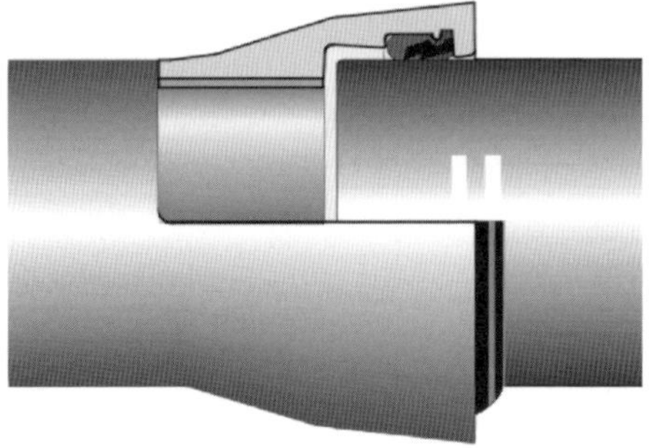

Bild 3.14: Querschnitt durch die TYTON-SIT®-Verbindung [3-16]

Eine bewährte Anwendung der TYTON-SIT®-Verbindung liegt jedoch in der innerstädtischen Neulegung von Rohren kleiner Nennweiten bis DN 200. Hier werden häufig kurze Rohrbaugruben sohlgleich in der Einziehtrasse angelegt, so dass die Rohre im Einzeleinzug ohne nennenswerte Richtungsänderung eingezogen werden können. Das Verfahren wird teilweise zur Erneuerung von städtischen Trinkwasserverteilungsnetzen eingesetzt, wo ausreichend Platz für eine neue Leitung neben der Altleitung zur Verfügung steht. Das Verfahren ist oft wirtschaftlicher als beispielsweise eine nachträgliche in-situ-Auskleidung der Altleitung mit Zementmörtel. Der wirtschaftliche Vorteil bedingt sich zum einen durch das Entfallen einer Notwasserverteilung während der Bauzeit und zum anderen durch den Erhalt einer vollwertig neuen Rohrleitung.

Bei Dükerungen und Umfahrungen von unterirdischen Hindernissen, bei denen mit mehrfachen und gegenläufigen Abwinklungsbewegungen zu rechnen ist, sind generell nur formschlüssige längskraftschlüssige Verbindungen einzusetzen.

3.3.3 Außenschutz

Die Graugussrohre des ausgehenden 19. Jahrhunderts erhielten bis zur Mitte des 20. Jahrhunderts durch Tauchen in flüssigen Teer- bzw. Asphalt ihre legendäre Korrosionsbeständigkeit. Mitte der sechziger Jahre wurde etwa zeitgleich mit der Einführung des duktilen Gusseisens die Verwendung von Teer verboten. So wurde die Tauchteerung durch eine Bitumenlackbeschichtung abgelöst, die in den 1970er Jahren durch die Verzinkung verbessert werden konnte. Umhüllungen aus Polyethylen und Zementmörtel erweiterten ab 1980 den Einsatzbereich duktiler Gussrohre und ermöglichten ihren Einbau in Böden aller Art.

An dieser Stelle sei der Zementmörtel-Umhüllung eine detailliertere Betrachtung gewidmet, weil sie für den Einsatz duktiler Gussrohre im Horizontal-Spülbohr-Verfahren von herausragender Bedeutung ist.

Zunächst wurde die Zementmörtelumhüllung in erster Linie für den Schutz duktiler Gussrohre beim Einbau in stark aggressiven und steinigen Böden entwickelt, wo die Beschaffung von Sand oder steinfreiem Boden für die Rohrbettung mit hohen Kosten verbunden war. Die Zementmörtelumhüllung zeichnet sich durch hohe mechanische Festigkeit, Schlagbeständigkeit und Eindruckfestigkeit aus. Diese Anforderungen wurden in Zusammenarbeit mit den Anwendern festgelegt und mit den erforderlichen Prüfmethoden in DIN 30674-2 [3-24] zusammengefasst. Bei der Umsetzung der Europäischen Bauproduktenrichtlinie wurde die Zementmörtelumhüllung duktiler Gussrohre in DIN EN 15542 [3-25] europäisch genormt.

Die Bettungsverhältnisse einer Rohrleitung, die mit dem Horizontal-Spülbohr-Verfahren eingebaut wird, sind im Detail unbekannt. Zwar kennt der Auftraggeber i. A. in seiner Region den Baugrund, doch wird er niemals ausschließen können, dass Steine oder andere Fremdkörper in der Trasse liegen, an denen die Leitung während des Einzugs entlang schleifen kann. Häufig verschwindet die Stützflüssigkeit partiell in Erdspalten, so dass die anfangs gleichmäßig vorhandene Bettung unterbrochen wird. Setzungen der Überdeckung können die Folge sein. Bei den grabenlosen Einbauverfahren ist nicht zu kontrollieren, ob die bei den konventionellen offenen Bauweisen gestellten Anforderungen eingehalten werden.

Unter den unkontrollierbaren Verhältnissen der geschlossenen Einbauverfahren bietet das robuste Rohr aus duktilem Gusseisen mit der mechanisch höchst belastbaren Umhüllung, der Zementmörtelumhüllung, die besten Voraussetzungen für einen beschädigungsfreien Einbau. Gleichzeitig erlauben die formschlüssigen Verbindungen mit ihren hohen zulässigen Zugkräften den sicheren Einzug einer langen Rohrstrecke.

3.3.4 Einbauverfahren

Während die Rohre aus Kunststoff und Stahl durch Schweißverfahren zu Leitungen verbunden werden, ist die gelenkige und zugfeste Verbindung das Charakteristikum duktiler Gussrohre. Aus diesen Unterschieden erwuchs für die Rohre aus duktilem Gusseisen mit dem Einzeleinzug beim Leitungsbau mit dem HDD-Verfahren ein nennenswerter Vorteil.

3.3.4.1 Rohrstrangeinzug

Rohre, die durch Schweißen zu Leitungen gefügt werden, können generell erst nach Fertigstellung des gesamten Rohrstrangs eingezogen werden, weil das Schweißen, Abkühlen und Prüfen der Schweißnaht für eine Unterbrechung des Einzugs zu lange dauert. Das Risiko des Festsetzens des Einzuges infolge der Thixotropie (vgl. Kap. 5) der Bohrspülung wäre die unvermeidbare Folge.

So war anfänglich der Strangeinzug die vorherrschende Verfahrensweise des HDD-Verfahrens. Auch die meisten der Meilensteine bei den Gussrohrprojekten wurden so bewältigt. Zum Glück stand immer ausreichend Platz für den ausgelegten Rohrstrang zur Verfügung, da man sich häufig im ländlichen Bereich bewegte (**Bild 3.15**). In vielen Fällen schrieb die Bauversicherung das Verfahren vor, die die Gewissheit einer vormontierten und druckgeprüften Leitung höher einschätzte [3-22, 3-23] und ein Risiko im Rohreinzeleinzug sah.

Bild 3.15:
Strangeinzug im ländlichen Raum [3-22]

3.3.4.2 Rohreinzeleinzug

Bei engen Verhältnissen auf der Baustelle punktet das duktile Gussrohr mit seiner Fähigkeit, die Einzelrohre während des Einzuges ineinander zu stecken und somit einen Rohrstrang mit längskraftschlüssigen Verbindungen in das Bohrloch einzuziehen.

Für den Einzug werden die Einzelrohre auf Montagerampen miteinander verbunden (**Bild 3.16**). Sogar Ballastrohre lassen sich auf diese Weise zusammenbauen, wenn sie zuvor in die Gussrohre montiert worden sind.

Das Zusammensetzen des Rohrstranges kann somit synchron mit dem Ausbau des Bohrgestänges erfolgen. Bei geübter Mannschaft ergeben sich kaum Verzögerungen, da man an diesen Montagerampen annähernd unter Werkstattbedingungen arbeiten kann (**Bild 3.17** und **Bild 3.18**).

Bild 3.16:
Einziehgrube für 1100 m DN 600 [3-28]

Bild 3.17:
Verbindungsmontage des Ballastrohres DN 300 und des Mediumrohres DN 600 auf der Montagerampe [3-28]

Hat sich das Montageteam erst einmal eingearbeitet und werden dazu noch Rohrschüsse a´ drei Rohre verwendet (sogenannte „Drillinge") (**Bild 3.19**) können Einziehgeschwindigkeiten von bis zu 90 m/Stunde erreicht werden. Diese sind aber nicht nur durch die Montagezeit bestimmt.

Selbst im ländlichen Raum, wo ausreichend Platz für das Auslegen eines Rohrstranges zur Verfügung steht, wird schon der Einzelrohreinzug mit duktilen Gussrohren durchgeführt (**Bild 3.20**), [3-30].

3.3.5 Technisches Regelwerk

Der DVGW und der DCA haben sich große Verdienste bei der Erarbeitung des Technischen Regelwerkes für die grabenlosen Einbau- und Erneuerungsverfahren von Rohrleitungen erworben. Hauptmotiv war dabei die Sicherstellung der Qualität, wie man sie aus dem konventionellen offenen Einbau kennt.

Bild 3.18:
Rohrmontage unter „Werkstattbedingungen" [3-16]

Bild 3.19: Einzug von „Drillingen“ DN 400 [3-29]

Für das HDD-Verfahren gilt das DVGW-Arbeitsblatt GW 321 [3-14], das wegen der Bedeutung des Verfahrens als erstes Blatt dieser Reihe veröffentlicht und inzwischen bereits in zweiter Auflage vorliegt. Zusätzlich wurde die Qualifikation der mit dem Verfahren befassten Baufirmen als dringend erforderlich erkannt und mit dem DVGW-Arbeitsblatt GW 329 „Fachaufsicht und Fachpersonal für steuerbare horizontale Spülbohrverfahren“ [3-31] ein Ausbildungs- und Prüfplan erstellt.

Bild 3.20: Einzeleinzug DN 250 im ländlichen Raum [3-30]

Für die Qualität von Leitungen, die mittels des HDD-Verfahrens gebaut werden, sind neben den vielfältigen Einflüssen aus dem Boden folgende, den Rohren zuzurechnende Parameter von wesentlicher Bedeutung:

- Zulässige Zugkräfte
- Mindestkurvenradius (Abwinkelbarkeit)

Diese Einflussgrößen sind während des Einbaus zu messen und zu dokumentieren, um sicherzustellen, dass keine „überlasteten" Bauteile die vorgesehene Nutzungsdauer schmälern.

Die Parameter sind im Tabellenwerk des Anhangs des genannten Arbeitsblattes für die wichtigsten Rohrwerkstoffe aufgeführt, wobei die Temperaturabhängigkeit sowie die Dauer der Zugbelastung bei den thermoplastischen Werkstoffen berücksichtigt sind. So müssen bei Einziehdauern von über 20 Stunden die zulässigen Einziehkräfte um ein Viertel abgemindert werden, bei 40 °C warmen Rohren ist die zulässige Kraft um 30 % gegenüber einer Wandtemperatur von 20 °C abzumindern. Bei gekrümmten Trassen sind weitere Abminderungen vorzusehen.

In **Bild 3.21** sind die maximal zulässigen Zugkräfte der wichtigsten Rohrwerkstoffe zum Bau von Wasserleitungen mit dem HDD-Verfahren zusammengestellt. Die ohnehin schon hohen Werte für Rohre aus duktilem Gusseisen stehen unmittelbar nach der Verbindungsmontage für gekrümmte Trassen in vollem Umfang ohne Abkühlzeit zur Verfügung; bei geraden Trassenverläufen können sie um zusätzliche 50 kN angehoben werden.

Die zulässigen Zugkräfte längskraftschlüssiger Gussrohrverbindungen sind aus dem DVGW-Arbeitsblatt GW 368 [3-20] abgeleitet. Wie im Kapitel 3.1.2.1 bereits ausgeführt, bestand die ursprüngliche Aufgabe zugfester Verbindungen in der Lagesicherung von Formstücken, um die aus dem Innendruck entstehenden Kräfte in den Baugrund einzuleiten. Da diese Kräfte dem zulässigen Bauteilbetriebsdruck PFA proportional sind,

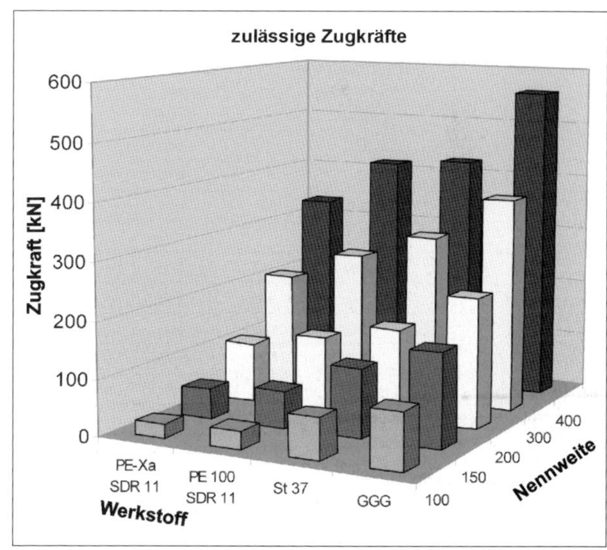

Bild 3.21:
Zulässige Einzugskräfte verschiedener Rohrmaterialien [3-16]

Tabelle 3.17: Ausschnitt aus GW 368 [3-20]

Nennweite DN in mm	**Bauteilbetriebs-druck PFA in bar**[1)]	**zulässige Zugkraft F_z**[2)] **in kN**	**Abwinkelbarkeit der Muffen in °**	**minimaler Kurvenradius in m**
80	64	70	3	115
100	64	100	3	115
125	60	140	3	115
150	50	165	3	115
200	40	230	3	115
250	35	308	3	115
300	30	380	3	115
400	25	558	3	115
500	25	860	2	172
600	25	1200	2	172
700	25	1400	2	172

1) Höhere Drücke auf Anfrage
2) bei geradlinigem Terassenverlauf (max. 0,5° Abwinkel ung pro Rohrverbindung) können die zulässigen Zugkräfte um 50 kN angeh oben werden.

Tabelle 3.18: Zulässige Zugkräfte, Abwinkelbarkeiten von Rohren aus duktilem Gusseisen mit TIS-K, TKF- oder VRS-Muffenverbindung (basierend auf zul. Betriebsdruck = PFA; Typ-Prüfdruck P_{typ} = PFA x 1,5 + 5 bar, abgemindert mit Sicherheitsbeiwert S = 1,1 für den Bauzustand) [3-14]

Nennweite DN in mm	**Bauteilbetriebs-druck PFA in bar**[1)]	**zulässige Zugkraft F_z**[2)] **in kN**	**Abwinkelbarkeit der Muffen in °**	**minimaler Kurvenradius in m**
80	64	70	3	115
100	64	100	3	115
125	60	140	3	115
150	50	165	3	115
200	40	230	3	115
250	35	308	3	115
300	30	380	3	115
400	25	558	3	115
500	25	860	2	172
600	25	1200	2	172
700	25	1400	2	172

1) Höhere Drücke auf Anfrage
2) bei geradlinigem Terassenverlauf (max. 0,5° Abwinkel ung pro Rohrverbindung) können die zulässigen Zugkräfte um 50 kN angehoben werden.

wurde bei der Überarbeitung des DVGW-Arbeitsblattes GW 368 die Struktur der Europäischen Produktnormen duktiler Gussrohre mit ihren Funktionsanforderungen und Typ-Prüfungen aufgenommen.

GW 368 enthält neben den Berechnungsmethoden zur Lagesicherung auch Skizzen und Leistungsdaten aller gängigen Konstruktionen reib- und formschlüssiger Gussrohrverbindungen. Die Werte für den zulässigen Bauteilbetriebsdruck PFA stehen in Übereinstimmung mit den Angaben der DIN EN 545. **Tabelle 3.17** zeigt einen Tabellenausschnitt aus GW 368: neben dem zulässigen Wert für PFA steht noch die Abwinkelbarkeit der Rohrverbindung sowie der Vermerk über eine fremd überwachte Typprüfung, die repräsentativ für die betrachtete Nennweitengruppe steht.

Die Werte für PFA und Abwinkelbarkeit bilden die Basis für die technischen Anforderungen, die in GW 321 an Rohre und Verbindungen aus duktilem Gusseisen gestellt werden. Dabei sind die Angaben für PFA unter Berücksichtigung der Sicherheitsbetrachtungen einschließlich des Bauzustandes in Axialkräfte umgerechnet worden und im Kopf der Anforderungstabelle sichtbar gemacht (**Tabelle 3.18** und **Tabelle 3.19**).

Zusätzlich wurden die zulässigen axialen Zugkräfte in Zugversuchen ohne Wasserinnendruck experimentell [3-32] und mit der FE-Methode rechnerisch [3-33] bestimmt, woraus sich eine Erhöhung um 50 kN für geradlinige Rohrtrassen ableiten ließ. Die Grenzwerte sind mit einem erheblichen Sicherheitsfaktor versehen, der für die Unwägbarkeiten im nicht kontrollierbaren Bohrkanal steht.

Tabelle 3.19: Zulässige Zugkräfte von Rohren aus duktilem Gusseisen mit TYTON-SIT-Muffenverbindung[1)] (basierend auf zul. Betriebsdruck PFA nach Beiblatt 1 und 2 von DVGW-Arbeitsblatt GW 368; Typ-Prüfdruck P_{Typ} = PFA x 1,5 + 5 bar, abgemindert mit Sicherheitsbeiwert S = 1,1 für den Bauzustand [3-14]

Nennweite DN in mm	**Bauteilbetriebsdruck PFA in bar**	**max. zulässige Zugkraft in kN**
80	16	20
100	16	29
125	16	43
150	16	60
200	16	102
250	10	107
300	10	152
400[2)]	-	-

1) Die Verwendung von Rohren mit reibschlüssigen Muffenverbindungen kann nur bei gradlinig verlaufenden Trassen erfolgen, weil eine nachträgliche Abwinkelung dieser oder ähnlicher Muffenverbindungen nicht zulässig ist.
2) Nur nach Rücksprache mit dem Hersteller

3.3.6 Zusammenfassung und Vorteile

Der in den letzten Jahren zu großer Reife und Zuverlässigkeit weiterentwickelte Einzelrohreinzug duktiler Gussrohre vereinigt folgende Vorteile, die sich vor allem auf die Wirtschaftlichkeit des Verfahrens auswirken:

- Geringster Platzbedarf für die Rohreinziehgrube ermöglicht die Anlage einer Punktbaustelle, die sich einhausen lässt und somit die Qualität des Produktes „Rohrleitung im Boden“ verbessert
- Kürzeste Dauer der Verbindungsmontage ermöglicht einen fast unterbrechungsfreien Einzug mit deutlicher Verminderung des Risikos des Festwerdens der Bohrspülung
- Höchste zulässige Zugkräfte bei allen Temperaturen lassen lange Einzugsstrecken bzw. große Baugrubenabstände zu, was der Wirtschaftlichkeit zugute kommt
- Unabhängigkeit von der Rohrtemperatur ermöglicht sofortigen Weiterzug nach der Verbindungsmontage ohne die Einhaltung von Abkühlphasen nach der Schweißung bei jedem Wetter
- Reibungsmindernde Maßnahmen zur Bewegung des ausgelegten Rohrstranges entfallen, häufig lässt sich damit schon die nächst kleinere Maschine auswählen
- Auf der Montagerampe herrschen beste hygienische und ergonomische Bedingungen bei der Verbindungsmontage

Die früher häufig gestellte Forderung nach dem Einzug eines vormontierten und geprüften Rohrstranges hat sich inzwischen relativiert, da der störungsfreie Einzug zum Nachweis für die fehlerfrei montierten zugfesten Verbindungen Anerkennung findet.

3.4 Andere Materialien und Anwendungen

3.4.1 Kabel

Die mittels der Horizontalbohrtechnik eingezogenen Kabel können sowohl einzeln als auch in Bündeln von mehreren Kabeln eingezogen werden. Die Anzahl der Kabel, die in einem Bündel mitgeführt werden können, hängt primär von der zul. Zugbelastung des Kabels aber auch von der Zugkraft des Bohrgerätes und der Länge, über die die Kabel einzuziehen sind, ab.

In der Regel werden die einzuziehenden Kabel in einem Mantelrohr verlegt, das zuvor von einer Horizontalbohranlage eingezogen wurde.

Vereinzelt werden aber auch Kabel, insbesondere Strom führende Kabel, ohne Schutzrohre eingezogen. Dies geschieht unter Beachtung folgender Aspekte:

- Die Wärmeableitung im Mantelrohr von Kabeln ist schlechter als die von Kabeln, die direkt im Erdreich verlegt sind.
- Die Materialkosten für ein Mantelrohr werden eingespart.
- Die Arbeitskosten für einen Einziehvorgang und ggf. einen oder mehrere Aufweitvorgänge werden eingespart

Die Voraussetzung dafür ist, dass von den anstehenden Bodenschichten nur ein geringes Beschädigungsrisiko für den Kabelmantel bzw. den Leiter ausgeht. Um den mechanischen Schutz der Kabel zu verbessern, werden Kabel mit verstärkten PE-Mänteln hergestellt. Diese Kabelumhüllungen sind dicker als die herkömmlicher Kabel und bieten damit einen besseren Schutz.

Beim Einziehen von Glasfaserleitungskabeln ist besonders auf das Einhalten der zulässigen Zugkräfte der Kabel zu achten. Eine Überlastung kann zu einem Bruch der Leiter führen.

3.4.2 Fernwärmerohre

Zum Transport von Fernwäme-Energie über größere Entfernungen bedarf es besonderer Rohre. An die dafür eingesetzten Mediumrohre aus Stahl werden hohe Anforderungen gestellt. Sie sind mit Dämmstoffen isoliert und mit einer Ummantelung aus PE versehen und haben entsprechende Elektronik zur leichteren Erkennung von Leckagen.

Fernwärmerohre werden in der Regel paarweise verlegt. Ein Rohr dient der Zuführung und eines der Abführung des zu transportierenden Mediums. Bis dato haben zwei Einbauvarianten Anwendung gefunden:

- Einzug der Fernwärmerohre/-kabel in Mantelrohre
- Einzug der Fernwärmerohre/-kabel ohne Mantelrohre

Mantelrohre stellen bezüglich möglicher Beschädigungen der Rohre beim Einziehen eine sicherere Alternative dar. Beim Einzug ohne Mantelrohr sinken die Kosten für die Herstellung einer grabenlosen Fernwärmeleitung.

Es gibt verschiedene Typen von Fernwärmerohren, die alle ein inneres Rohr aus Stahl gemeinsam haben. **Bild 3.22** zeigt verschiedene Systeme für Fernwärmeleitungen.

Werden die Fernwärmeleitungen in Schutzrohre eingezogen, sind folgende Aspekte zu beachten:

ISOBRUGG®
Stahlmantelrohr
Aufbau: Starres Hochtemperatur-Rohrsystem, Mediumrohr Stahl, Wärmedämmung Mineralwolle, Stahl-Außenmantel
Systemgrenzen:
Betrriebstemperatur bis 400 °C, Betriebsdruck bis 64 bar
Lieferbare Abmessungen:
DN 20-1000
Einsatzgebiet: Heißwasser-Dampfleitungen, in Fern- und Prozesswärmeanlagen

PREMANT®
Kunststoffmantelrohr
Aufbau: Starres, überwachbares Kunststoffmantelrohr, Mediumrohr Stahl P235GH/ P235TR1 (EN10216-2, EN10217-1/-2), Wärmedämmung PUR
Systemgrenzen:
Betriebstemperatur bis 140 °C, Betriebsdruck bis 25 bar
Lieferbare Abmessungen:
DN 20-1000
Einsatzgebiet Haupt- und Verteilleitungen in Fern- und Nahwärmenetzen

FLEXWELL® Fernheizkabel
Aufbau: Flexible, endlose überwachbare, doppelwandige selbstkompensierende Fernwärmeleitung, Mediumrohr Edelstahl.
Wärmedämmung PUR
Systemgrenzen:
Betriebstemperatur -169 °C bis +150 °C.
Betriebsdruck 25 bar
Lieferbare Abmessungen:
DN 25-150
Einsatzgebiet: Fernwärme, Brauchwasser, Kondensat; bei schwierigen Trassenverläufen, Verlegung im Spülbohrverfahren möglich

Bild 3.22: Verschiedene Systeme für Fernwärmeleitungen [3-35]

- Das Mantelrohr darf keine Versätze aufweisen
- Der Innendurchmesser des Schutzrohres sollte um einen individuell zu definierenden Betrag größer sein als der Außendurchmesser des Fernheizkabels[5]

Werden Fernwärmeleitungen ohne Mantelrohr mit der Horizontalbohrtechnik verlegt, kommen flexible Systeme wie das Flexwell-Fernheizkabel® zum Einsatz (**Bild 3.23**). Die lieferbaren Längen mit Maßen und Gewicht können der **Tabelle 3.20** entnommen

[5] Fernheizkabel sind sehr flexible „Fernheizrohre", die als Trommelware erhältlich sind.

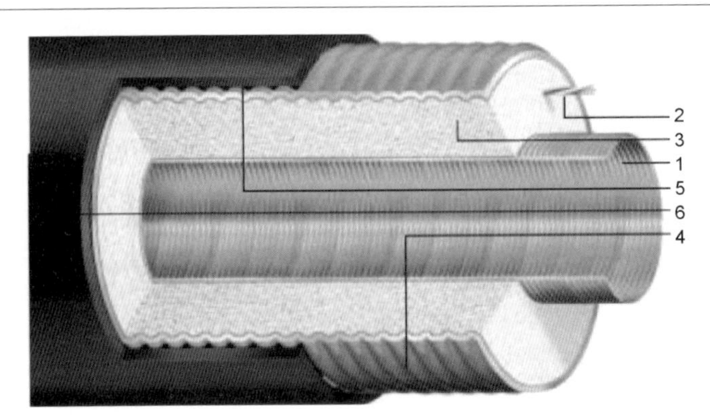

1 Innen-Wellrohr aus Edelstahl
2 Überwachungsadern
3 Flexibler Polyurethan-Hartschaum
4 Außen-Wellrohr aus Stahl
5 Polymentschicht
6 Polyäthylen-Schutzmantel

Bild 3.23: Schnitt durch ein Flexwell-Fernheizkabel [3-35]

Tabelle 3.20: Masse Gewichte und Lieferlängen eines Flexwell-Fernheizkabels [3-35

FHK-Typ			30/91	30/116	39/116	39/148	60/148	75/171	98/171	98/220	127/220	147/220	200/310
Vergleichbare Nennweite		[DN]	25		32		50	65	80		100	125	150
Edelstahl-Innenrohr	d_1	[mm]	30	30	38,9	38,9	60	75,8	98	98	127	147	197,5
	s_1	[mm]	0,3	0,3	0,4	0,4	0,5	0,6	0,8	0,8	0,9	1	1,2
Stahlmantelrohr	s_2	[mm]	0,6	0,6	0,6	0,6	0,7	0,8	0,8	0,9	0,9	0,9	1,3
Aussendurchmesser	D_{3max}	[mm]	94	121	121	156	156	178	178	233	233	233	313
Innenrohrvolumen		[dm³/m]	0,81	0,81	1,35	1,35	3,12	5,12	8,43	8,43	14,3	17,3	23,2
Gewicht		[kg/m]	3,9	5,4	5,7	8,6	9,1	12,2	12,8	19,3	19,8	20,3	33,2
Lieferlänge*) max.		[m]	1000	640	640	590	590	480	480	270	270	250	150
Mindestbiegeradius		[m]	1	1,2	1,2	1,5	1,5	2	2	4	4	4	6
Grabenbreite		[m]	0,5	0,55	0,55	0,6	0,6	0,65	0,65	0,75	0,75	0,75	1

*) nach maximal möglicher Trommelbelegung und normaler Fertigungslänge

werden. Diese Fernheizkabel besitzen ein gewelltes Innenrohr aus Edelstahl. Durch die Wellung des Innenrohres ist eine Flexibilität des Fernheizkabels gewährleistet. Gleichzeitig können temperaturbedingte Längenänderungen kompensiert werden.

Zum Einziehen dieser Fernheizkabel ist ein spezieller Zugkopf erforderlich. Die Zugkräfte, die von ihm aufgenommen werden, können in Abhängigkeit vom Rohrdurchmesser zwischen 4 kN (FHK 22/55) und 25 kN (FHK 200/310) variieren. Fernwärmerohre bzw. -heizkabel sind als Trommelware in Abhängigkeit vom Durchmesser in Längen von 104 m bis zu 1000 m erhältlich. Als Stangenware sind sie in den gleichen Längen wie Stahlrohre zu beziehen. Die Verbindung von Fernwärmeleitungen erfolgt durch die bekannten Schweißverfahren.

4. Gerätetechnik

Die Horizontalbohrtechnik ist ein Bauverfahren, das von einer Vielzahl an Maschinen und Werkzeugen beherrscht wird (**Bild 4.1**). Im Vordergrund steht die Bohranlage, die wichtigste Komponente auf der Baustelle. Doch nur mit dem Bohrgerät alleine kann noch keine Horizontalbohrmaßnahme durchgeführt werden. Hier spielen weitere Komponenten eine wichtige Rolle. Um die für den Bohrprozess benötigte Bohrspülung anzumischen bzw. aufzubereiten, sind Misch- und Separieranlagen notwendig. Leistungsfähige Pumpen befördern die sowohl frisch angemischte als auch die mit Bohrklein angereicherte Spülung über ein Netz von Leitungen zu der Mischanlage, zur Separieranlage, in Vorrattanks oder Lagergruben und zur Bohranlage, durch die die Spülung durch das Gestänge zur Ortsbrust gelangt.

Doch nicht nur die Maschinentechnik sondern auch der Bohrstrang und die Arbeitswerkzeuge nehmen einen großen Stellenwert ein (s. Kapitel 4.2). Die Arbeitswerkzeuge werden je nach Arbeitsphase und anstehendem Gebirge ausgewählt und müssen bestimmte Zwecke erfüllen.

In den folgenden Abschnitten werden die charakteristischen Merkmale der Gerätetechnik erläutert.

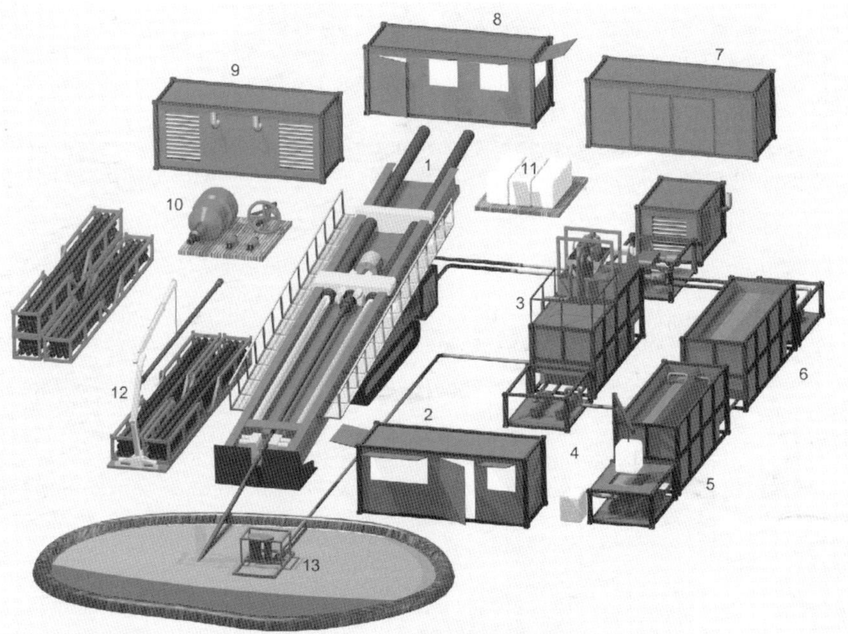

Bild 4.1: Komponenten auf einer HDD-Baustelle [4-1]: 1 Bohranlage, 2 Steuerstand, 3 Recycling-Anlage, 4 Hochdruckpumpe, 5 Spülungsmischanlage, 6 Spülungsvoratstank, 7 Werkstattcontainer, 8 Bürocontainer, 9 Stromgenerator, 10 Lagerplatz Bohrwerkzeuge, 11 Lagerplatz Bentonit, 12 Gestängelager mit Kran, 13 Spülungsgrube mit Pumpe

4.1 Bohranlage

Im Laufe der mehr als zwanzig Jahre andauernden Entwicklung der Horizontalbohrtechnik hat sich ein weites Spektrum an unterschiedlichen Bohranlagen gebildet. Dieses Spektrum reicht von kleinen Kompaktanlagen für die Kleinbohrtechnik bis zu den ganz großen Rigs[6] für die Großbohrtechnik.

Zur Einteilung des großen Spektrums haben sich die Begriffe Mini-, Midi-, Maxi- und Mega-Rig im HDD-Wortschatz etabliert. Diese Bezeichnungen geben eine Indikation über die Größe und die Leistungskapazitäten einer Bohranlage.

Mini-Rigs werden vorwiegend im innerstädtischen Bereich zur Verlegung von kleinen PE-Rohren und Kabeln eingesetzt. Sie haben eine Zugkraft bis ca. 150 kN. Als *Midi-Rigs* werden diejenigen Bohranlagen bezeichnet, die eine Zugkraft von ca. 150 kN bis 400 kN aufweisen. Diese Anlagen werden bereits bei kleineren Gewässerkreuzungen eingesetzt. Die nächst größeren Anlagen sind die *Maxi-Rigs*, die mit einer Zugkraft von 400 kN bis 2.500 kN schon auf Pipeline-Trassen zu finden sind. Anlagen mit mehr als 2.500 kN Zugkraft werden in die Gruppe der Mega-Rigs eingeordnet, die bei extremen Bohrungslängen oder Bohrlochdurchmessern eingesetzt werden. Die Grenze der Zugkraft bei den *Mega-Rigs* ist nach oben hin offen. Zurzeit befinden sich Anlagen mit bis zu 5.000 kN Zugkraft auf dem Markt [4-2]. Diese Anlagen werden nur von wenigen Herstellern gebaut, da sie von sehr wenigen Fachunternehmen verwendet werden. Meist entwickeln und bauen diese Fachfirmen solche Anlagen selbst.

Zur Benennung einzelner Bohranlagen werden diese Bezeichnungen nur selten verwendet. Angaben zu Bohranlagen beziehen sich bei den meisten Herstellern und Anwendern auf die Zugkraft bzw. auf das Drehmoment, die bzw. das von der Bohranlage aufgebracht werden kann.

Insgesamt können Horizontalbohranlagen nach folgenden Merkmalen unterschieden werden (Diese Merkmale sind zwischen den oben genannten Anlagengrößen fließend):

Zug- und Druckkraft

Die Zugkräfte der (leistungsmäßig) kleinsten Bohranlagen liegen bei 10 kN, die der größten Bohranlagen derzeit bei 5.000 kN. Die Übertragung der variablen Schub- und Zugkräfte einer Bohranlage können durch verschiedene Konstruktionen des Schlittenantriebs erfolgen. Die Schub- bzw. Druckkräfte übersteigen nicht die Zugkräfte.

Bei der Verwendung von Hydraulikzylindern wird mit Potentiometern gearbeitet. Diese Potentiometer geben die aufgewendete Kraft des Zylinders in eine Druck- bzw. Zugkraft in kN an. Sie sind heute in fast allen Anlagen zu finden, die mit Hydraulikzylindern arbeiten. Potentiometer dienen auch als Kraftbegrenzungseinrichtung, indem man die Zugkraft z. B. beim Einziehvorgang begrenzt, um die Produktenrohre nicht zu beschädigen.

Drehmoment

Die maximalen Drehmomente der (leistungsmäßig) kleinsten Bohranlagen liegen bei ca. 0,5 kNm, die der größten Bohranlagen bei > 130 kNm. Die übertragbaren Drehmomente spielen beim Aufweiten der Bohrlöcher eine große Rolle. Bei den kleineren Bohranlagen ist i.d.R. kein Drehmomentbegrenzer vorgesehen. Das maximal übertragbare

---

6 Rig = Bohrgerät bzw. Bohranlage

Bild 4.2: Vermeer D7x11 Series II Horizontalbohranlage mit einer Zugkraft von 40 kN [4-3]

Bild 4.3: PD 450 der Firma Prime Drilling GmbH mit einer Zugkraft von 4.500 kN [4-1]

Drehmoment wird einerseits durch die Bohrgestängequalität und andererseits durch die Leistung der Bohranlage bestimmt.

Geräteabmessung

Die kleinsten Bohrgeräte (**Bild 4.2**) haben auf der Startseite eine Stellfläche von wenigen Quadratmetern. Die größten Bohrgeräte benötigen ca. 80 m^2 Grundfläche (**Bild 4.3**).

Gerätemasse

Das Gewicht der Bohrgeräte spielt eine wichtige Rolle hinsichtlich der Zugänglichkeit zur Baustelle. Während das zurzeit kleinste HDD-Gerät wenige 100 kg wiegt, haben die größten HDD-Bohrgeräte ein Gewicht von > 60 t.

Transport- und Ladesystem

Das Transport- und Ladesystem der HDD-Bohrgeräte spielt mit Blick auf die Zugänglichkeit der Baustellen eine wichtige Rolle. Folgende Systeme kommen heutzutage zum Einsatz:

- *Crawler-System:*

  Bei den Crawler-Rigs handelt es sich um Bohranlagen mit eigenem Fahrantrieb, die sich mit Hilfe eines Raupenfahrwerkes auf der Baustelle bewegen lassen (**Bild 4.4**). Diese Bauweise ist bei allen Größen von Bohranlagen möglich. Während sie bei Mini- und Midi-Rigs Standard ist, sind Crawler-Systeme bei Mega-Rigs selten anzutreffen. In **Bild 4.5** ist z. B. eine 80 t-Anlage (Maxi-Rig) als Crawler-System zu sehen.

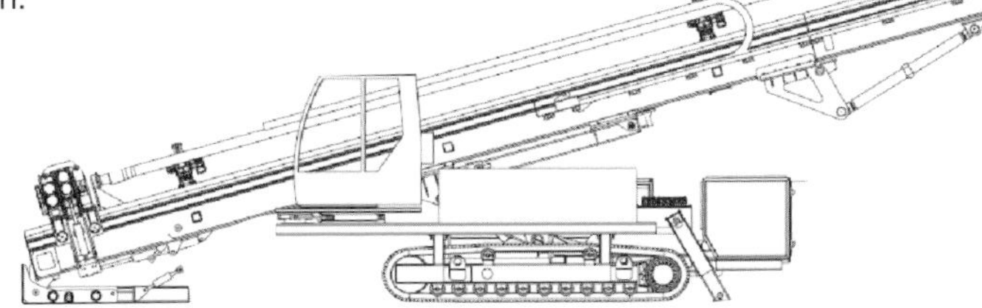

Bild 4.4: Schematische Darstellung eines Crawler-Systems [4-1]

Bild 4.5: Bohranlage PD 80-30 mit 80 t Zugkraft der Fa. Max Wild GmbH [4-4]

- *Frame-System:*

  Frame-Rigs sind bei Maxi- oder Mega-Rigs zu finden (**Bild 4.6**). Die Einzelteile lassen sich mit herkömmlichen LKW transportieren und mit einem geeigneten Standard-Kran aufstellen. **Bild 4.7** zeigt eine 250-t-Anlage als Frame-Rig.

Bild 4.6: Schematische Darstellung eines Frame Systems [4-1]

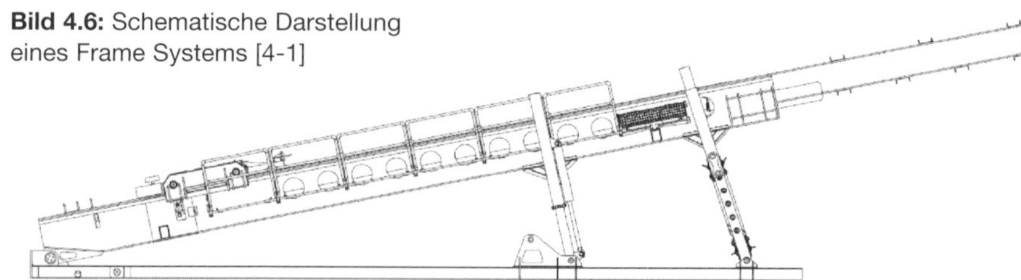

Bild 4.7: Frame-Rig mit 350 t Zugkraft der Fa. LMR Drilling GmbH aus Oldenburg [4-5]

- *Trailersystem:*

  Neben den Crawler- und Frame-Rigs sind sogenannte Trailer Rigs auf dem weltweiten Markt für HDD-Bohranlagen erhältlich (**Bild 4.8** und **Bild 4.9**). Diese sind wie die Frame-Rigs bei den Maxi- und Mega-Rigs zu finden. Bohranlagen dieser Bauart bilden beim Transport den Auflieger einer Zugmaschine und sind somit auf der Straße sehr mobil. Nachteilig ist hier die Mobilität auf der Baustelle, da das Aufstellen und die genaue Positionierung der Anlage mit dem Rangieren durch die Zugmaschine verbunden ist.

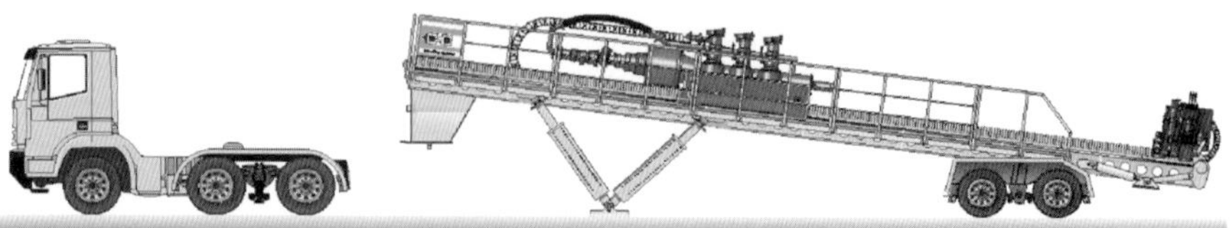

Bild 4.8: Schematische Darstellung eines Trailer-Systems [4-6]

Bild 4.9:
Bohranlage HK250T der Firma Herrenknecht [4-6]

– *Modular aufgebaute Rigs:*

  Modular aufgebaute Rigs (**Bild 4.10**) lassen sich soweit in einzelne Module auseinanderbauen, dass jedes einzelne Modul in einen 20-Fuß-Container passt und nicht mehr als 20 t wiegt. Dies macht die HDD-Bohranlage für den weltweiten Transport disponierbar. Außerdem vereinfacht es den Aufbau großer Anlagen in beengten innerstädtischen Bereichen [4-6].

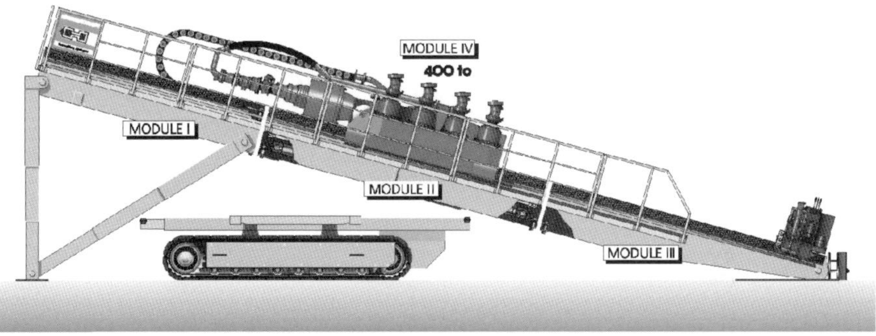

Bild 4.10: Schematische Darstellung eines modular aufgebauten Rigs [4-6]

Leistung der Bohrgeräte

Mit der Leistung ist der Antrieb des Bohrgerätes gemeint, mit dessen Hilfe die Druckkräfte, Zugkräfte und Drehmomente auf das Bohrgestänge übertragen werden. Die Leistung der kleinsten Bohrgeräte beginnt mit < 10 kW. Die größten Bohrgeräte haben eine Leistung von > 700 kW.

Kraftübertragung

Die Übertragung der Zug- und Druckkräfte sowie der Drehmomente findet über den Bohrschlitten statt (**Bild 4.11**). Dieser sitzt auf einer Lafette.

Bild 4.11: Bohrschlitten (Carrage) einer 80-t-Bohranlage von Prime Drilling mit Rack and Pinion Antrieb [4-1]

Der Antrieb des Bohrschlittens kann bei HDD-Bohrgeräten auf drei verschiedene Arten erfolgen:

- Kraftübertragung durch Zahnräder und Zahnstangen (Rack and Pinion Antrieb) (**Bild 4.12**)
- Kraftübertragung durch Hydraulikzylinder (**Bild 4.13**)
- Kraftübertragung durch Schwerlastkette bzw. Seile (**Bild 4.14**)

Die Zahnstangen haben den Nachteil, dass sie sehr schwer sind und damit das Gewicht des Bohrgerätes erhöhen. Ihr Vorteil liegt in einer hohen Betriebssicherheit und Robustheit sowie in der Übertragbarkeit hoher Druck- und Zugkräfte.

Hydraulikzylinder können ebenfalls große Kräfte auf den Bohrschlitten übertragen. Sie sind sehr zuverlässig und haben bei richtiger Handhabung eine sehr lange Lebensdauer.

Bild 4.12: Kraftübertragung durch Rack and Pinion [4-1]

Bild 4.13:
Kraftübertragung durch Hydraulikzylinder [4-4]

Bild 4.14:
Kraftübertragung durch Kettenantrieb [4-1]

Schwerlastketten zeichnen sich durch eine gute Kraftübertragung aus. Unter Zugkrafteinwirkung tritt jedoch eine geringe Verlängerung auf. Das Nachspannen der Ketten ist einfach und Reparaturen können schnell durchgeführt werden. Irgendwann müssen die Ketten aber ausgetauscht werden, da sie nach wiederholtem Nachspannen ihre Grenze erreichen und reißen. Dieser Antrieb ist nur noch bei alten Anlagen zu finden.

4.2 Komponenten einer Bohranlage

Mit einem Bohrgerät alleine lässt sich keine Bohrung erfolgreich durchführen. Es bedarf zusätzlicher Komponenten. Die wichtigsten werden im Folgenden aufgeführt und erörtert.

4.2.1 Spülungspumpen

Spülungspumpen sind i.d.R. nicht auf dem Bohrgerät selbst montiert, sondern stellen eigene Komponenten der Bohranlage dar (**Bild 4.15**). Bei den Hochdruckpumpen handelt es sich um Kolbenpumpen.

Bild 4.15:
Spülungspumpe in einem schallisolierten Container mit einer Förderleistung von 2000 l/min [4-1]

Kolbenpumpen fördern die Spülung mittels Kolben mit einem kreisförmigen Querschnitt. Dabei können die Zylinder sowohl stehend als auch liegend angeordnet sein. Kolbenpumpen werden wie folgt unterteilt:

- Einfach wirkende Kolbenpumpen (**Bild 4.16**)
- Doppelt wirkende Kolbenpumpen (**Bild 4.17**)

Eine weitere Verteilungsmöglichkeit bietet die Anzahl ihrer Zylinder: Simplexpumpen haben einen, Duplexpumpen (s. Bild 4.17) haben zwei parallele und Triplexpumpen (s. Bild 4.16) drei parallele Zylinder.

In **Tabelle 4.1** werden noch einmal die wesentlichen Parameter der Spülungspumpen aufgeführt.

Ein weiterer wichtiger Parameter der Spülungspumpen ist der Schallschutz. Es können Außengeräusche von mehr als 100 dBA gemäß ISO 6393 erreicht werden. Während die kleinen Pumpen häufig nicht oder nur unzureichend schallisoliert sind, befinden sich große, moderne Pumpen oft in rundum schallgedämmten Containern.

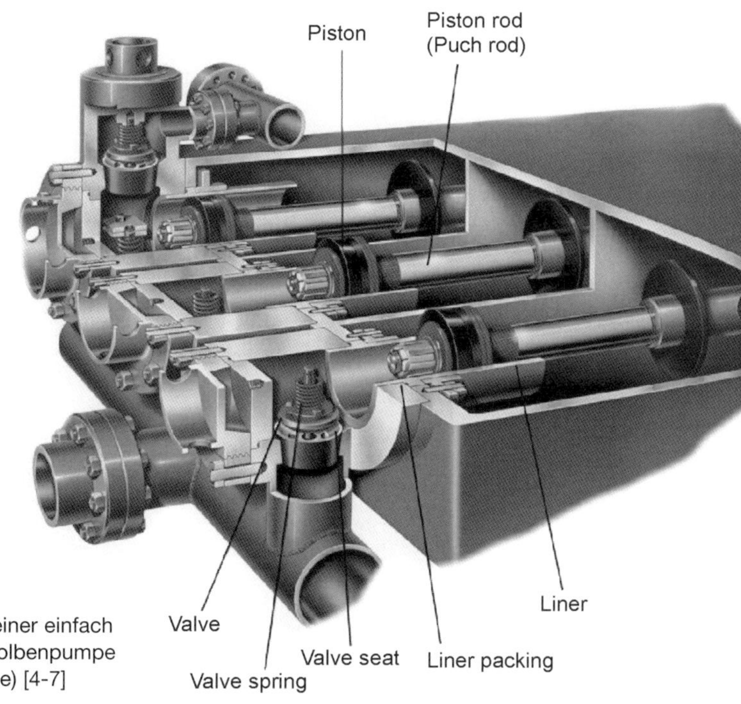

Bild 4.16:
Pumpenteil einer einfach wirkenden Kolbenpumpe (Triplexpumpe) [4-7]

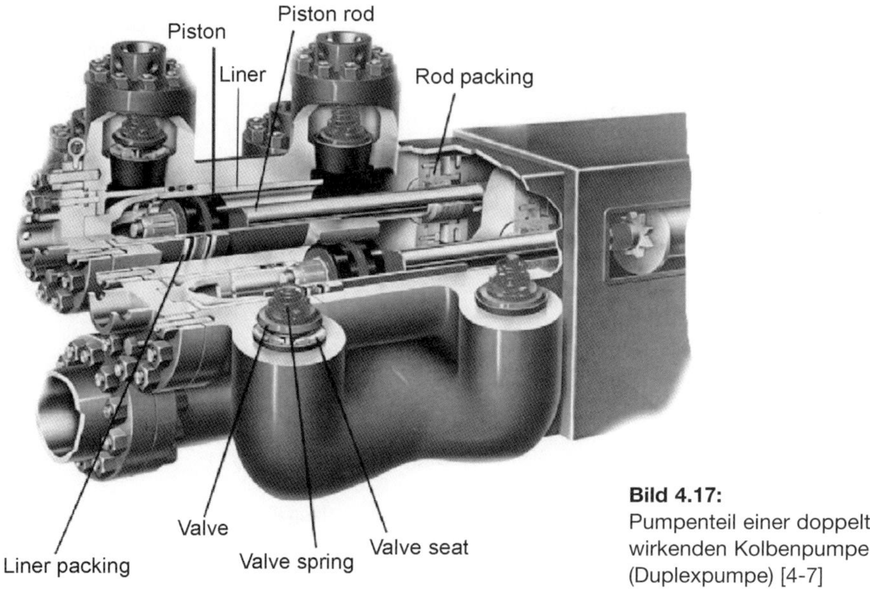

Bild 4.17:
Pumpenteil einer doppelt wirkenden Kolbenpumpe (Duplexpumpe) [4-7]

Tabelle 4.1: Kennzeichnung von Pumpenmerkmalen

Pumpenmerkmal	**kleine Pumpen**	**große Pumpen**
Geräteabmessung	ca. 0,8 m × 1,0 m × 1,0 m	ca. 2,5 m × 2,5 m × 6,0 m
Gerätegewicht	ab ca. 500 kg	ca. 10 t
Installierte Leistung	< 15 kW	> 300 kW
Transportsystem	Rahmenkonstruktion auf Anhängern oder LKW	Container
max. hydraulische Förderleistung	ca. 12 - 100 l/min	> 5.000 l/min
max. Flüssigkeitsdruck	ca. 60 - 150 bar	> 600 bar

Kolbenpumpen bieten (gegenüber Kreiselpumpen) verschiedene Vorteile:

- Sie sind über die Motordrehzahl steuerbar und gleichzeitig in der Lage, hohe Drücke aufzubringen.
- Kolbenpumpen sind beständiger im Ansaugen lufthaltiger Gemische als Strömungspumpen.
- Hohe Verschleißfestigkeit bzw. Robustheit
- Kolbenpumpen sind gut geeignet, Flüssigkeiten mit höherer Viskosität als Wasser zu pumpen.

Arbeitsweise und Aufbau

Kolbenpumpen sind vom Prinzip her selbstansaugende Pumpen. Ihr Antrieb kann mit einem Dieselmotor, Elektromotor (Diesel-elektrischer Antrieb) oder Hydraulikmotor erfolgen. Die Arbeitsweise einer einfach wirkenden Simplexpumpe wird im Folgenden beschrieben (**Bild 4.18**):

An der sich drehenden Kurbelwelle sitzt die Pleuelstange, die den Kreuzkopf abwechselnd vor und zurückzieht. Dabei findet oft eine Fremdschmierung der Wellenlager über eine separate Schmierölleitung mit Pumpe und Schmierölreservoir statt.

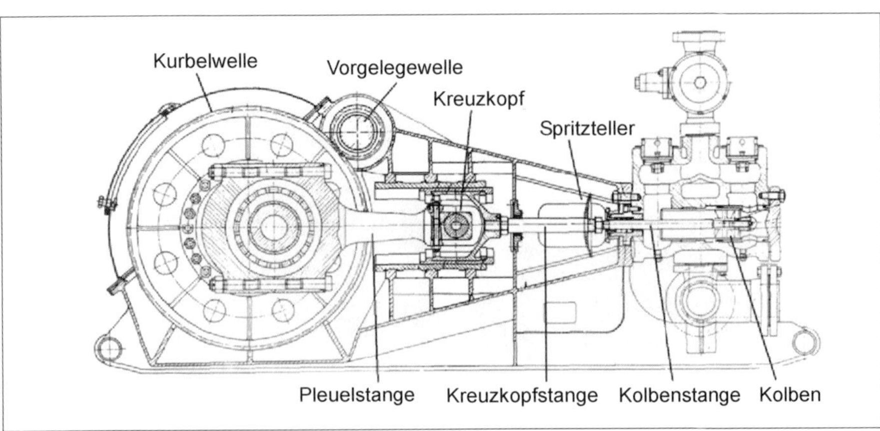

Bild 4.18: Schnitt durch eine Kolbenpumpe [4-7]

Der Kreuzkopf überträgt die auf ihn wirkenden Kräfte mit Hilfe der Kolbenstange auf den Kolben. Dadurch wird das Volumen im Zylinderraum, in dem der Kolben sitzt, abwechselnd verkleinert und dann wieder vergrößert. Bei der Vergrößerung des Zylinderraumvolumens tritt der zum Ansaugen notwendige Unterdruck ein. In der Praxis müssen die größeren Pumpen (oft Triplexpumpen) mit einem Ladedruck (= Beschleunigungsdruck) [4-8] beschickt werden, der i.d.R. bei ca. 4 bar liegt.

Das Saugventil öffnet sich, und die Spülflüssigkeit kann in den Zylinderraum eintreten. Das entsprechende Druckventil bleibt wegen des darauf lastenden Druckes geschlossen.

Triplexpumpen sind auf der Kolbenstangenseite offen. Die Spülflüssigkeit auf der Seite des Zylinderraumes wird komprimiert. Dadurch steigt der Druck. Die Folge ist, dass sich das Druckventil öffnet und die Spülflüssigkeit in den Bohrstrang austritt.

Bei einfach wirkenden Simplexpumpen wird mit jeder Drehung der Kurbelwelle ein Kolbenhub ausgeführt. Daraus folgt, dass mit jeder vollen Kurbeldrehung ein Arbeitshub getätigt wird.

Bei doppelt wirkenden Pumpen werden mit jeder Drehung der Kurbelwelle zwei Kolbenhübe, jeweils ein Saug- und ein Druckhub gleichzeitig durchgeführt. Die Kurbelwelle ist so ausgelegt, dass die Kreuzkopfstangen um 90° versetzt angreifen. Die Volumenstromrate von Duplexpumpen ist daher doppelt so groß wie die von Simplexpumpen.

Triplexpumpen führen mit jeder Drehung der Kurbelwelle drei Kolbenhübe durch. Die Kurbelwelle ist so ausgelegt, dass die Kreuzkopfstangen um 120° versetzt angreifen.

4.2.2 Spülungsanmischanlage

Je nach der Bohranlagengröße sind unterschiedliche Größen an Spülungsmischanlagen auf der Baustelle vorhanden. Während einige Mini-Rigs einen Spülungsmischer direkt an der Bohranlage montiert haben, werden bei allen anderen Bohranlagen separat stehende Mischeinheiten verwendet.

Bei Midi-Rigs reicht meist eine Spülungsmischanlage aus, wie sie in **Bild 4.19** dargestellt ist. Hier sind zwei Mischeinheiten nebeneinander auf einem LKW montiert. Jede Mischeinheit kann bis zu 4 m^3 Spülung fassen.

Bild 4.19: Kleine Mischanlage für kleine Bohranlagen der Fa. Tramann & Sohn [4-9]

Bild 4.20:
Spülungstank der Firma Max Wild GmbH [4-4]

Diese Menge an Spülung reicht für Maxi- bzw. Mega-Rigs längst nicht aus. Hier werden Spülungsmischanlagen verwendet die bis zu 2000 l Spülung pro Minute anmischen können. Diese Mischer finden auch keinen Platz mehr auf einem LKW, sondern der Mischvorgang findet in speziellen Tanks (**Bild 4.20**) mit Mischmodulen (**Bild 4.21**) statt.

Bild 4.21:
Mischmodul einer Mischeinheit der Firma Max Wild GmbH [4-4]

Arbeitsweise und Aufbau

Das Anmischen der Bohrspülung ist vom Prinzip her bei kleinen wie bei großen Anlagen gleich. Bei den großen Anlagen wird lediglich in größeren Dimensionen gedacht. Somit wird das Spülungsrohmaterial (z. B. Bentonit) bei kleineren Mischeinheiten in 25-kg-Säcken eingefüllt und bei Mischanlagen mit größeren Kapazitäten in Big-Bags zu je 1 m^3 oder über Silos der Mischanlage zugeführt.

Zum Anmischen der Produkte haben sich Flüssigkeitsstrahl-Feststoffpumpen (Vakuumpumpen (**Bild 4.22**)) bewährt, die ein klumpenfreies Anmischen der Bohrspülung sicherstellt. Dabei tritt Wasser durch den Treibmittelanschluss in die Venturidüse, wobei ein Unterdruck im Zulauf (B) entsteht, der für die Mischung der Medien sorgt. Im Einlaufdiffusor (4) wird ein Teil der hohen Bewegungsenergie des Treibstromes auf den Saugstrom (auf das beispielsweise zu fördernden Bentonit) übertragen. Den Auslaufdiffusor (5) durchströmen Treib- und Saugstrom bei gleichzeitiger Geschwindigkeitsverzögerung und Druckgewinn.

Das Beifügen von Zusatzmitteln kann über eine oder mehrere, in Reihe oder parallel geschaltete Flüssigkeitsstrahl-Feststoffpumpen erfolgen. Es besteht des Weiteren die Möglichkeit verschiedene Additive zusammen über eine Flüssigkeitsstrahl-Feststoffpumpe zuzugeben.

Bei den Mischanlagen wird zwischen kontinuierlich mischenden Mischanlagen und Chargen-Mischanlagen unterschieden. Kontinuierliche Mischanlagen mischen die Spülung permanent an, bis sie ausgeschaltet werden. Chargen-Mischanlagen mischen die Spülung in Schüben, z. B. jeweils ca. 1 m^3 Spülung in ca. 4 Minuten, an. Chargenmischanlagen sind damit in ihrer Leistung langsamer als die kontinuierlichen Mischer, dafür lässt sich dort das Mischungsverhältnis von Bentonit, Wasser und Zusatzmitteln genauer dosieren.

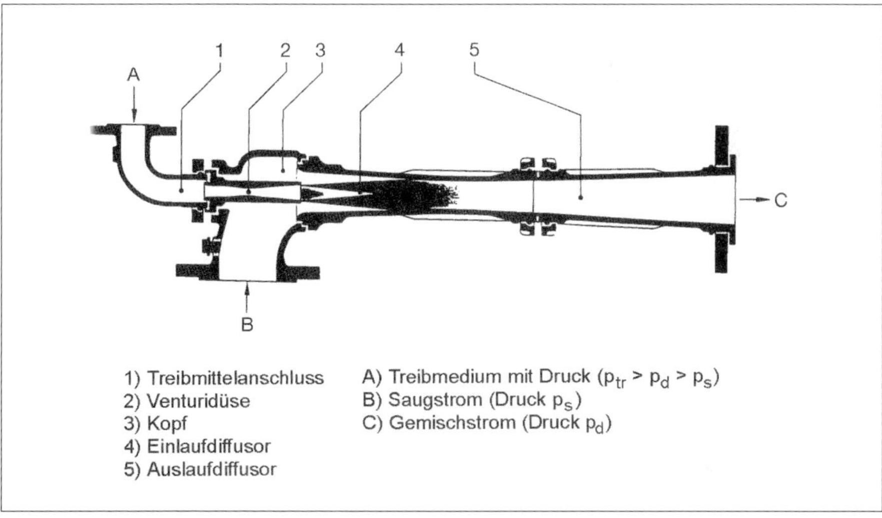

Bild 4.22: Aufbau einer Vakuumstrahlpumpe [4-10]

Bild 4.23: Separationsanlage System TBSS-225 der Fa. Derrick [4-11]

4.2.3 Aufbereitungsanlage

In der HDD-Technik eingesetzte Aufbereitungsanlagen sind Geräte, die die in der Spülung befindlichen Feststoffe separieren (**Bild 4.23**). Die Aufbereitungsanlagen und die Mischanlagen (s. Kapitel 4.2.3) sind aufeinander und auf das Volumen der im System zirkulierenden Spülung anzupassen.

Aufbereitungsanlagen kommen nur selten bei kleinen Bohrgeräten zum Einsatz. Das hängt mit dem geringen Verbrauch an Bohrspülung zusammen.

Aufbereitungsanlagen werden i. A. bei Bohranlagen mit einer Zugkraft > 400 kN eingesetzt. Der große Aufwand für den Aufbau einer Aufbereitungsanlage ist nicht rentabel, wenn nur kleinste Mengen an Bohrspülung zirkulieren.

Die Aufbereitungsanlagen sind eine Kombination aus mehreren Bohrkleintrennungseinheiten. Sie bestehen meistens aus einem Sieb als Vorabscheider und aus nachgeschalteten Hydrozyklonen zur Entfernung von Sand und Schluff.

Kornteilchen von Tongröße können mit den oben genannten Einheiten nicht entfernt werden. Hierzu werden Zentrifugen eingesetzt. Nachteilig ist, dass durch die Zentrifugen auch die Spülungstone separiert werden. Dieses Problem wird unter Kapitel 4.2.3.2 näher behandelt.

Die Aufbereitungsanlage entfernt nicht nur die festen Bestandteile (Bohrklein) aus der Spülflüssigkeit, sie optimiert in folgender Hinsicht durch eine gleich bleibende Spülungsdichte den Bohrvorgang:

- Erhöhte Stabilität von Tonschichten durch geringeren Infiltrationsdruck der Spülung und damit höhere Bohrgeschwindigeit im Ton
- Verminderte Gefahr von Spülungsverlusten durch Senkung des Spülungsdruckes

4.2.3.1 Feststoffkontrolle

Die Aufbereitungsanlagen bilden die Grundlage für die Feststoffkontrolltechnik. Dabei muss grundsätzlich zwischen zwei verschiedenen Feststoffkontrolltechniken unterschieden werden.

- *Sieben:*

  Die Teilchengröße des abzuscheidenden Bohrkleins stellt den entscheidenden Faktor beim Sieben dar. Das Abscheiden von Partikeln wird dadurch erreicht, dass die

Bohrspülung über ein Sieb geführt wird. Alle Teilchen, deren Durchmesser größer ist als derjenige der Siebmaschen, werden vom Sieb zurückgehalten und abgeschieden.

- *Absetzen:*

  Beim Absetzen des Bohrkleins ist die Masse der Teilchen der entscheidende Faktor. Unter Absetzen wird der Vorgang verstanden, bei dem sich die Partikel aufgrund ihrer Masse und der Schwerkraft (hier von einer Flüssigkeit) trennen. Dieser Trennungsprozess wird künstlich durch den Einsatz von Zentrifugen und Hydrozyklonen gefördert. Er kann aber auch ungewollt im Bohrloch oder in Spülungstanks auftreten. Das eigentliche Absetzen lässt sich durch das Stokes'sche Gesetz beschreiben.

  Die Absetzgeschwindigkeit eines Teilchens ist dabei von folgenden Faktoren abhängig:

  - Durchmesser des Teilchens und der Dichtedifferenz zu dem ihn umgebenden Medium
  - Viskosität der Spülung (eine niedrige Viskosität der Spülung fördert den Absetzprozess)

4.2.3.2 Anordnung der Geräte

Bei der Feststoffkontrolle werden folgende Geäte hintereinander angeordnet (Der Fließweg der Bohrspülung ist in **Bild 4.24** beschrieben):

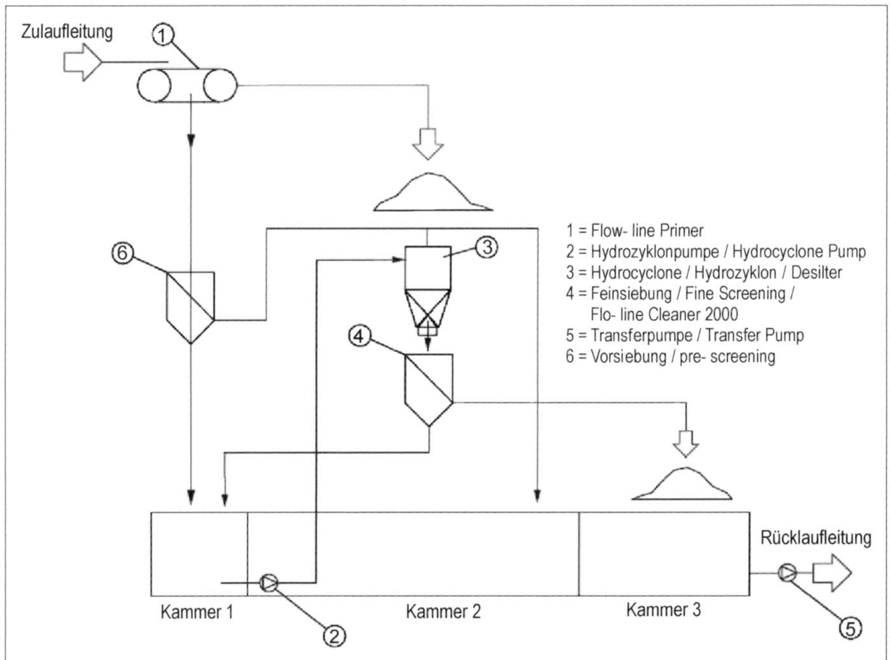

Bild 4.24: Fließschema der Separationsanlage TBSS 225 der Fa. Derrick [4-11]

1. Vibrosiebe
2. Desander
3. Desilter
4. Zentrifugen

Auf den meisten HDD-Baustellen, die mit Aufbereitungsanlagen ausgerüstet sind, werden zumindest Vibrosiebe, Desander und Desilter eingesetzt. Voraussetzung für eine optimale Abtrennung der Feststoffe ist die Wirkungsweise und die Abstimmung der Feststoffkontrollgeräte aufeinander.

Die zu entfernende Kleinstteilchengröße ist das entscheidende Kriterium bei der Abstimmung. Die Komponenten müssen so aufeinander abgestimmt sein, dass jedes Gerät die ihm zugeordnete Teilchengröße optimal abtrennen kann. Dabei sind auch die Massenteile der jeweiligen Korngrößen zu berücksichtigen [4-12].

Das Schüttelsieb wird i. A. genutzt, um grobe Feststoffe abzuscheiden. Es ist eine Vorreinigungsstufe für die Desander und Desilter. So wird dem nachfolgenden Gerät ermöglicht, die nächst feinere Kornfraktion abzuscheiden. Damit wird die Überbelastung eines Folgegerätes vermieden und eine optimale Funktionsweise jedes individuellen Gerätes gewährleistet.

Die Feststoffkontrollgeräte sollten bezüglich des anstehenden Spülungsvolumens in der Lage sein, das 1,2- bis 1,5-fache des Zirkulationsvolumens zu behandeln. Unter derartigen Bedingungen und der richtigen Schaltung im Spülungskreislauf wird der Reinigungsgrad der Spülung optimiert, da die Spülung nicht mehr an den Feststoffkontrollgeräten vorbeifließen kann, ohne von ihnen bearbeitet zu werden. Der erzeugte Volumenüberschuss muss bei jedem Gerät wieder in den Saugtank zurückfließen. So wird verhindert, dass unbehandelte Bohrspülung die Aufbereitungsanlage verlässt.

Vibrosiebe

Die Vibrosiebe (**Bild 4.25**) bilden das erste Glied in der Kette der Feststoffkontrollgeräte einer Aufbereitungsanlage. Sie werden auch als Schüttel-, Vibrations- oder Schwingsiebe bezeichnet. Sie trennen die in der Spülflüssigkeit enthaltenen größeren Bestandteile des Bohrkleins ab. Abscheidungen auf Korngrößen bis ca. 30–40 μm sind realisierbar [4-12].

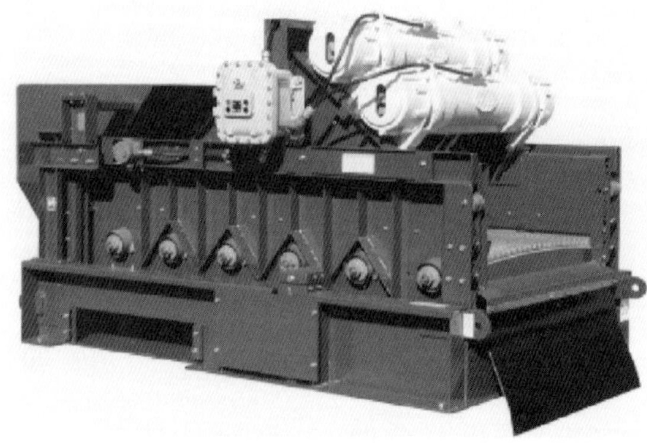

Bild 4.25: Vibrosieb FLC 513 der Fa. Derrick [4-11]

Die üblichen Vibrosiebe werden über eine Aufgabevorrichtung beschickt. In ihr wird die Spülflüssigkeit aufgefangen und mit Hilfe von Wehrblechen regulierbar auf das Sieb/die Siebe weitergeleitet. Die Siebe sind in einen Stahlrahmen eingespannt, der mit einer rotierenden Welle – an der Excentermassen angebracht sind – in Schwingungen versetzt wird. Der vibrierende Stahlrahmen ist, um die Übertragung von Schwingungen auf andere Komponenten der Aufbereitungsanlage zu reduzieren, an Gummipuffern oder Spiralfedern aufgehängt. Siebe befinden sich i. A. auf jeder Aufbereitungsanlage. Es kommen drei verschiedene Typen von Vibrosieben zum Einsatz:

1. Single Deck Vibrosiebe
2. Single Deck (multiple) Vibrosiebe
3. Doppel Deck Vibrosiebe

Früher gehörten die meisten *Vibrosiebe* der ersten Gruppe an. Sie wurden mit relativ großmaschigen Sieben betrieben und konnten dementsprechend auch nur die groben Feststoffteilchen entfernen. Sand und Schluff blieben im Spülungsstrom enthalten. Oft waren jene Siebe nach unten vorwärts geneigt. Diese Neigung und die großen Maschenweiten haben diese Siebe sehr uneffektiv arbeiten lassen, da die Verweildauer der Spülung auf den Siebbelägen nur kurz war.

Bei den multiplen „*Single Deck Vibrosieben*" arbeiten mehrere Siebe hintereinander bzw. kombiniert. Es können in ihrer Maschenweite abgestufte Siebe zum Einsatz kommen. Dadurch, dass mehrere Siebe hintereinander gelagert sind, verlängert sich die Sieblänge. Der Vorteil ist, dass so die Leistung des Siebes und die behandelbaren Spülungsmengen erhöht werden können. Der Nachteil liegt in der wesentlich größeren räumlichen Fläche, die diese Siebe im Vergleich zur Gruppe 1 in Anspruch nehmen. Moderne Siebe der zweiten Gruppe können i.d.R., um die Verweilzeit der Spülung auf dem Sieb zu regulieren, sowohl in einen negativen als auch in einen positiven Winkel (neg. Winkel = Neigung, Pos. Winkel = Steigung; i.d.R. ≤ 15°, Grenzwert i. A. 3° – 6°) verstellt werden. Vielfach werden beim HDD-Verfahren Linearschwinger mit Layered Screens[7] (siehe unten) eingesetzt.

Die „*Doppel Deck Vibrosiebe*" entsprechen in ihrem Aufbau den Sieben der zweiten Gruppe. Sie sind in abgestuften Maschenweiten angeordnet. Im Gegensatz zur Gruppe 2 erfolgt hier allerdings die Anordnung der Siebbeläge sowohl hintereinander, als auch übereinander. Das grobmaschigste Sieb liegt dabei obenauf; es folgen in der Maschenweite abgestufte Siebe. Auch hier ist teilweise ein Verstellen der Neigungswinkel der Siebe möglich.

Bei den Sieben aller drei Gruppen ist es möglich, die einzelnen Siebe auszutauschen, um sie den jeweiligen Bohrkleingehalten anzupassen.

Achtung: Während des Bohrprozesses ist generell ein Verstopfen des Siebes zu vermeiden. Bei einem verstopften Siebbelag läuft die Spülung nicht mehr durch die Maschen des Siebbelages, sondern wird mit den Feststoffen über den Siebbelag ausgetragen. Das Verstopfen eines Siebes ist daher einem Spülungsverlust gleichzusetzen. Einige dieser Einflüsse können auf der Baustelle reguliert werden. Es handelt sich dabei um:

- Siebbeläge (Maschenweite)
- Siebanordnung (Reihe oder parallel)

[7] Siebe mit verschiedenen Drahtebenen

- Siebwinkel
- Siebbewegung
- Siebamplitude

Bei der Siebbewegung wird zwischen kreisförmigen, elliptischen und linearen Bewegungen unterschieden:

- *Kreisförmiges Schwingen* garantiert einen gleichmäßigen Feststofftransport auf dem Sieb. Der Schwinger sollte dafür im Zentrum des Siebkastens angebracht sein.
- *Elliptische Schwingungen* sollen einen schnellen Transport der Feststoffe an der Spülungsaufgabeseite gewährleisten. Ihr Nachteil liegt darin, dass sich das Bohrklein am Ende des Siebes ansammelt und damit zu einem Versagen durch Reißen des Siebbelages führen kann. Dem kann mit der Verstellung der Neigung des Siebes entgegengewirkt werden. Dadurch wird aber wiederum die Verweildauer der Spülflüssigkeit auf dem Sieb reduziert. Um elliptische Bewegungen des Siebes zu erzeugen, muss der Schwinger über dem Schwerpunktzentrum des Siebes angebracht werden.
- *Lineare Bewegungen* des Siebes erzeugen die für das Abstreifen der Flüssigkeit von den Feststoffen optimale „Sägezahnbewegung". Die Linearbewegung erzeugt im Vergleich zu den anderen Bewegungen einen längeren Wurf der Feststoffteilchen. Der damit nachfolgende stärkere Aufprall bewirkt eine verbesserte Absiebung. Die Linearbewegung des Siebes wird durch zwei parallel installierte Schwingkörper erzeugt, deren Bewegung sich in gleicher Richtung ergänzt.

Die Maschenweite der Siebe wird in Mesh angegeben. Das ist eine aus den USA kommende Einteilung. Die Meshzahl gibt die Anzahl der Maschen auf einer Länge von 1 Inch (= 2,54 cm) an. Neben der Meshzahl wird die Länge der Maschenöffnungen in Mikron und der Anteil der offenen Fläche zur gesamten Siebfläche in Prozent angegeben. Da die Siebe in den meisten Fällen mit quadratischen oder rechteckigen Maschen (selten runde Maschen) angeboten werden, wird die Meshzahl und die Maschenweite jeweils in x- und y-Richtung angegeben.

Als Faustregel für die Kontrolle der Bemessung der Siebe hat sich bezüglich der spezifischen Durchlässigkeit folgendes bewährt: die passende Maschenweite eines Siebes gilt dann als gegeben, wenn $^3/_4$ des Siebbelages von der Bohrspülung bedeckt werden und $^1/_4$ vom Bohrklein ohne Spülung bedeckt ist.

Es werden drei Siebbelagsarten vorgestellt:

1. *Layered Screens mit Klassier- und Stützgewebe:*

   Um das Zusetzen der Sieböffnungen durch nahezu runde Partikel zu reduzieren, wurden zu Beginn der 1980er Jahre mehrlagige Siebbeläge mit verschiedenen Drahtebenen entwickelt, die als „Layered Screens" bezeichnet werden. Dabei handelt es sich um einen oder mehrere Feinsiebbeläge, bei denen die Drähte unterschiedlicher Durchmesser verwoben sein können, mit rechteckigen Öffnungen, die über ein etwas gröberes Siebgewebe gelegt werden. Diese Beläge werden von einem sehr groben und schweren Siebgewebe, dem Stützgewebe unterstützt.

   Die spezifische Durchlässigkeit dieser Siebbeläge ist ca. zwei- bis dreifach höher als die normaler Siebe.

Bild 4.26: Siebbeläge der Fa. Derrick: PWP (links) und Pyramidensiebe (rechts) [4-11]

2. *Perforated Wire Plates* (**Bild 4.26,** links):

   Zurzeit sind mit Hartmetallplatten verklebte Klassiergewebe, die auch als PWP (= **P**erforated **W**ire **P**lates) bezeichnet werden, oft auf Aufbereitungsanlagen zu finden. Die Fa. Derrick brachte als erste einen derartigen Siebboden auf den Markt. Die Größe und Form der Löcher (quadratisch, rechteckig, rund) sind von den Herstellern abhängig und führen zu einer Verringerung der Sieboberfläche um ca. 25 bis 35 %. Daraus folgt, dass die Gesamtsiebfläche vergrößert werden muss, woraus ein größerer Platzbedarf für solche Siebe resultiert.

   Der Vorteil dieser Siebe gegenüber konventionellen Siebgeweben besteht in der Möglichkeit, dass sie bei Beschädigungen zu reparieren sind, ohne das Sieb dabei zu wechseln und den Bohrbetrieb wesentlich einzuschränken. Andere Siebe erfordern bei einem Riss des Siebgewebes eine Unterbrechung des Bohrvorganges und ein neues Sieb.

   Die temporäre Reparatur erfolgt durch das Einpressen eines Reparaturstopfens in die beschädigte Träger- oder Siebplatte. Eine permanente Reparatur geschieht durch ein Verschrauben oder Verkleben eines Flickens. Auf diese Weise können bis zu 15 % der gesamten Sieboberfläche verschlossen werden, ehe der Siebprozess merkbar reduziert wird. So lassen sich Siebbeläge einsparen, wodurch sich die erhöhten Kosten solcher PWP-Siebrahmen amortisieren.

3. *Pyramid Screens* (Bild 4.26, rechts):

   Die Pyramiden-Siebe der Fa. Derrick stellen eine neue Entwicklung dar. Die Siebe weisen eine wellenförmige Oberfläche auf. Dadurch vergrößert sich ihre Oberfläche um ca. 40 % und die nutzbare Siebfläche um ca. 62 %. Bedingt durch die größere Oberfläche können feinere Siebgewebe größerer Kapazität zum Einsatz kommen. Die gröberen Bohrkleinbestandteile der Spülung sacken, durch die Schwerkraft bedingt, unmittelbar nach der Beaufschlagung der Sieboberfläche in die Mulden des Siebes ab. Die Spülung läuft durch die gesamte, wellenförmige Sieboberfläche hindurch in den Siebunterlauf. Sie wird durch die komplette Oberfläche abgeschieden. Der Einsatz dieser Pyramiden-Siebe ist besonders dann sinnvoll, wenn die Spülung die Siebbeläge vollkommen bedeckt [4-11]. Diese besonders rasche Feststofftrennung erlaubt eine quantitativ größere Beschickung der Pyramiden-Siebe im Vergleich zu anderen Sieben. Heutzutage sind diese Siebbeläge sehr oft auf Separationsanlagen zu finden.

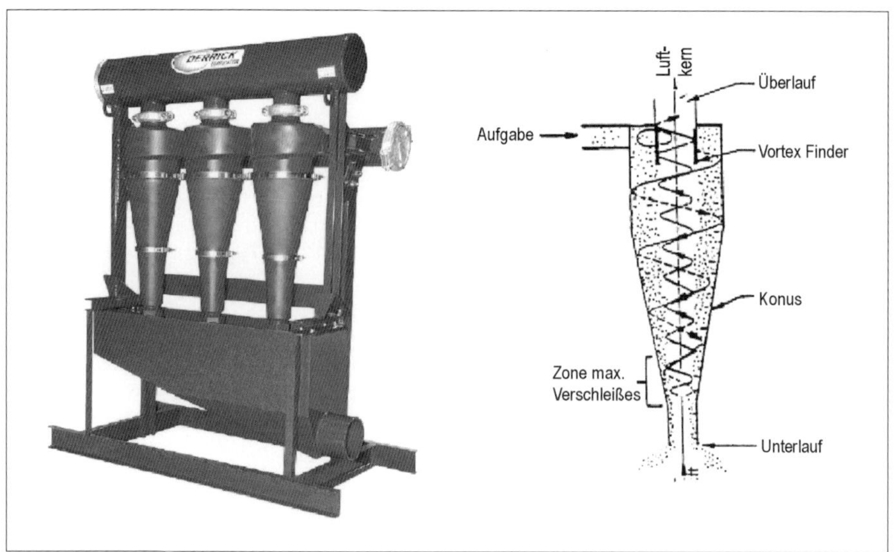

Bild 4.27: 10" Hydrozyklone der Fa. Derrick [4-11] und die schematische Darstellung eines Desanders [4-7]

Hydrozyklone

Hydrozyklone (**Bild 4.27**) finden in der Aufbereitung von mit Sanden und mit Schluffen belasteten Spülungen ihr Einsatzgebiet. Die englische Übersetzung für Sand und Schluff ist „silt“ und „sand“. Daher kommen die auf den Baustellen üblichen Bezeichnungen Desander und Desilter. Es handelt sich dabei um Hydrozyklone, die nacheinander geschaltet sind. Erst kommt der Desander zum Einsatz, dann der Desilter. Diese Geräte unterscheiden sich durch die Durchmesser der Hydrozyklone.

Desander beseitigen in erster Linie die Feststoffe mit Korngrößen > 60 μm, der Desilter Teilchen mit Korngrößen von > 20 μm. Der Arbeitsbereich der Hydrozyklone wird meistens mit der 50-%-Korngröße beschrieben. Diese Angabe besagt, dass 50 % der abgeschiedenen Feststoffe diese max. Korngröße aufweisen.

In Abhängigkeit von der Viskosität und der Dichte der Spülung sowie der Einstellung der Hydrozyklone können die Trennbereiche dieser Geräte ineinander übergreifen. Dadurch, dass der Durchmesser der Unterlauföffnung von Hydrozyklonen veränderbar ist, kann eine Anpassung der Volumenstromraten im Ober- und Unterlauf und damit an die dynamische Druckdifferenz im Hydrozyklon vorgenommen werden.

Ein Zeichen für die korrekte Funktion des Zyklons ist, wenn der Unterlauf sprühend in Form eines Hohlkegels austritt (Sprayflow). Ein weiteres Indiz für eine einwandfreie Funktionsweise des Zyklons ist ein Unterdruck am Unterlaufaustritt. Dieser kann mit vorgehaltener Hand festgestellt werden. Der Unterdruck entsteht dadurch, dass der aus dem Überlauf austretende Volumenstrom von unten Luft ansaugt. Sind beide Erscheinungen gegeben, dann arbeitet der Hydrozyklon im balancierten oder auch ausgeglichenen Zustand.

Hydrozyklone setzen sich zusammen aus

- der zylindrischen Einlaufkammer mit einem tangential integrierten Einlaufstutzen und der Austrittsöffnung des Überlaufs am oberen Ende,
- dem Konus, in dem die Feststofftrennung erfolgt und
- einem zylindrischen Unterteil mit der Austrittsöffnung des Unterlaufes.

Während des Betriebes wird die mit Feststoffen beladene Spülung mit einer Kreiselpumpe mit hoher Geschwindigkeit und unter einem konstanten Druck, der sich durch die konstante Förderhöhe zur Aufbereitungsanlage ergibt[8], in die Einlaufkammer des Hydrozyklons befördert. Die geradlinige Bewegung der Spülflüssigkeit geht in eine Drehbewegung über. Dadurch bildet sich ein Flüssigkeitswirbel an der Innenwand des Zyklons. Die nach innen verlängerte Überlauföffnung, die Ausbildung des Zyklons und die Zentrifugalkraft zwingen den Wirbel zu einer spiralförmigen Abwärtsbewegung. Im Zentrum des Zyklons entsteht ein axialer Luftkern. Zwischen den beiden Auslassöffnungen gewährleistet er einen sprühenden Austrag der feststoffbelasteten Spülflüssigkeit, die unmittelbar an der Innenwand des Zyklons rotiert. Die restliche Flüssigkeit mit geringerer Dichte und damit auch einer geringeren Feststoffbelastung wandert in einen zweiten Wirbel. Dieser bildet sich am unteren konischen Ende des Zyklons aus, wandert den Luftkern aufwärts und verlässt den Zyklon durch die Überlauföffnung.

Zentrifugen

Die Zentrifuge als Komponente der Spülungsaufbereitung ist beim HDD-Verfahren selten anzutreffen. Sie wird, wenn überhaupt, nur in Sonderfällen eingesetzt, um sämtliche Feinstanteile aus der Spülung zu entfernen. Zentrifugen können Feststoffe > 10 µm abscheiden. Dabei erfolgt allerdings auch eine Abtrennung von schlecht dispergierten Spülungstonen, wenn diese nicht in eine vollkommen kolloidale Lösung übergegangen sind.

Trotz des Einsatzes der beschriebenen Geräte werden die Feinstkornanteile des Bohrkleins, die in ihrer Korngröße Tonen entsprechen, nicht abgeschieden. Ihre Größe ist so gering, dass eine Beseitigung nicht mehr gelingt.

Folgende Zusammenhänge müssen erkannt werden:

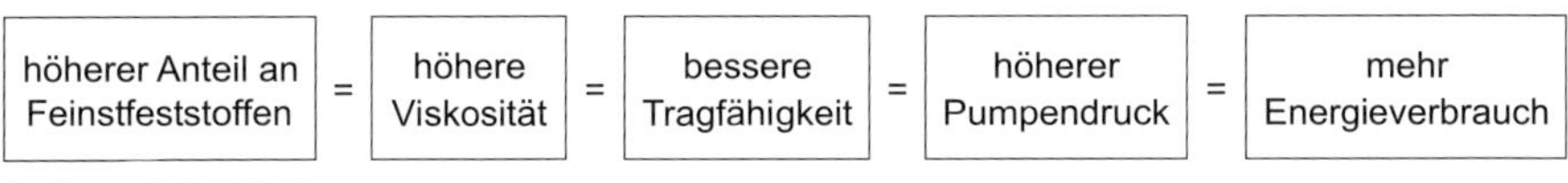

(und umgekehrt) [4-8]

Um einen zu starken Anstieg der Viskosität der Spülung zu vermeiden, wird die Spülung oftmals mit Wasser verdünnt oder mit chemischen Verflüssigern versetzt [4-12]. Das Abtrennen von tonigem Bohrklein durch Tonflocker ist Stand der Tiefbohrtechnik [4-8]. Dabei werden die Tonflocken vom Gelgerüst ausgetragen. Die schon oben erwähnte Zugabe von Wasser erweist sich als eine billige und schnelle Lösung (zur Entfernung von Flocken).

Bild 4.28 stellt den schematischen Aufbau und die Arbeitsweise einer Zentrifuge dar.

8 Die Förderhöhe wird als „Feed Head" bezeichnet; der Druck ist bei konstanter Förderhöhe eine Funktion der Dichte der Flüssigkeit

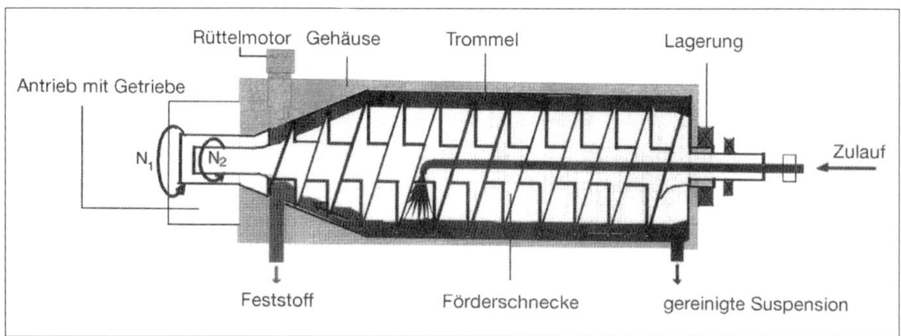

Bild 4.28: Beispiel eines Zentrifugiervorganges [4-10]

4.3 Bohrstrang

4.3.1 Bohrgestänge

Das Bohrgestänge stellt die Verbindung zwischen dem an der Ortsbrust arbeitenden Bohrwerkzeuge und dem übertage stehenden Bohrgerät. Es hat daher mehrere Aufgaben zu übernehmen:

- Übertragen der Druck- oder Zugkräfte auf das Bohrwerkzeug
- Übertragen der Drehmomente auf das Bohrwerkzeug
- Zuleitung der Spülflüssigkeit zur Ortsbrust unter Druck und damit Übertragung hydraulischer Energie
- Aufnahme von Messleitungen

Das ideale Bohrgestänge wäre ein kontinuierlicher Rohrstrang ohne Verbindungen und ohne äußere und innere Querschnittsänderungen. Doch beim HDD-Verfahren werden aus technologischen Gründen zusammenschraubbare Rohrlängen benutzt, um die notwendige Bohrstranglänge zu erhalten.

Die Auswahl eines geeigneten Bohrgestänges und der fachgerechte Einsatz haben einen großen Einfluss auf die Kosten und auch auf das vorhandene Risiko einer Bohrung. Die erforderliche Werkstoffqualität der beim HDD-Verfahren zum Einsatz kommenden Bohrrohre liegt in vielen Fällen über der des üblichen Baustahls, weil das Bohrgestänge sehr großen mechanischen Belastungen ausgesetzt wird.

Beim HDD-Verfahren stellt der Bohrstrang idealisiert eine, im Verhältnis zu seinem Durchmesser überlange und unvollkommen gestützte Hohlwelle dar. Er muss in der Lage sein, je nach Leistung der Bohranlage, bis zu mehreren 100 kW mechanischer Leistungen zu übertragen. Der Bohrstrang wird nicht nur durch die Spülflüssigkeit mit einem hohen Innendruck beansprucht, sondern er wird gleichzeitig auch durch Torsion, Druck, Zugkräfte und Biegemomente belastet.

Mit zunehmender Länge des Bohrloches, kleiner werdendem Krümmungsradius und mit zunehmendem Durchmesser steigen die Belastungen des Bohrgestänges. Das Bohrgestänge muss daher so dimensioniert sein, dass es alle Beanspruchungen mit der geforderten Sicherheit aufnehmen bzw. übertragen kann. Ist dies nicht gewährleistet, so ist ein Gestängebruch möglich.

Bei einer Bohrung treten statische, schwellende und auch wechselnde Belastungen auf. Das Bohrgestänge muss für jeden dieser Belastungsfälle ausreichend bemessen werden. Für die Bemessung des Bohrgestänges genügt es nicht, allein mit den Kennwerten der statisch bestimmten Werkstoffestigkeit zu rechnen, sondern es muss auch die Dauerfestigkeit, die Ermüdungsgrenze, in Betracht gezogen werden.

Werden die Grundbeanspruchungen des Bohrgestänges untersucht, ergibt sich folgendes Bild:

- Die *Druckbeanspruchung* wird im Wesentlichen beim Bohren des Pilotbohrloches erzeugt.
- Die *Zugbeanspruchung* wird im Wesentlichen beim Ziehen des Stranges verursacht, sowohl beim Aufweiten des Bohrloches als auch Einziehen des Produktenrohres.
- Die *Biegebeanspruchung* wird durch die Bohrlochkrümmungen verursacht. Da der Bohrstrang während des Betriebes rotiert, kommt es zu einer Biegewechselbeanspruchung. Diese wechselt zwischen positiven und negativen Maximalwerten.
- Die *Torsionsbeanspruchung* entsteht durch das notwendige Drehmoment am Bohrstrang und durch die Reibung zwischen Bohrstrang und Gebirge. Die Torsionsbeanspruchung ist meist eine schwellende Beanspruchung.

Die durch diese Belastungen des Bohrgestänges entstehende Vergleichsspannung darf im Dauerbetrieb nicht den Bereich der Ermüdungsgrenze des Gestängematerials erreichen.

4.3.1.1 Bohrgestängerohre

Der kleinste Biegeradius des Bohrgestänges ist vom Rohrdurchmesser, von der Wanddicke und vom Elastizitätsmodul des verwendeten Werkstoffes des Bohrstrangs abhängig. Mit zunehmendem Gestängedurchmesser vergrößert sich der mögliche Gestängebiegeradius. Die Bohrgestängedurchmesser werden oft in Zoll (1" = 1 Inch = 25,4 mm) angegeben. Bei den kleinen Bohrgeräten werden Bohrgestänge mit ca. 1" Durchmesser verwendet, während bei den großen Bohrgeräten $6^5/_8$" (168,3 mm) Bohrdurchmesser zum Einsatz kommen. Entsprechend dem Rohrdurchmesser variieren die zulässigen Biegeradien entsprechend dem Rohrdurchmesser von R = 10 m bis R = 250 m.

Die Gestänge werden entsprechend den API-Spezifikationen[9] (API-Spec. 5) gefertigt. Bohrrohre sind ausschließlich nahtlose gewalzte Stahlrohre. Die Gestängerohre haben innen- und/oder außenverdickte Rohrenden, wobei die Wanddicke am Rohrende der Wanddicke des vorzuschweißenden Verbinders entspricht.

Die Enden werden durch Anstauchen in die notwendige Form gebracht. Die Herstellung von Gestängerohren erfolgt in Standardmaßserien, wobei der Außendurchmesser in Zoll angegeben wird und zu den Nennmaßen verschiedene Wanddicken geliefert werden können.

An das stumpfe Rohrende wird jeweils der entsprechende Gestängeverbinderteil (Muffe oder Zapfen) durch Reibschweißung vorgeschweißt. Jedes Rohr wird mit einem Muffen- und einem Zapfenende ausgerüstet.

Nach API sind für die Gestängerohrwerkstoffe verschiedene Gütestufen vorgesehen, die zunächst alphabetisch nach Gütestufen D (D-55) und E (E-75) geordnet waren. Mit zunehmender Länge der Bohrungen und höheren Anforderungen an das Bohrgestän-

[9] API = **A**merican **P**etroleum **I**nstitute

Tabelle 4.2: Werkstoffkennwerte für Bohrgestängerohre [4-8]

Gütestufe (Grade)	**Streckgrenze (Yield Strength)**		**Zugfestigkeit (Tensile Strength)**	**Bruchdehnung (Elongation)**	**API-Spec.**
	PSI		PSI		
	N/mm²		N/mm²	%	
	min.	max.	min.		
E - 75	75.000	105.000	100.000	17	5A
	515	725	690		
X - 95	95.000	125.000	105.000	16,5	5AX
	655	860	720		
G - 105	105.000	135.000	115.000	15	5AX
	725	930	790		
S - 135	135.000	165.000	145.000	12,5	5AX
	930	1.140	1.000		
MW-U-170	170.000	200.000	180.000	10,5	(5AX)
	1.170	1.380	1.240		

ge sind weitere Gütestufen hinzugekommen. Heute sind u.a. folgende Werkstoffe für Bohrrohre im Einsatz: E - 75, X - 95, G - 105, S - 135, MW-U-170.

In **Tabelle 4.2** werden die Begriffe Streckgrenze, Zugfestigkeit und Bruchdehnung erklärt. An die Werkstoffe werden entsprechend der aufgeführten API-Spezifikationen folgende Anforderungen gestellt:

Die *Streckgrenze* beschreibt die folgende, temporäre elastische Veränderung des Prüfkörpers gemäß API Spec. 5A bzw. 5AX:

- 0,5 % der Messstrecke bei E - 75
- 0,6 % der Messstrecke bei X - 95, G – 105
- 0,7 % der Messstrecke bei S – 135

Unbeschadet der oben genannten temporären Verformung des Prüfkörpers stellt sich hier eine bleibende Verformung ein, die 0,2 % (analog zur DIN) beträgt, jedoch nicht als Kriterium nach API herangezogen werden darf. Ein Indiz dafür, dass die Streckgrenze überschritten wurde, ist eine bleibende Verformung.

Der Streckgrenze folgt die *Zugfestigkeit*. Im Bereich zwischen der Dehngrenze und der Bruchgrenze findet eine permanente (= bleibende) Verformung eines Materials unter einem Krafteinfluss statt. Die Dehngrenze ist von der Zugfestigkeit eines Materials abhängig. Die Zugfestigkeit ist die auf den Ausgangs- oder Nenndurchmesser bezogene Krafteinwirkung, die auf einen Prüfkörper (aus einem homogenen Material) aufgebracht werden kann, ehe es zum Materialversagen und damit verbundenen Trennbruch kommt. Die Zugfestigkeit σ_b [4-6] berechnet sich wie folgt:

$$\sigma_b = \frac{F_{max}}{A} \left(N / mm^2 \right) \qquad (4\text{-}1)$$

F_{max} = Zugkraft (N)

A = Querschnittsfläche (mm^2)

Tabelle 4.3: Bohrgestänge-Massen, Abmessungen

Auß. D.	Auß. D.	Masse	Bohrgestänge	
			inn. D.	Wanddicke
in	mm	kg/m	mm	mm
2 3/8	60,33	7,22	50,67	4,83
2 3/8	60,33	9,91	46,10	7,11
2 7/8	73,03	9,91	62,00	5,51
2 7/8	73,03	15,49	54,61	9,19
3 1/2	88,90	14,15	76,00	6,45
3 1/2	88,90	19,81	70,21	9,35
3 1/2	88,90	23,09	66,09	11,40
4	101,60	17,65	82,45	6,65
4	101,60	20,85	84,84	8,38
4	101,60	23,39	82,30	9,65
4 1/2	114,30	20,48	100,53	6,88
4 1/2	114,30	24,73	98,09	8,56
4 1/2	114,30	29,79	92,46	10,92
4 1/2	114,30	33,96	88,90	12,70
5	127,00	24,20	111,96	7,52
5	127,00	29,05	108,61	9,19
5	127,00	38,13	101,60	12,70
5 1/2	139,70	28,60	124,26	7,72
5 1/2	139,70	32,62	121,36	9,17
5 1/2	139,70	36,79	118,62	10,54
6 5/8	168,28	37,54	151,51	8,38
6 5/8	168,28	41,26	149,89	9,19

Die *Bruchdehnung* l entspricht der Mindestdehnung, die sich beim Trennbruch (= Materialversagen) auf eine Strecke von 2" (= 50,80 mm) eines nach API besonders ausgebildeten Prüfkörpers ergibt. Sie errechnet sich [4-8] wie folgt:

$$l = 625000 \cdot \frac{A^{0,2}}{U^{0,9}} \qquad (4\text{-}2)$$

A = Querschnittsfläche der Zugprobe (in^2)

U = Zugfestigkeit (psi)

Die vorstehenden Angaben entsprechen den API-Spec. 5A und 5AX.

Belastungen, die der Bohrstrang nicht aufnehmen kann, führen zu bleibenden Verformungen. Sollen Verformungen vermieden werden, darf niemals die entsprechende Streckgrenzlast voll auf das Bohrgestänge aufgebracht werden. Gemäß API-RP 7 G darf der Bohrstrang max. 90 % des Mindest-Streckgrenzwertes belastet werden. In der Praxis empfiehlt es sich diesen Wert geringer, z. B. bei maximal 80 % anzusetzen [4-8].

Die Bohrgestänge (**Tabelle 4.3**) haben in Abhängigkeit vom Durchmesser Längen von 3 m, 5 m und 9,6 m.

4.3.1.2 Gestängeverbinder

Die Gestängeverbinder verbinden die einzelnen Bohrrohre miteinander. Sie ermöglichen das Zusammenschrauben und Lösen beim Ein- und Ausbau des Bohrgestänges.

Jede Bohrrohrlänge wird mit einer Verbinderhälfte mit Zapfengewinde und einer Verbinderhälfte mit Muffengewinde ausgerüstet. Außer für Fangarbeiten haben die Verbinder konische Rechtsgewinde.

Auch an die Gestängeverbinder werden sehr hohe Anforderungen gestellt:

1. Sie müssen beim Bohren das Drehmoment übertragen, ohne dass ein Nachschrauben erfolgt.
2. Bei Zugbelastungen und beim Auftreten von Biegemomenten dürfen keine Undichtigkeiten auftreten und beim Verschrauben dürfen die zulässigen Spannungen nicht überschritten werden.
3. Das häufige Verschrauben und Lösen der Verbindungen erfordert eine besondere Verschleißfestigkeit.

Schulterverbinder, die beim HDD-Verfahren i.d.R. zur Anwendung kommen, werden als Tool-joints bezeichnet. Die Bezeichnung Schulterverbinder bedeutet, dass nach dem Verschrauben der beiden Verbinderhälften eine an beiden Teilen befindliche Stoßschulter in Kontakt kommt und unter allen Umständen in Kontakt bleiben muss. Wird der Verbinder nach dem Verschrauben durch Zug- und/oder Biegung belastet, wird der Zapfen gelängt und die Muffe gestaucht bzw. entlastet (vergleiche auch **Bild 4.29**).

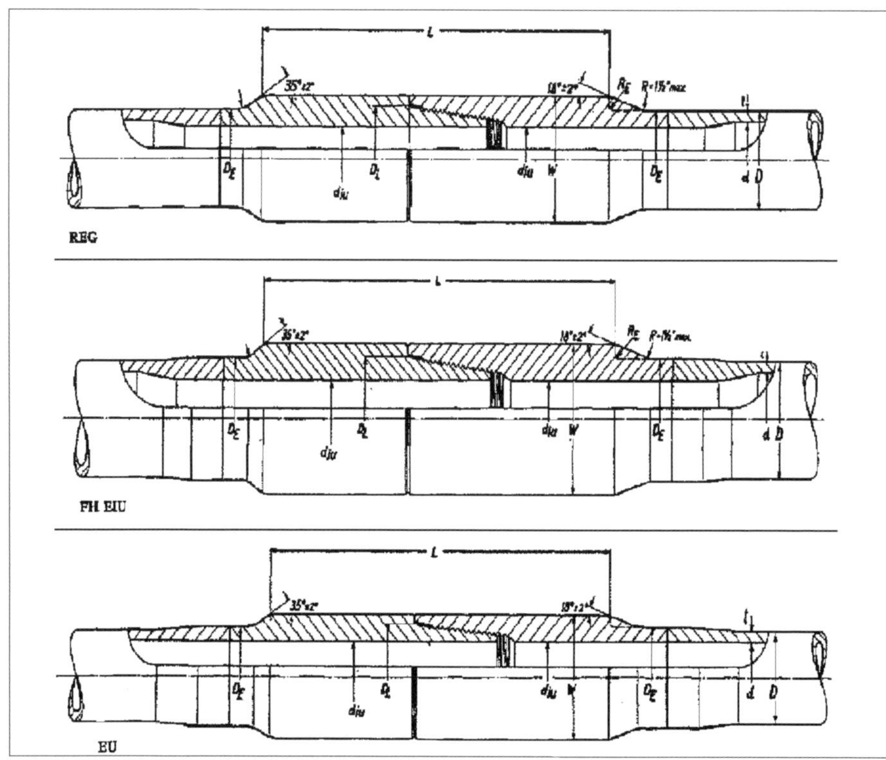

Bild 4.29: Verschweißverbinder mit verschiedenen Upsets [4-8]

Bei der Kraftverschraubung ist es wichtig, dass auf der Stoßfläche der Schulter als Dichtelement eine definierte Flächenpressung erzeugt wird. Die Flächenpressung muss so groß sein, dass sie durch die zulässige axiale Zugkraft hervorgerufen und durch die Biegemomente nicht aufgehoben werden. Nur dann kann die Verbindung ihre Aufgaben voll erfüllen.

Verbinderbauarten

Die Verbinder werden heute durch Reibschweißen mit dem aufgestauchten Rohrende verschweißt. Der Verbinder wird auf eine hohe Umdrehungsgeschwindigkeit gebracht und dann gegen ein stehendes Bohrrohrende gepresst. Dabei entsteht eine so hohe Temperatur, dass die Materialien beider Teile eine homogene Verbindung eingehen. Der innen und außen entstehende Wulst wird entfernt und die Schweißstelle vergütet, so dass wieder eine einheitliche Gefügestruktur entsteht.

Es gibt folgende Verbinderkonstrutionen [4-8]:

- REGULAR-Verbinder (REG)
- FULL-HOLE-Verbinder (FH)
- INTERNAL-FLUSH-Verbinder (IF)
- NC-Verbinder
- (XH-Gestänge[10])

***Reg**ular Verbinder* (s. Bild 4.26) stellen die älteste Bauart der fünf Gruppen dar. Regular-Verbinder sind sehr robust. Sie werden beim Tiefbohren auch für Fangausrüstungen und Fangwerkzeuge verwendet und können dann mit Linksgewinde versehen sein.

Bei Bohrgestängen mit Regular-Verbindern werden in erster Linie eine größere Festigkeit und ein möglichst kleiner Außendurchmesser angestrebt. Aus diesem Grunde bleibt unbeachtet, dass damit die Bohrung des Verbinders enger als die innere lichte Weite des nach innen verdickten Rohres ist.

Ihr Nachteil ist die enge Bohrung im Zapfen und die Einschnürung durch eine Innenstauchung, die eine starke Drosselung des Spülstromes und einen relativ hohen Druckabfall im Bohrgestänge verursacht.

Der als Regular-Verbinder bezeichnete Gewindeanschluss ist bei allen Rollenmeißeln zu finden.

***F**ull-**H**ole-Verbinder* (s. Bild 4.26) vermeiden die starke Querschnittsverengung im Zapfen. Sie weisen eine größere Bohrung als der REG-Verbinder auf, obwohl die Rohre noch eine Innenstauchung haben [4-8]. Dafür ist der Außendurchmesser größer als der des REG-Verbinders. Der FH-Verbinder ist praktisch eine Zwischenstufe zwischen Regular- und Internal-Flush-Verbinder.

Der ***I**nternal-**F**lush-Verbinder* wurde zuletzt standardisiert und wird normalerweise an einem nach außen verdickten Gestängerohr angebracht, so dass ein innen glatter Durchgang entsteht. Der Außendurchmesser des IF-Verbinders ist relativ groß. Es liegen insgesamt bessere hydraulische Bedingungen vor [4-8].

---

[10] XH-Gestänge sind mit einem IF-Verbinder (z. B. ein 4 1/2" IF-Verbinder mit einem 5" Bohrrohr = 5" XH-Gestänge). Der erweiterte Innendurchmesser im Rohr verringert den Druckabfall und bei gleicher Wanddicke werden die statischen Werte des Rohres (Materialquerschnitt sowie das polare und äquatoriale Widerstandsmoment) erhöht [4-13].

Der ***NC**-Verbinder* ist ein numerierter Verbinder (**N**umbered Rotary Shouldered **C**onnection) gemäß API-Spezifikation 7. Im NC-System wird der Verbinder mit einer Buchstabenkombination NC und einer zweistelligen Zahl bezeichnet. Ein Beispiel soll das verdeutlichen: NC 38 (NC = Numbered Connection; 38 = 3,808" Durchmesser am Messpunkt des Zapfens).

NC-Verbinder und IF-Verbinder sind untereinander austauschbar, soweit ihre Durchmesser zueinander passen.

Beim *XH-Verbinder* (Extra-Hole-Verbinder) wird ein Gestängerohr mit einem Verbinder versehen, der in seinem Außendurchmesser dem IF-Verbinder des nächst kleineren Gestängerohres entspricht. Dies ist möglich, weil das Rohr mit einer Innenstauchung versehen ist.

Der Vorteil des XH-Gestänges liegt darin, dass bei gleichbleibender Wanddicke durch den größeren Rohrdurchmesser die Übertragung von höheren Drehmomenten und Zugkräften möglich ist. Der Innendurchmesser (= lichter Querschnitt) des Rohres bedeutet bessere hydraulische Verhältnisse.

Verbinderpanzerung

Der Außendurchmesser der Gewindeverbinder ist immer größer als der des Bohrgestänges. Daher unterliegen die Gewindeverbinder besonders großen Verschleißerscheinungen beim Bohren. Um eine rasche Abnutzung zu verhindern, wird eine Oberflächenhärtung, die so genannte Verbindungspanzerung, auf das untere Drittel des Verbindermuffenteils aufgebracht.

4.3.1.3 Inspektion des Bohrgestänges

Das Bohrgestänge wird beim Bohren mit dem HDD-Verfahren hohen mechanischen Einflüssen ausgesetzt. Das hat folgende Gründe:

1. Beim horizontalen Bohren wird bei jeder Richtungsänderung der Bohrstrang an die Bohrlochwand gedrückt und unterliegt dort einer erhöhten Reibung und Biegung.
2. Die Spülflüssigkeit ist im Vergleich zum Vertikalbohren wesentlich stärker mit Bohrklein belastet und kann abrasiv wirken.
3. Das Aufweiten des Bohrloches erzeugt große Drehmomente und Zugkräfte, die sich überlagern und vom Bohrgestänge zusammen mit den Punkten 1. und 2. aufgenommen werden müssen.

Der vorstehende Sachverhalt legt nahe, das Bohrgestänge einer regelmäßigen Inspektion zu unterziehen. Inspektionen sind nach API vorgeschrieben, um Gestängebrüche und teure Fangarbeiten zu vermeiden.

Inspektionskriterien sind die Wanddicke, die Einsatzdauer, Verformungen und sichtbare Beschädigungen der Rohre und der Gewindezustand der Verbinder. Es gibt für die Oberflächenbeschaffenheit Grenzwerte, nach denen das Gestänge eingeordnet werden kann. Die Inspektion kann mittels zerstörungsfreier Werkstoffprüfung durch Ultraschall, Magnetisierung oder Röntgen erfolgen.

Visuelle Prüfungen reichen nicht aus, sollten aber zusätzlich vor jedem Gestängeeinsatz erfolgen. Mit dem von TUBOSCOPE-VECTO angewandten VECTOLOG-Verfahren können die nachstehenden Mängel erkannt werden.

Bei der Inspektion des Bohrgestänges wird zwischen Haupt- und Zwischenuntersuchungen unterschieden.

Hauptuntersuchungen sollten gemäß API in Intervallen von einem Jahr durchgeführt werden. Dabei soll das Bohrgestänge auf folgende Mängel untersucht werden:

- Längs-, Quer- und dreidimensionale Fehler, Wanddickenverringerung und Außendurchmesser
- Untersuchung auf Längs- und Querfehler in der Stauchzone
- Untersuchung der Verbinder auf Längs- und Querrisse, auf Zapfenlängung und Muffenweitung und auf mechanische Beschädigungen

Die *Zwischenuntersuchungen* finden auf den Baustellen statt. API sieht hier kein zeitliches Intervall für die Zwischenuntersuchungen vor. Es empfiehlt sich aber, das Bohrgestänge zumindest vor und nach einer Bohrmaßnahme zu überprüfen. Auffällige Bohrstangen, die Schäden aufweisen, sollten gekennzeichnet und nicht mehr eingesetzt werden. Die Einsatzhäufigkeiten der einzelnen Bohrstangen sollten kontrolliert werden.

4.3.1.4 Einteilung von Bohrgestängen nach API

Die gebrauchten Gestänge lassen sich nach ihrem Gebrauchszustand einteilen. API sieht dafür folgende Regelung vor (**Tabelle 4.4**):

1. Class 1 (fabrikneu)
2. Premium Class
3. Class 2
4. Class 3
5. Class 4

Die aufgeführten Kriterien führen zu einer Reduzierung der Außen- und Innendruckfestigkeit sowie zur Reduzierung der Zug-, Druck- und Torsionsbelastungen des Bohrgestänges. Die Einstufung der gebrauchten Rohre erfolgt dadurch, dass die Verbinderschulter der Zapfenhälfte des Rohres deutlich durch das Aufbringen eines Farbringes markiert wird. Für die verschiedenen Güteklassen ist folgendes Farbschema vorgesehen, siehe **Tabelle 4.5**.

Tabelle 4.4: Einteilung gebrauchter Rohre nach API [4-8]

Güteklasse des Rohres	Farbmarkierung/Farbencode
Class 1	1 weißer Ring
Premium Class	2 weiße Ringe
Class 2	1 gelber Ring
Class 3	1 blauer Ring
Class 4	1 grüner Ring
Schrott	1 roter Ring

Tabelle 4.5: Farbmarkierungen gebrauchter Rohre nach API [4-8]

Güteklasse des Rohres	Farbmarkierung/Farbencode
Class 1	1 weißer Ring
Premium Class	2 weiße Ringe
Class 2	1 gelber Ring
Class 3	1 blauer Ring
Class 4	1 grüner Ring
Schrott	1 roter Ring

Treten am Verbinder reparierbare Beschädigungen auf, sollen gemäß API drei um 120° versetzte grüne Streifen auf den beschädigten Verbinder aufgebracht werden. Sie symbolisieren, dass eine Reparatur auf der Baustelle möglich ist. Rote Streifen kennzeichnen Schrott oder eine ggf. mögliche Reparatur in einer Werkstatt [4-8].

4.3.1.5 Übergänge

Übergangsstücke von einem Gewinde auf ein anderes haben in der Regel zwei Aufgaben:

- Verbindung von Bohrstrangelementen mit verschiedenen Verbindertypen
- Schonung der teuren Stangenteile, deren Gewinde nach Verschleiß schwierig oder nicht nachzuschneiden sind

Die Übergangsstücke werden aus Schwerstangenmaterial angefertigt und wie die Verbinder maschinell hergestellt. Die Gewinde werden genau so wie die der Schwerstangen oder Verbinder-Gewinde nachbehandelt. API hat in seiner Spec. 7 Richtlinien für die Ausführung von Übergangsstücken festgelegt.

4.4 Bohrwerkzeuge

Die Bohrwerkzeuge beim HDD-Verfahren werden nach verschiedenen Gesichtspunkten unterteilt. Dabei stehen Kriterien wie Aufbau des Werkzeuges, Art der Lösearbeit und die derzeitige Arbeitsphase der HDD-Maßnahme im Vordergrund.

Aus diesen Randbedingungen ergibt sich folgendes Schaubild, siehe **Bild 4.30**.

4.4.1 Werkzeuge für die Pilotbohrung

4.4.1.1 Arbeitsweise der Bohrwerkzeuge

In der Bohrtechnik kommen zwei Typen von Bohrwerkzeugen zum Einsatz. Sie arbeiten entweder hydraulisch oder mechanisch. Die mechanisch arbeitenden Bohrwerkzeuge werden teilweise hydraulisch angetrieben. Ihr Einsatz steht in einem direkten Zusammenhang mit der anstehenden Geologie.

Die Formationen werden während der Pilotbohrung in Abhängigkeit von ihrer Zusammensetzung, ihrer Lagerungsdichte und der Druckfestigkeit entweder hydraulisch oder mechanisch gelöst, bzw. zerstört.

Hydraulischer Abbau

Der hydraulische Abbau von Formationen wird als Spülbohren oder Jetten bezeichnet. Der Prozess des Lösens von Gesteinsteilchen von der Ortsbrust verläuft wie folgt:

Die Spülung tritt unter hohem Druck aus einer oder mehreren Düsen aus und prallt mit großer Energie auf die Ortsbrust. Die kinetische Energie ermöglicht es der Spülung, in feinste Klüfte und Poren einzudringen. Durch das Eindringen der Spülung werden die dort vorhandenen Druckverhältnisse verändert und vorhandene Spalten und Klüfte erweitert. Dadurch reduziert sich die Standfestigkeit des Gesteins an der Ortsbrust.

Die Spülung, die in diese Räume eindringt, beginnt einzelne Gesteinsteilchen zu umfließen. Durch das Umspülen der Gesteinsteilchen werden diese hydraulisch aus ihrem natürlichen Gefüge gelöst und von der Ortsbrust entfernt. Dieser Vorgang setzt sich kontinuierlich fort und kann zusätzlich durch das Andrücken des Meißels an die Ortsbrust beeinflusst werden.

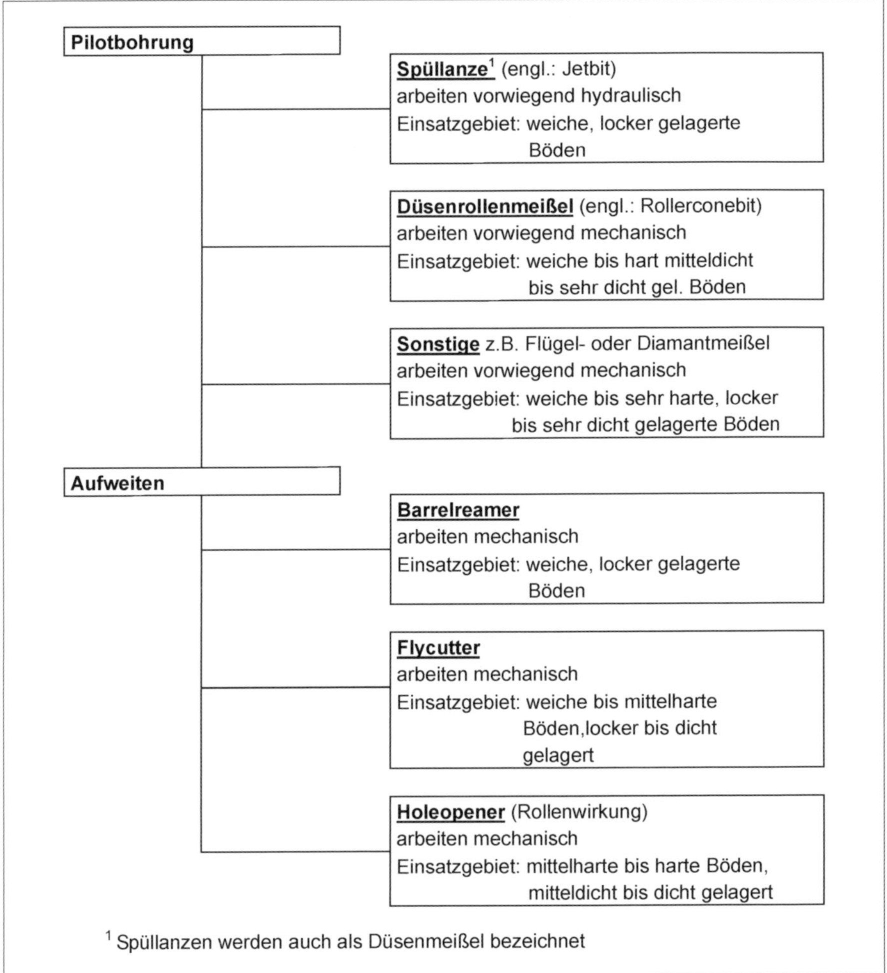

Bild 4.30: Schematische Unterteilung der Einsatzbereiche von Bohrwerkzeugen

Der Druck der Spülflüssigkeit an der Ortsbrust wird durch die Anzahl der Düsen, dem Düsendurchmesser und der jeweils angewandten Maschinentechnik bestimmt. Der zum Abbau erforderliche Druck ergibt sich aus der abzubauenden Formation, der Entfernung des Düsenmundes von der Ortsbrust und der Volumenstromrate (mit einem festgelegten Pumpendruck p (N/mm^2)).

Die Spülungspumpen mit ihren Parametern Volumenstrom V und Pumpendruck p sind die wesentlichen Einflussfaktoren. Die Düsen müssen den Pumpenparametern angepasst werden.

Bei einem zu hohen Druck auf der Ortsbrust besteht die Gefahr, dass in der Formation Risse (= fracs) entstehen. Diese Fracs können in ungünstigen Fällen zu Spülungsaustritten an der Oberfläche führen, das aufgrund der Gefährdung von Natur und Verkehr unbedingt vermieden werden muss.

Mechanischer Abbau

Bei Gesteinsformationen ist der hydraulische Abbau nicht mehr möglich. Hier werden z. B. Rollenmeißel verwendet, die die Ortsbrust durch Rotation und Druck abbauen. Diese Rotation kann durch die Drehung des Gestänges hervorgerufen werden. In erster Linie werden diese Rollenmeißel aber durch sogenannte Mud-Motoren (s. Kapitel 4.4.3) angetrieben.

4.4.1.2 Werkzeuge für den hydraulischen Abbau

Spüllanzen

Spüllanzen (**Bild 4.31**) werden generell nur für die Pilotbohrung verwendet. Es handelt sich um Bohrmeißel, die ihre Arbeit erodierend und mechanisch verrichten. Sie weisen i.d.R. eine zylindrische Form auf und sind mit Hartmetallplatten bzw. -schneiden ausgerüstet.

Die Spüllanzen (bzw. Jetbits) unterscheiden sich nach Länge und Durchmesser, der Anzahl und Art der Düsen und durch ihre Steuerfläche (= Exzentrizität).

1. *Länge und Durchmesser:*

   Der Durchmesser der Spüllanze hängt primär von dem Durchmesser des verwendeten Bohrgestänges ab. Kleine Jetbits haben einen Durchmesser von 40 mm, große Meißel können einen Durchmesser von > 160 mm aufweisen. Mit dem Durchmesser wird gleichzeitig das Maß seines Gewindes bestimmt. Bei den Gewinden handelt es sich in der Regel um amerikanische Größen, die den Tabellen des API entnommen werden können. In der Länge beginnen die Spüllanzen bei ca. 300 mm.

2. *Anzahl und Art der Düsen:*

   Die Anzahl der Düsen einer Spüllanze liegt i. A. nicht über drei Düsen. Sie unterscheiden sich durch ihre Anordnung und ihren Durchmesser. Der Durchmesser der Düsenaustrittsöffnung liegt i. d. R. zwischen etwa 1 mm und 10 mm. Als Faustregel gilt, dass der Düsenöffnungsdurchmesser in Abhängigkeit vom Bohrlochdurchmesser und von der Leistung der Spülungspumpe zunimmt. Ein weiteres Unterscheidungsmerkmal besteht darin, dass die Düsen entweder austauschbar oder fest eingebaut sind. Oft werden sie zum Schutz vor äußeren mechanischen Einflüssen in den Spülkopf eingelassen. Die Düsen können aus einem Hartmetall, keramischen oder Saphir[11]-Werkstoffen bestehen.

[11] Besonders für Hochdruck-Düsenstrahlbohren [99]

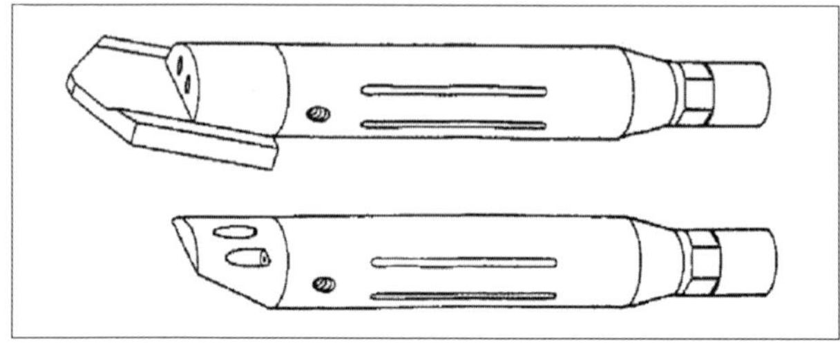

Bild 4.31: Spüllanzen: „Universal Bohrkopf" (oben) und „Sandbohrkopf" (unten) [4-14]

3. *Exzentrizität:*

   Die Exzentrizität kann auf verschiedene Weise erzielt werden. Ihr Ziel ist es, ein optimales Abbohren von nicht linearen Bohrachsen zu ermöglichen. In allen Fällen stellt sie sich als eine Abweichung von der Längsachse der Bohrrichtung der Spüllanze dar. Es werden Möglichkeiten aufgeführt, mit denen sich diese Abweichung erzielen lässt.

   - Exzentrische Anordnung der einzelnen Düse bzw. der Düsen: Das heißt, dass die Düse/n nicht mehr symmetrisch über die Spitze der Spüllanze verteilt ist/sind, sondern beispielsweise nur noch an einer Seite der Spüllanzenspitze zu finden ist/sind.
   - Diagonaler Einbau der Düse/n zur Längsachse: Die Düse/n werden in einem Winkel, der um ca. 1° bis 20° von der Längsachse abweicht, eingebaut.
   - Der Spüllanze kann, um eine Richtungsänderung zu erreichen, an ihrer Spitze einseitig angeschrägt werden.
   - Abwinkelung der Spüllanze: Es ist möglich, dass der Meißel im Verlauf seiner Längsachse eine Winkeländerung aufweist. Diese liegt dann i.d.R. zwischen 0,5° und 3°. Es gibt auch Spüllanze, bei denen diese Winkelveränderung vor dem Bohren einstellbar ist. Dies ist nicht stufenlos möglich. Die Zwischenschritte schwanken zwischen 0,1° und 0,5°.
   - Kombination der oben aufgeführten Verfahren.

Düsen

Die zur Anwendung kommenden Spüldüsen werden technisch korrekt als Spritzdüsen bezeichnet.

Bei Spüllanzen liegt ihre Aufgabe darin, die anstehenden Formationen hydraulisch abzubauen. Die Düsen unterstützen bei anderen Bohrwerkzeugen den mechanischen Abbau.

Die Düsenparameter lassen sich den Bohrerfordernissen anpassen (Anzahl, Durchmesser, Düsenöffnungsfläche usw.). Hieraus ergibt sich, dass für eine Bohrung grundsätzlich verschiedene Düsen verwendet werden können, soweit sie austauschbar sind und das gleiche „Zapfen“- und „Muffengewinde“ haben. Zur Anwendung kommen üblicherweise Hohlkegeldüsen, Vollkegeldüsen und Vollstrahldüsen:

- Die Hohlkegeldüsen haben eine beidseitig konische Form (= Jet-Form).
- Die Vollkegeldüsen können zylindrische Düsen mit abgeschrägtem Einlauf, konische Düsen oder Düsen vom „Jet“-Typ sein.
- Die Vollstrahldüsen können von zylindrischer Form oder auch vom „Jet“-Typ sein [4-14, 4-15].

Das Strahlbild eines Vollstrahles ist punktförmig, beim Hohlkegel ist es rund und in der Mitte frei.

Der Vollstrahl ist zunächst nichts anderes als ein geschlossener Flüssigkeitsstrahl, der durch eine Öffnung austritt. In der Praxis gleichen sich die Strahlbilder der Düsen stark. Der Grund dafür liegt im hohen Spüldruck und der Viskosität der Spülflüssigkeit. Diese Parameter bestimmen auch den Wirkungsgrad des hydraulischen Abbaus. Beim HDD-Verfahren wird mit Vollstrahlen zum hydraulischen Abbau der Formationen gearbeitet.

Aufpralldruck

Der Aufpralldruck, d.h. die Einwirkung eines Spülstrahles auf die Ortsbrust wird auf verschiedene Weisen definiert. Bei der Beurteilung von Düsen ist die Definition des Aufpralldrucks in (N/mm²) bzw. (Kraft/Fläche) sehr aussagefähig.

Die Aufprallkraft ist von den Düsenparametern abhängig. Düsen haben i. A. eine Wirklänge, die dem vier- bis achtfachen Durchmesser der Düsenöffnung entspricht. Eine Spüllanze mit einem Düsendurchmesser von 6 mm sollte daher für einen erfolgreichen Formationsabbau nicht mehr als ca. 36 mm von der Ortsbrust entfernt sein [4-16].

Um die Aufprallkraft einer bestimmten Düse zu ermitteln, muss zunächst der Gesamtaufpralldruck berechnet werden. Die Berechnung der Gesamtaufprallkraft basiert auf dem Impulssatz zur Ermittlung der Krafteinwirkungen, die infolge von Geschwindigkeitsänderungen auf umströmte Körper ausgeübt werden.

Die Geschwindigkeitsänderungen (vergleiche hierzu **Bild 4.32**) können sowohl den Betrag, als auch die Richtung betreffen. Es genügt, beim Impulssatz die Strömungsverhältnisse am Eintritt und am Austritt des zu untersuchenden Strömungsraumes zu kennen. Als Impuls oder Bewegungsgröße wird in der Mechanik das Produkt aus Masse und Geschwindigkeit bezeichnet.

Die Impulskraft entspricht bei unvollkommener Umlenkung der Aufprallkraft [4-13]:

$$I = m \cdot v \cdot g \tag{4-3}$$

I = Impuls (Ns)

m = Masse (kg)

v = Geschwindigkeit (m/s)

g = Gewichtkraft m/s²)

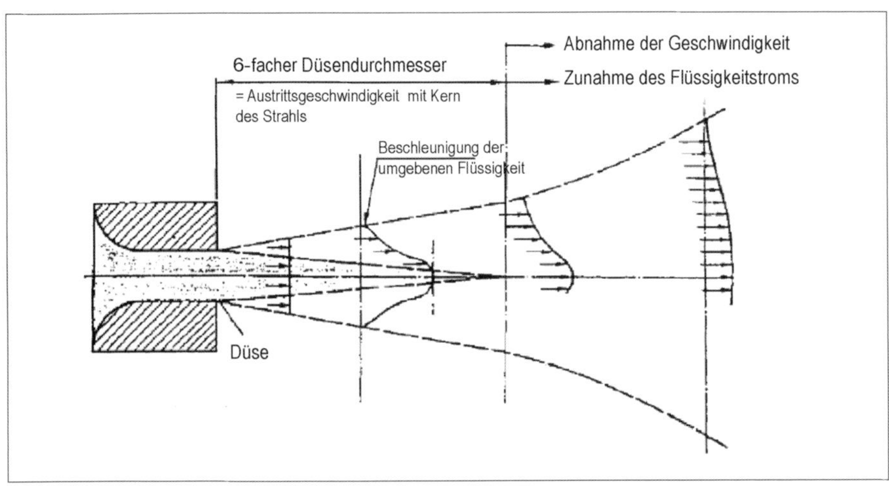

Bild 4.32: Geschwindigkeitsverhältnisse des in der Spülung austretenden Düsenstrahls in Abhängigkeit der Entfernung und von der Austrittsstelle nach Elbo und Hoch [4-17]

Die Impulskraft beim Austritt berechnet sich wie folgt:

$$F_I = \rho \cdot V \cdot v_a \tag{4-4}$$

F_I = Impulskraft)N)

ρ = Dichte (kg/dm³)

V = Volumenstrom (dm³/s);

v_a = Austrittsgeschwindigkeit (m/s)

Für die Dichte wird ein der Spülflüssigkeit entsprechender Wert eingesetzt.

Der Volumenstrom V berechnet sich wie folgt:

$$V = \frac{d_s^2 \cdot \pi \cdot v_a}{4 \cdot n} \tag{4-5}$$

d_s = Durchmesser des Spülflüssigkeitsstrahles beim Austreten aus der Düse (m)

v_a = Austrittsgeschwindigkeit (m/s)

n = Anzahl der Düsen

Mit Hilfe der Kontinuitätsgleichung (Gl. 4-6) und der Bernoulligleichung wird v_a berechnet:

$$v = A_1 \cdot v_1 = A_2 \cdot v_2 = \text{const.} \tag{4-6}$$

A = Querschnittsfläche der Düse (m)

v = Fließgeschwindigkeit (m/s)

Mit der Bernoulligleichung wird der Druckverlust in der Düse berechnet[12].

$$\frac{v_1^2}{2 \cdot g} + \frac{p_1}{\rho \cdot g} = \frac{v_2^2}{2 \cdot g} + \frac{p_2}{\rho \cdot g} \tag{4-7}$$

$$v_a = \sqrt{\frac{2 \cdot p_1}{\rho \cdot \left[1 - \left(d_s / d_r\right)^4\right]}} \tag{4-8}$$

$p_{1\text{-}2}$ = Überdruck am Ein- und Austritt des Düsenmundstückes (N/m²)

ρ = Dichte (kg/dm³)

d_s = Durchmesser des Spülflüssigkeitsstrahles beim Austreten aus der Düse (m)

d_r = Innendurchmesser der Düsenkammer (m)

g = Gewichtskraft (m/s²)

Tabelle 4.6 zeigt den Einfluss verschiedener Parameter auf Düsenkennwerte.

12 Ist nur theoretisch in dieser Form möglich [4-15]

Tabelle 4.6: Düsenkennwerte und Einflussfaktoren (* = bei Voll- und Hohlkegeldüsen ansteigend;** = Maß für das Auffächern des Spülungsstrahles nach Austritt aus der Düse, abhängig von der Distanz zwischen Düse und Ortsbrust sowie den Düsenparametern) [4-15]

Düsenkennwerte / Einflussfaktoren	erhöhter Spülungsdruck	erhöhte Dichte der Spülung	erhöhte Viskosität der Spülung	erhöhte Oberflächenspannung
Strahlqualität	besser	unbedeutend	schlechter	unbedeutend
Volumenstrom V	steigt	abnehmend	*	kein Einfluss
Spritzwinkel**	eher ansteigend	unbedeutend	abnehmend	abnehmend
Strahlkraft	ansteigend	proportional ρ^1	abnehmend	unbedeutend
Verschleiß	ansteigend	unbedeutend	abnehmend	kein Einfluss

[1)] ρ = Spülungsdichte

Verschleiß

Äußere Belastungen und der Einfluss von Feststoffen in der Spülung, denen die Düsen beim Bohren ausgesetzt sind, fördern Verschleißerscheinungen. Die inneren Belastungen äußern sich durch einen Verschleiß an der Düsenaustrittsgeometrie. Damit nimmt die Austrittsgeschwindigkeit der Spülung ab. Da mit hydrostatischen Pumpen gearbeitet wird, kann sich der Volumenstrom nicht vergrößern und daraus resultiert eine Reduzierung der Strahlqualität und der Aufprallkraft der Spülstrahlen.

Bei den Hohl- und den Vollkegeldüsen verringert sich mit zunehmender Abnutzung die Gleichförmigkeit der Flüssigkeitsverteilung. Dabei tritt jedoch keine wesentliche Änderung der Strahlbreite ein.

Die Abnutzung, der Verschleiß, ist vom Material der Düsen und der Spülungsqualität abhängig. Im Vergleich zu Düsen aus gehärtetem Edelstahl halten Düsen aus keramischen Verbindungen ca. 11-mal und Düsen aus Carbidverbindungen ca. 17-mal länger gleichen Belastungen stand [4-17].

Wartung

Die Düsen sollten, wenn sie austauschbar sind vor und nach jedem Bohrvorgang zumindest einer visuellen Inspektion unterzogen werden. Dabei gibt es einige typische Verschleißerscheinungen [4-15]:

- Korrosion
- Verstopfung
- Ablagerungen
- Unsachgemäße Montage
- Unfallschäden

Auswahl von Spüldüsen

Düsen können, sofern sie austauschbar sind, den jeweiligen Bohrparametern angepasst werden. Es wird die Anzahl und der Durchmesser der für die jeweilige Bohrphase zum Einsatz kommenden Düsen bestimmt.

Zur Bestimmung der Düsenparameter muss folgendes vorher bekannt sein:

- Der geplante, durchschnittliche Arbeitsdruck P (bar; 1 bar = 14,3 psi) der Spülpumpe, um beim Einsatz eines Vorortantriebes (Bohrmotor) auch das erforderliche Drehmoment (zum Gesteinsabbau) für den Meißel zu erhalten[13].
- Der erforderliche Volumenstrom für die Düsen entspricht dem Gesamtvolumenstrom V (l/min; 1 l/min = 0,264 gpm = 0,009 bbl/min). Der notwendige Volumenstrom[14] bestimmt sich nach dem Austrag des Bohrkleins in Abhängigkeit von der Bohrfortschrittsgeschwindigkeit. Aufgrund des Druckabfalls im Motor steht evtl. weniger Druck für die Meißelhydraulik zur Verfügung.
- Die Dichte δ der Spülung (ohne Bohrklein) muss bekannt sein (kg/dm³; 1 kg/dm³ = 0,121 PPG).

Die erforderliche Fläche A_D (mm) kann mit der folgenden Formel [4-18, 4-19] berechnet werden:

$$A_D = \sqrt{\frac{V^2 \cdot m}{P \cdot 6500}} \qquad (4\text{-}9)$$

mit:

V = Gesamtvolumenstrom (l/min)

P = durchschnittlicher Arbeitsdruck (bar)

m = Dichte der Spülung (kg/d³)

Diese Formel ist eine Zahlenwertgleichung. V ist in gal/min, m in PPG und P in psi einzusetzen[15]. Düsendurchmesser werden in 32-stel Zoll angegeben. Der Wert aus der Gleichung wird mit **Tabelle 4.7** verglichen. In Abhängigkeit der Anzahl der Düsen, die zum Einsatz kommen sollen, wird eine der Spalten ausgewählt.

Im Anschluss werden noch einige hydraulische Formeln zur Berechnung von Düsen aufgeführt: [4-15, 4-19, 4-20]:

1. Berechnung der *Düsenfläche* A_D (cm²):

$$A_D = 0{,}7854 \cdot D_D^2 \cdot n = \frac{\pi}{4} \cdot D_D^2 \cdot n \qquad (4\text{-}10)$$

D_D = Düsendurchmesser (cm)

n = Anzahl der Düsen

2. Berechnung des *Düsendurchmessers* D_D (cm):

$$D_D = \sqrt{\frac{4 \cdot A_D}{\pi \cdot n}} \qquad (4\text{-}11)$$

A_D = Düsenfläche (cm²)

n = Anzahl der Düsen

[13] D.h., der am Bohrmotor auftretende Druckabfall wird bestimmt.

[14] Wird auch als Pumprate bezeichnet

[15] Die Zahlenwertgleichungen (10) bis (12) entsprechen (9), arbeiten aber mit SI-Einheiten

Tabelle 4.7: Tabelle zur Ermittlung der Düsenfläche (1 gpm = 3,785 l/min; 1 psi = 0,7 N/cm²) [4-18]

		Fläche in Abhängigkeit der Anzahl der Düsen																			
Düsen-durch-messer		**1 Düse**		**2 Düsen**		**3 Düsen**		**4 Düsen**		**5 Düsen**		**6 Düsen**		**7 Düsen**		**8 Düsen**		**9 Düsen**		**10 Düsen**	
in	cm	in²	cm²	in²	cm²	in²	cm²	in²	cm²	in²	cm²	in²	cm²	in²	cm²	in²	cm²	in²	cm²	in²	cm²
7/32	0,6	0,04	0,2	0,08	0,5	0,11	0,7	0,15	1,0	0,19	1,3	0,23	1,5	0,23	1,5	0,31	2,0	0,34	2,2	0,38	2,4
8/32	0,6	0,05	0,3	0,10	0,6	0,15	0,9	0,20	1,3	0,25	1,6	0,30	1,9	0,34	2,2	0,39	2,5	0,44	2,9	0,49	3,2
9/32	0,7	0,06	0,4	0,12	0,8	0,19	1,2	0,25	1,6	0,31	2,0	0,37	2,4	0,44	2,8	0,50	3,2	0,56	3,6	0,62	4,0
10/32	0,8	0,08	0,5	0,15	1,0	0,23	1,5	0,31	2,0	0,38	2,5	0,46	3,0	0,54	3,5	0,61	4,0	0,69	4,5	0,77	4,9
11/32	0,9	0,09	0,6	0,19	1,2	0,28	1,8	0,37	2,4	0,46	3,0	0,56	3,6	0,65	4,2	0,74	4,8	0,84	5,4	0,93	6,0
12/32	1,0	0,11	0,7	0,22	1,4	0,33	2,1	0,44	2,9	0,55	3,6	0,66	4,3	0,77	5,0	0,88	5,7	0,99	6,4	1,10	7,1
13/32	1,0	0,13	0,8	0,26	1,7	0,39	2,5	0,52	3,3	0,65	4,2	0,78	5,2	0,91	5,9	1,04	6,7	1,17	7,5	1,30	8,4
14/32	1,1	0,15	1,0	0,30	1,9	0,45	2,9	0,60	3,9	0,75	4,8	0,90	5,8	1,05	6,8	1,20	7,7	1,35	8,7	1,50	9,7
15/32	1,2	0,17	1,1	0,34	2,2	0,52	3,3	0,69	4,4	0,86	5,5	1,03	6,7	1,20	7,8	1,38	8,9	1,55	10,0	1,73	11,1
16/32	1,3	0,20	1,3	0,39	2,5	0,60	3,8	0,78	5,1	0,98	6,3	1,18	7,6	1,37	8,9	1,57	10,1	1,76	11,4	1,96	12,7
18/32	1,4	0,25	1,6	0,50	3,2	0,75	4,8	1,00	6,4	1,25	8,0	1,49	9,6	1,74	11,2	1,99	12,9	2,24	14,5	2,49	16,0
20/32	1,6	0,30	2,0	0,6	4,0	0,92	5,9	1,23	7,9	1,54	9,9	1,84	11,9	2,15	13,9	2,45	15,8	2,76	17,8	3,07	19,8
22/32	1,7	0,37	2,4	0,7	4,8	1,11	7,2	1,48	9,6	1,86	12,0	2,23	14,4	2,60	16,8	2,97	19,1	3,34	21,5	3,71	23,9
24/32	1,9	0,44	2,8	0,88	5,7	1,36	8,5	1,77	11,4	2,21	14,3	2,65	17,1	3,09	19,9	3,53	22,8	4,0	25,7	4,42	28,5

3. Berechnung des *Drucks* P_D (bar) am Düsenaustritt:

$$P_D = \frac{V^2 \cdot m}{6565{,}5 \cdot A_D^2} \qquad (4\text{-}12)$$

V = Volumenstrom (l/min)

m = Dichte der Spülung (kg/l bzw. kg/dm³)

A_D = Düsenfläche (dm²)

4. Berechnung der *hydraulischen Leistung* W_{HD} (Watt) an den Düsen [3-16]:

$$W_{HD} = P_D \cdot V \cdot 10^{-3} \qquad (4\text{-}13)$$

P_D = Druckabfall an den Düsen (N/m²; 1 bar = 0,1 N/mm²)

V = Volumenstrom (m³/s)

5. Berechnung der *hydraulischen Kraft* F_{HD} (N) der Düsen:

$$F_{HD} = 0{,}2216 \cdot V \cdot \sqrt{P_D \cdot m}$$

$$F_{HD} = 0{,}00275 \cdot \frac{V^2 \cdot m}{A_D} \qquad (4\text{-}14)$$

V = Volumenstrom (l/min)

P_D = Druckabfall an den Düsen (bar)

m = spez. Masse der Spülung (kg/l bzw. kg/dm^3)

A_D = Düsenfläche (cm^2)

6. Berechnung der *Spülungsgeschwindigkeit* v_D (m/min) an der Düse:

$$v_D = \frac{V}{A_D} \tag{4-15}$$

V = Volumenstrom (m^3/min)

A_D = Düsenfläche (m^2)

Sonderformen der Spüllanze

Die normale Ausführung der Spüllanzen reicht in einzelnen Fällen nicht aus. Daher haben sich Sonderformen in der Horizontalbohrtechnik etabliert. Im Folgenden werden drei dieser Sonderformen vorgestellt.

1. Für Fließsande und torfige Böden wurde eine Verbesserung der Steuerfähigkeit der Spüllanze angestrebt. In diesen Böden lässt sich das Bohrgestänge sehr schlecht steuern. Es wird eine diagonal zur Längsachse ausgerichtete Gegenkraft benötigt, um eine gewünschte Richtungsänderung zu erreichen. Diese ist in locker gelagerten Böden mit geringer Tragfähigkeit kaum zu erzielen. Bei einer an der Spitze abgeschrägten Spüllanze wurde deshalb an der diagonalen Fläche eine seitlich überstehende Platte angebracht. Sie hat den Sinn, eine größere Fläche zu bieten, durch die eine höhere Gegendruckkraft erreicht wird. Diese Spüllanze setzt allerdings ein weitgehend homogenes (= gleichförmiges) Gebirge voraus. Tritt der Meißel in härtere Formationen ein, ist mit einer Beschädigung der Platte zu rechnen.
2. Um Hindernisse zu durchbohren kann ein spezieller Schneidekranz auf die Spitze der Spüllanze montiert werden (**Bild 4.33**). Dieser Kranz besteht aus Hartmetallschneiden (z. B.: Widia). Wird ein Hindernis angetroffen, soll es durch das vorsichtige Vorschieben und gleichzeitige Drehen des Bohrgestänges durchbohrt werden können. Diese Konstruktionen haben den Nachteil, dass sie sehr schwer steuerbar sind.

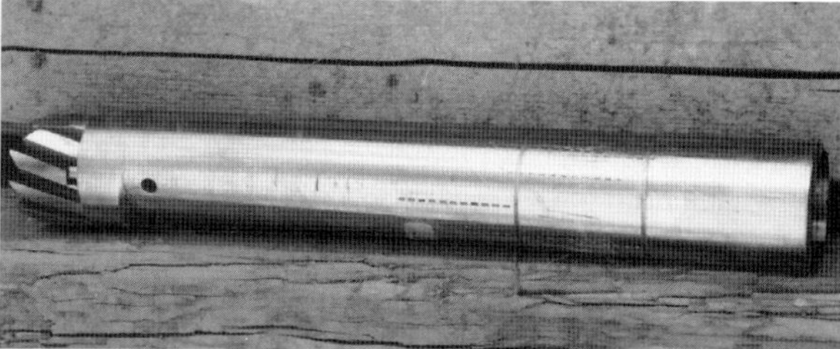

Bild 4.33: Spüllanze mit Schneidekranz [4-5]

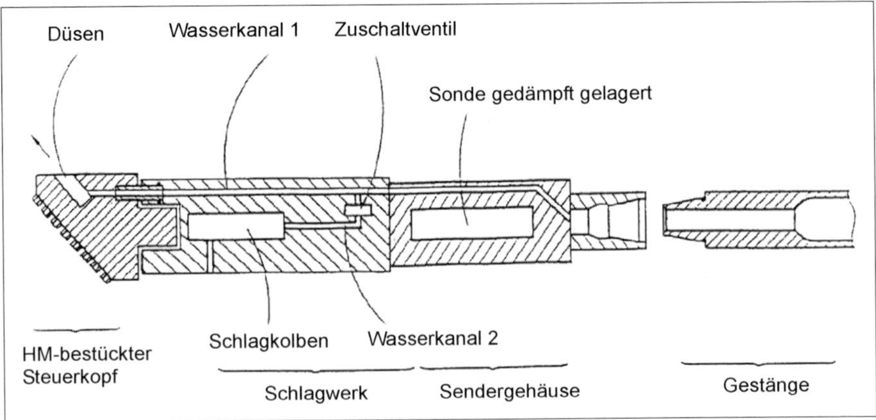

Bild 4.34: Schematischer Aufbau eines Schlagkopfes [4-21]

3. Eine weitere spezielle Ausbildung von Spüllanzen ist der spülungsgetriebene Schlagkopf (**Bild 4.34**). Eine Spüllanze ist um ein hydraulisch betriebenes Schlagwerk erweitert worden.

   Die Spüllanze wird von der Spülflüssigkeit durchströmt. Trifft sie auf eine härtere Formation, die das herkömmliche Spülbohren nicht zulässt, kann der Spülungsdruck erhöht werden. Ab einem Druck von 100 bar öffnet sich ein Zuschaltventil und der Schlagkolben wird aktiviert. Die Spitzen der Spüllanze werden durch den Schlagkolben, einer Bodenrakete gleich, gegen die anstehende Formation getrieben. Hartmetalleinlagen schützen dabei den Steuerkopf vor übermäßigen Abriebserscheinungen. Gemäß den Angaben des Herstellers lassen sich so Formationen der Bodenklasse 5 (VOB, Teil C, DIN 18300) durchörtern. Eine Positionsbestimmung wird durch eine gedämpft gelagerte Messsonde ermöglicht.

Die Vorteile dieser Meißelausbildung liegen in der Kraftübertragung durch hydraulische Energie direkt am Meißel und der Möglichkeit, andere „kleine Bohrgeräte" mit diesem Bohrverfahren nachzurüsten.

4.4.1.3 Werkzeuge für den mechanischen Abbau

Rollenmeißel

Beim Bohren mit Rollenmeißeln handelt es sich um ein drehendes-drückendes Bohrverfahren. Rollenmeißel sind in Gesteinen verschiedener Härte einsetzbar.

Weiche Formationen

Rollenmeißel für weiche Formationen haben lange Zähne (**Bild 4.35**). Es wird daher von Zahnmeißeln gesprochen. Die Wirkungsweise entspricht der einer Keilschneide, die, wenn sie in Ton gedrückt wird, seitlich bewegt werden muss, um Tonmaterial herauszulösen. Zahnmeißel arbeiten hierbei grabend, daher eignen sich lange Zähne besser als kurze. Die langen Zähne können in weicheres Gestein eindringen und das so aufgelockerte Erdreich anschließend lösen. Dieser Vorgang gleicht dem Abheben von Erdreich beim Graben. Soll ein vergleichbarer Effekt mit den Zähnen des Rollenmeißels erzielt werden, muss der Zahn nicht nur in die Formation eindringen und anschließend wieder herausgehoben werden, sondern es wird durch den bei weichen Gestein eingesetzten großen Offset noch eine seitliche Versetzung der Zähne (Scherbewegung) hervorgerufen.

Die Zahnflanken von Rollenmeißeln, die für weiche abrasive Gesteine (quarzitische Tone) ausgelegt sind, können mit Hartmetall belegt sein. Die Zahnflankenwinkel variieren zwischen 42° für weiche und 50° für harte Gesteine. Weichere Gesteine neigen durch ihr plastisches Verhalten zum Verschmieren der Schneideelemente. Deshalb ist es wichtig, dass die Zahnreihen der benachbarten Rollen ineinander greifen. So wird zusätzlich zur Reinigung durch die Bohrspülung ein mechanischer Selbstreinigungs- und Säuberungseffekt bewirkt.

Bild 4.35: Düsenrollenmeißel für weiche Formationen (Zahnrollenmeißel) [4-1]

Weiche - mittelharte Formationen

In mittelharten Gesteinen muss zum Eindringen der Schneide eine größere Kraft aufgebracht werden als in weichen Gesteinen. Deshalb wird der Zahn (= die Schneide), im Vergleich zu Weichgesteinen weniger tief eindringen. Dafür wird die auf die Spitze des Zahnes ausgeübte Kraft größer. Eine stumpfere Form des Zahnflankenwinkels ist das Resultat (im Vergleich zum Weichformationsmeißel).

Mittelharte Formationen

Aus den höheren Gesteinswiderständen resultiert eine noch stumpfere Ausbildung der Zähne bei gleichzeitiger Vergrößerung der Zahnbasis im Verhältnis zur Zahnlänge. Dies führt zu einer großen Anzahl kleiner Zähne, die sich auf den Rollenumfang verteilen.

Der Zahn dringt bei mittelharten Formationen unter Belastung in das Gestein ein. Dabei wird das Gestein unter dem Zahn wie in einem Mörser zerdrückt. Das Porenvolumen des beim Zerdrücken unter dem Zahn befindlichen Gesteins nimmt ab, wodurch das Gestein unter dem Zahn zu einem kugelförmigen Raum verdichtet wird. Bei diesem Prozess bauen sich Spannungen auf, die sich zur Ortsbrust hin entladen. Das Gesteinsteilchen ist mechanisch durch kraterförmige Risse aus seinem Verbund gelöst worden.

Die Zähne bewegen sich seitlich bzw. diagonal (durch die vom Offset bewirkte Versatzbewegung und der von ihm geschaffenen Kerbe). So wird das Gesteinsteilchen verschoben und löst sich aus der Mulde. Dadurch verbreitert sich der Spalt zwischen dem Gesteinsteilchen und dem anstehenden Gebirge soweit, dass die Spülung eindringen kann und das Teilchen von der Ortsbrust abtransportiert wird. Voraussetzung für eine gute Reinigung der Ortsbrust vom Bohrklein sind wirksame hydraulische Verhältnisse an der Ortsbrust.

Harte Formationen

In harten und abrasiven Gesteinen (wie Quarzit und Granit) werden kratzend arbeitende Bohrwerkzeuge stärker verschlissen als die abzubauende Formation selbst. Harte Formationen lassen sich i. A. mit drehschlagenden Bohrverfahren günstig

Bild 4.36: Düsenrollenmeißel für harte Formationen (Warzenrollenmeißel) [4-5]

und effizient abbauen[16]. Das führt zu einem Herausbrechen der Gesteinspartikel aus dem Verband. Dabei wird ein stumpfes Werkzeug (mit großer Kraft) in den Gesteinsverbund hinein getrieben, wodurch im Gestein Spannungen entstehen. Diese führen zum Herausbrechen von Partikeln.

Eine weitere Art der Gesteinszerstörung in harten Formationen kann durch ein kurzfristiges Beaufschlagen der Ortsbrust mit großer Energie erfolgen. Dabei wird das unter dem Bohrwerkzeug befindliche Gestein kurzzeitig sehr stark verdichtet. Die dabei aufgespeicherte Energie im verdichteten Gestein führt nach dem Entfernen des Bohrwerkzeuges zum Lösen des Gesteinspartikels, indem das Gesteinsteilchen „hochspringt“ und absplittert.

Aus der Beschreibung der Arbeitsprozesse vom Hartformationsmeißeln geht hervor, dass die Meißel bzw. ihre Zähne kurze und harte Schläge auf das zu durchörternde Medium ausüben müssen. Auf die in weicheren Gesteinen gewollte Relativbewegung (vom Offset hervorgerufen) muss hier verzichtet werden, da es sonst zu einem sehr hohen Verschleiß des Bohrwerkzeuges kommt. Eine den auftretenden Kräften angemessene Verstärkung der Lager ist zu beachten.

Die Kaliberzahnreihen (= äußerste Zahnreihe an den Meißelrollen), die in harten Formationen den größten Beanspruchungen ausgesetzt sind, werden darüber hinaus mit Hartmetalleinlagen versehen.

Bild 4.36 zeigt einen Warzenrollenmeißel, der bei harten Formationen eingesetzt werden kann.

Düsenrollenmeißel

Der Rollenmeißel (**Bild 4.37**) besteht im Wesentlichen aus den Kegelrollen, der Lagerung (heute werden verstärkt Gleitlager eingesetzt) und den zum Meißelkörper verbundenen drei Pratzen [4-13], der auch das Anschlussgewinde und die Düsensitze trägt [4-16]. Der Rollenmeißel für die Pilotbohrung wird immer so bestellt, dass er einen aus-

[16] Vergleich: Beton-Bohren mit Schlagbohrmaschine

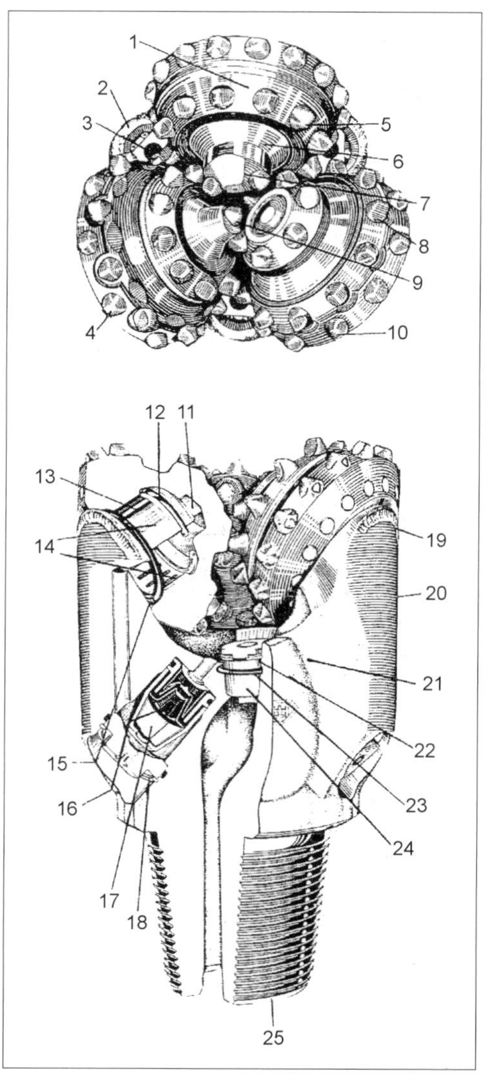

Bild 4.37:
Merkmale und Einzelteile von modernen Rollenmeißeln mit einer automatischen Schmiervorrichtung:
1 Rollenkörper, 2 Düsenfassung, 3 Düse, 4 Hartmetallzahn (Insert), 5 Zahnscheitel, 6 unbesetzte Fläche des Rollenkörpers, 7 innere Zahnreihe, 8 mittlere Zahnreihe, 9 Spitzenpunkt, 10 Kaliberzahn, 11 Führungszapfen, 12 Rollenkörpersicherungsring, 13 Lagerzapfen, 14 spezielle Metallauflagen, 15 Lagerdichtung, 16 Druckausgleichsvorrichtung, 17 Schutzkappe, 18 Schmiereinrichtungsverschluss, 19 Hartmetallbedarf, 20 Meißelpratze, 21 Düseneinfassung, 22 Düsensicherungsring, 23 Rundring, 24 Düse, 25 Markierung am Schaftoberteil: Meißelgröße, Meißelmontagenummer usw.) [4-14]

reichenden Überschnitt aufweist. Die Meißelhersteller geben Empfehlungen für zu dem Meißel passenden Gestänge- und Verbinderdurchmesser. So kann ein problemloser Spülungsrückfluss der mit dem Bohrklein belasteten Spülung gewährleistet werden.

Meißelarme

An den Meißelpratzen befinden sich die Lagerzapfen, auf denen die Kegelrollen angeordnet sind. An der Außenseite befinden sich bei den Meißeln Hartmetallpanzerungen. Diese sollen vor Abrieb schützen.

Düsensitz

Düsensitze sind zwischen den Meißelrollen (was die Düsen gleichzeitig vor mechanischen Einwirkungen schützt) oder/und zentral positioniert. Die Düsen können auch in einer verlängerten Version zur Anwendung kommen. Wird eine Düse mittig im Zentrum des Rollenmeißels angeordnet, hat sie vor allem die Aufgabe, die Ortsbrust vom Zentrum ausgehend zu säubern. Verlängerte Düsen sollen einen besseren Energietransport zur Ortsbrust ermöglichen. Dadurch tritt eine verbesserte Reinigung der Ortsbrust ein, aus der u.a. eine höhere Bohrgeschwindigkeit resultiert. In Düsenrollenmeißeln werden nahezu ausnahmslos Düsen vom Jet-Typ eingesetzt. Die Düsen des Rollenmeißels müssen in Abhängigkeit vom möglichen Hydraulikregime ausgelegt werden [4-13].

Meißelrollen

Meißelrollen sind konisch geformt. Sie sind in einem bestimmten Winkel zur Längsachse des Meißels auf den Lagerzapfen angebracht. Dieser Winkel wird als Journal Angle bezeichnet und ist von der Härte der für den Meißel konzipierten Formationshärte abhängig. Der Achsenwinkel beträgt:

- 33° für weiches Gestein
- 36° für mittelhartes Gestein
- 39° für hartes bis extrem hartes Gestein

Durch die Achsenwinkel wird die Arbeitsweise des Rollenmeißels beeinflusst. Bei kleineren Winkeln können die Meißelzähne vorwiegend grabend und abscherend in weiche Gesteine/Formationen eindringen und das Bohrklein auf diese Weise aus seinem natürlichen Verband lösen. Mit zunehmendem Winkel wirken die Meißelzähne, wie es bei harten Gesteinen prinzipiell erforderlich ist, in erster Linie drückend [4-14].

Die Kontur der Meißelrollen wird vom Journal Angle (= Achsenwinkel) bestimmt. Ziel ist es, dass jede Rolle den ihr zur Verfügung stehenden Raum optimal ausnutzt. Die Meißelrollen für weichere Gesteine werden auf Achsen mit Parallelverschiebung mit einem Offset angeordnet. Hierbei zeigt der Lagerzapfen nicht auf den Mittelpunkt des Rollenmeißels. Das Offset steht in einer direkten Abhängigkeit zur Härte des Gesteins. In harten Gesteinen kommt kein Offset zur Anwendung, da das zu einem extensiven Verschleiß führen würde. Die Meißelrollen werden aus einem Gesamtschmiedestück gefräst (und ggf. mit Hartmetallpanzerungen versehen).

Eine zweite Möglichkeit ist der Einsatz von Hartmetallstiften unterschiedlicher Form (= Inserts), die heute auch als Diamantmaterial an der Kontaktfläche eingesetzt werden[17].

Meißellager

Meißellager waren, wie auch die Zähne, oft der Schwachpunkt der Rollenmeißel, da sie sehr hohen schwellenden Beanspruchungen ausgesetzt sind. Aus den Erfahrungen über den Meißelverschleiß und die Anforderungen, denen die Meißel standhalten sollen, ist eine Weiterentwicklung der Meißellager erfolgt. Es wurde damit begonnen, die am stärksten beanspruchten Lager an der Meißelrolle durch abgedichtete Gleitlager zu

17 Unter Inserts sind in die Meißel eingepresste Hartmetallstifte (englisch: TCI – Tungsteen Carbide Inserts) zu verstehen.

Bild 4.38:
Schema der Meißelrollenlagerung bei modernen Rollenmeißeln [4-14]

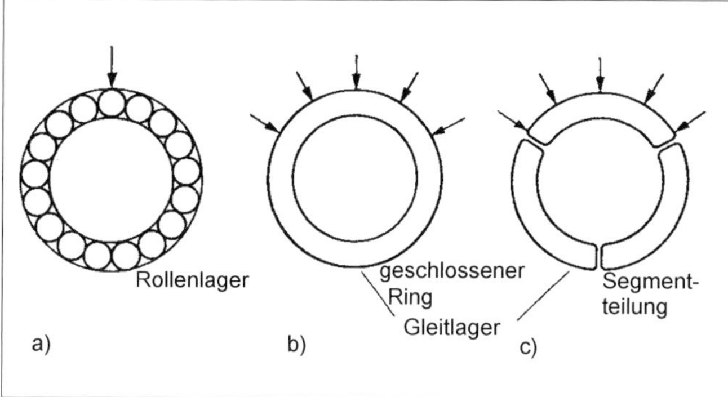

ersetzen. Ein Kugellager dient heute z.T. der Fixierung der Kegelrollen auf den Lagerzapfen (**Bild 4.38**).

Bei Meißeln modernerer Bauart kommen ausschließlich Gleitlager zur Anwendung (siehe b). Im Vergleich zu Rollen- bzw. Kugellagern haben sie den Vorteil, dass bei ihnen die gesamte Lagerfläche der Kraftübertragung zur Verfügung steht, wodurch die Flächenpressung erheblich reduziert wird. Durch die Konstruktion und den Bau von segmentartigen Lagerschalen (siehe c) ist die Belastbarkeit der Meißellager noch weiter verbessert worden. Gleitlager müssen abgedichtet werden, da sie im Gegensatz zu Rollen- und Kugellagern wesentlich empfindlicher auf eindringende Feststoffe reagieren; jedes Feststoffteilchen führt zu einem Verschleiß.

Gleitlager bieten im Vergleich zu Kugel- und Rollenlagern den Vorteil, dass sie einen geringeren Platzbedarf haben. Dadurch besteht die Möglichkeit, die Lagerzapfen und die Rollenschalendicke verstärkt auszuführen, wodurch wiederum stärkere Belastungen des Meißels ermöglicht werden[18].

Eine weitere wichtige Entwicklung bei Rollenmeißeln war die automatische Schmiervorrichtung. Die Schmiervorrichtung enthält ein nachfüllbares Schmierstoffreservoir. Die Meißelrollen sind über einen Kanal mit diesem Reservoir verbunden, welches sich in einer Membran befindet. Der Spülungsdruck drückt das Schmiermittel in das Lager, wobei der Druck des Schmiermittels im Lager weitgehend dem Spülungsdruck an der Ortsbrust entspricht. Durch diesen Druckausgleich ist eine Abdichtung des Lagers und damit eine Reduzierung des Feststoffeintritts in das Lager möglich.

Klassifizierung (gemäß API RP 7G)

Die Codierung von Rollenmeißeln, die ständig aktualisiert wird, ermöglicht es, aus dem Lieferprogramm verschiedener Hersteller vergleichbare Meißel auszuwählen, da fast alle Hersteller heute ihre Produkte mit einem IADC-Code[19] versehen. Der IADC-Code ist dreistellig. Ein vierter Buchstabe gibt zusätzliche konstruktive Merkmale an (**Tabelle 4.8**).

18 Gleitlager werden heute auch mit einer Lagerung zwischen Achse und Rolle versehen, die die Relativbewegung auf den Gleitflächen in etwa halbiert [88].

19 IADC = International Association of Drilling Contractors

Tabelle 4.8: Klassifizierung von Rollenmeißeln

Erste Stelle	Zweite Stelle	Dritte Stelle	Vierte Stelle
Ziffer 1 - 8	Ziffer 1 - 4	Ziffer 1 - 9	Buchstaben A - Z
Schneidentyp, Formationshärte	Unterteilung der Formationshärten	Lagerart, Kaliberschutz, Lagerabdichtung	Zusätzliche konstruktive Merkmale
1-3 Zahnmeißel weich bis hart 4-8 Warzenmeißel weich bis hart		4 abgedichtete Walzlager 6 abgedichtete Gleitlager 7 abgedichtete Gleitlager mit Kaliberschutz 8 Richtbohrmeißel	

4.4.1.4 Sonstige Pilotbohrwerkzeuge

Diamantbesetzte Bohrwerkzeuge

Diamantbesetzte Bohrwerkzeuge werden benutzt, wenn ihr Einsatz höhere Bohrfortschritte und niedrigere Bohrmeterkosten erwarten lässt, als bei einem vergleichbaren Einsatz von Düsenrollenmeißeln. Eine weitere Voraussetzung für den Einsatz von diamantbesetzten Bohrwerkzeugen sind mittelharte bis harte Gesteine mit wenig bis mäßig abrasiven Eigenschaften. Diamantbohrwerkzeuge kommen allerdings beim HDD-Verfahren eher selten zum Einsatz.

Durch Diamantkronen wird das Gestein auf einer Ringfläche zerstört, so dass ein Gesteinskern erbohrt wird, der in das Kernrohr eintritt.

Beim HDD-Verfahren können diese Bohrkronen als eine Variante des herkömmlichen „Überwaschkopfes" eingesetzt werden. Die Stirnseite der Bohrkronen sowie das innen- und Außenkaliber sind mit Diamanten besetzt (**Bild 4.39** und **Bild 4.40**) [4-8].

Die verwendeten Diamantbohrwerkzeuge (Kronen und Meißel) lassen sich in folgende vier Typen einteilen:

Bild 4.39: Diamantbesetzter Überwaschkopf [4-22]

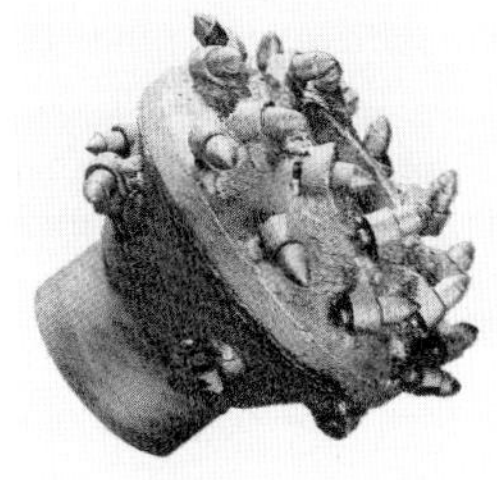

Bild 4.40: Herkömmlicher Überwaschkopf [4-22]

- Oberflächenbesetzt
- Imprägniert
- PKD-Schneiden (= **P**oly**k**ristalline **D**iamantbohrwerkzeuge)
- TSD (= **T**hermisch **S**tabile **D**iamanten)

Diamantbohrwerkzeuge arbeiten ritzend und können in vier Arten unterteilt werden:

- Spannende Werkzeuge
- Zermahlende Werkzeuge
- Abschleifende Werkzeuge
- Werkzeuge für Zug-Druck-Wechselbelastung

Diese Zerstörungsmechanismen treten bei allen vier Arten von Diamantschneiden auf.

Der *Abspanvorgang* erfolgt durch das Abscheren des Gesteins vor der Schneide entsprechend einem Pflugvorgang. Energetisch ist das Abspanen günstiger als ein Zerdrücken, da die Scherfestigkeit extrem harter Gesteine geringer als ihre Druckfestigkeit ist. Als Voraussetzung muss eine genügend hohe Andruckkraft aufgebracht werden, um die Schneide in das Gestein zu drücken. Durch die überlagerte Drehbewegung wirkt tangential die Schnittkraft auf das Gestein vor der Schneide. Je nach Gesteinsart und Bohrlochverhältnissen kommt es zum Sprödbruch oder zum Abspanen.

Beim Vorgang des *Zermahlens*, der unter der Diamantschneide stattfindet, wird das Gestein bis auf Feinststaubgröße durch Überschreiten der Druckfestigkeit zerkleinert. Dieses Pulverisieren geschieht hauptsächlich im Riefengrund bei oberflächenbesetzten Werkzeugen.

Der Vorgang des *Abschleifens* geschieht infolge der Reibung zwischen Diamant und Gestein.

Die *Wechselwirkung von Zug und Druck* im Gestein tritt durch das Gleiten der mit einer konstanten Andruckkraft beaufschlagten Diamantschneide über die Gesteinsoberfläche ein. Durch die Druckentlastung hinter der Schneide kommt es zu einer Zugbeanspruchung im Gestein, so dass sich die Späne hinter der Schneide bilden.

Für das ritzende Bohren sind folgende geometrische Verhältnisse beim Einzeldiamanten dargelegt.

Die Einzeldiamanten sind zu 2/3 ihres Durchmessers in die Matrix eingebettet. Die Schnitttiefe beträgt ca. 1/30 des Durchmessers, die Spurbreite[20] ca. das Zehnfache der Schnitttiefe. Daraus folgt, dass der Anteil zerspannten Gesteins im nach übertage fließenden Volumenstrom von der Größe der einzelnen Diamanten abhängig ist. Von der Andruckkraft wird die Schnitttiefe bestimmt.

Die Schnitttiefe sollte nicht mehr als 10 % des Exposures (Exposure = Überstand des Diamanten aus der Matrix) betragen, um die Reinigung der Ortsbrust und Kühlung der Diamanten nicht zu behindern, was wiederum von der Meißelkonstruktion abhängig ist.

Um ein optimales Exposure zu gewährleisten, ist der Matrixverschleiß bei imprägnierten Schneiden der Abnutzung des Diamantkornes angepasst. Imprägnierte Diamant-

[20] Spurbreite = Breite der Riefe in einem Gestein, die unter dem Einfluss eines Diamanten eines Bohrwerkzeuges entsteht.

Tabelle 4.9: Klassifizierung von Diamantmeißeln [4-23]

Erste Stelle	Zweite Stelle	Dritte Stelle	Vierte Stelle
Buchstabe: D,M,S,T,O	Ziffer 1- 9	Ziffer/Buchstabe 1 - 9, R,X,O	Ziffer 1 - 9, 0
Schneidentyp, Meißelkörpermaterial	Meißelprofil	Hydraulische Konstruktion	Schneidengröße, Besatzdichte

werkzeuge weisen als Schneidelemente kleine, meist synthetische Diamanten auf, die gleichmäßig in der Matrix verteilt sind.

Das Exposure bei TSD-Schneiden, die in Kuben- oder Prismenform in die Matrix eingebettet sind, entspricht in etwa den Abständen der Diamanten zueinander [4-16]. Die Zuführung der Bohrspülung erfolgt in Abhängigkeit von den Einsatzbedingungen: bei Kronen über das Innenkaliber oder durch Bohrungen in der Stirnfläche, bei Meißeln über Düsen oder Bohrungen in der Stirnfläche. Der Außenumfang der Diamantbohrwerkzeuge kann zusätzlich zu Diamanten mit Hartmetalleinlagen gepanzert sein.

Wie für die Rollenmeißel, gibt es auch für Diamantmeißel einen IADC-Code (**Tabelle 4.9**).

Sonderform des Rollenmeißels

Eine Sonderform ist das Spülbohren mit einem Düsenrollenmeißel ohne Bohrmotor (**Bild 4.41**). Um erfolgreich bogenförmig bohren zu können, muss eine Ablenkkraft erzeugt werden. Dies kann sowohl durch den Einbau eines Knickstückes als auch durch eine Veränderung der Düsenparameter geschehen.

Die Veränderung der Düsenparameter wird durch eine Änderung in der Fläche der Düsenöffnung erreicht. Dies kann z. B. dadurch geschehen, dass Düsen ausgetauscht werden. Dabei können dann kleinere Düse oder ein Blindstück (d.h. ein Düsenverschluss) eingesetzt werden.

Durch das Verschließen der Düsen gleicht der Rollenmeißel in seiner Arbeitsweise einem Spezialrollenmeißel für Richtbohrungen, wie er in der Tiefbohrtechnik benutzt wird.

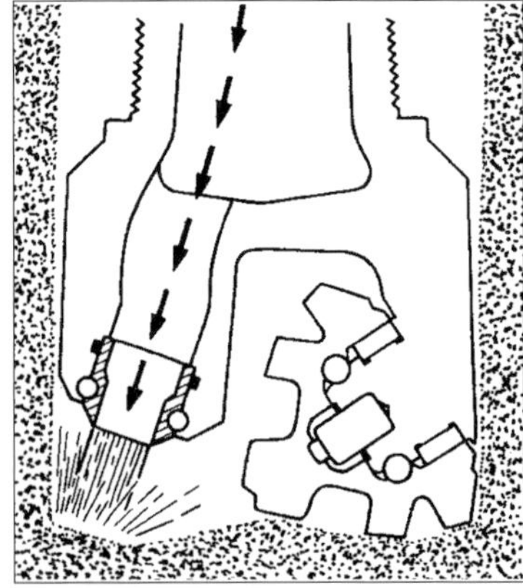

Bild 4.41: Spezialrollenmeißel für das Richtbohren [4-14]

Bohrwerkzeuge in Verbindung mit einem Doppelgestänge

Das Bohren mit einem Doppelgestänge ist eine Entwicklung auf dem Gebiet des gesteuerten Richtbohrens, die eine größere Kraftübertragung von dem Bohrgerät auf das Bohrwerkzeug ermöglicht und auch das Steuern der Bohrung verbessern soll.

Im Folgenden werden zwei Verfahren vorgestellt:

Beim ersten Verfahren besteht die wesentliche Weiterentwicklung in der Steuerbarkeit des Bohrkopfes. Die beiden Gestänge sind separat voneinander steuerbar (Herstellerangabe). Es wird zwischen dem Bohr- und dem Lenkgestänge unterschieden. Das Bohrgestänge ist das innenliegende Gestänge, welches das Bohrwerkzeug antreibt. Der Einsatz eines Bohrmotors ist nicht vorgesehen, theoretisch aber möglich. Mit dem rotierenden Bohrgestänge wird das Bohrwerkzeug gegen das Erdreich gedrückt. Das Steuern erfolgt durch das äußere Gestänge. Auf diesem Gestänge ist ein sogenannter Steuerschuh montiert. Es handelt sich dabei um eine Stahlplatte, die hinter der Spitze des Lenkgestänges aufgeschweißt ist. Mit dem Steuerschuh wird die zum Lenken des Bohrstrangs notwendige Exzentrizität erzielt. Das Steuern des Bohrstranges erfolgt durch das Drehen des Lenkgestänges und ein anschließendes Vorschieben bzw. Weiterbohren.

Das zweite Verfahren dient hauptsächlich der Verbesserung der Steuerungseigenschaften; es handelt sich um ein Zielbohrverfahren. Es kommen Steuerkufen, die seitlich im Körper des stehenden Gehäuses eingelassen sind, zur Anwendung. Diese Steuerkufen, vier an der Zahl und um jeweils 90° versetzt angeordnet, können bei Bedarf ausgefahren werden.

Das Steuern mit den Kufen geschieht wie folgt: Der Bohrmeißel wird mit Hilfe einer der vier Steuerkufen an die Wand des Bohrloches in die gewünschte Ablenkrichtung gepresst. Die Steuerkufen befinden sich in einem Gehäuse, in dem sich eine zentrisch angeordnete und gelagerte Welle befindet, die den Rollenmeißel antreibt. Mit Hilfe der Steuerkufen wird eine Richtungsänderung erzielt, während gleichzeitig die Welle mit dem Rollenmeißel (der neuen Bohrrichtung folgend) bohrt. Mit den ausgefahrenen Steuerkufen wird weiter gebohrt, bis die gewünschte Richtungsänderung eingetreten ist. Danach werden die Steuerkufen in eine zentrische Position gefahren und wirken wie Stabilisatoren [4-24, 4-25].

4.4.2 Werkzeuge zum Aufweiten des Bohrloches

Barrelreamer

Barrelreamer (**Bild 4.42**) haben einen zylindrischen Grundkörper mit einem Kreiskegelstumpf oder einem Kugelabschnitt an jedem Ende. Ihre Form gleicht der einer liegenden Boje bzw. einem Fass (engl.: Barrel). An beiden Seiten sind Düsen und Meißel, z. B. austauschbare Rundschaftmeißel, angebracht. So soll ein Zurückziehen des Aufweitkopfes ermöglicht werden. Dies ist bei anderen Aufweitwerkzeugen i.d.R. nicht ohne weiteres möglich.

Ein Abrieb an dem Außenmantel des zylindrischen Mittelstück tritt kaum auf, da die Schneidezähne einen Überschnitt von einigen Zentimetern erzielen. Der Außenzylinder

Bild 4.42:
36" Barrelreamer (abgestuft) der Fa. LMR-Drilling GmbH [4-5]

kann trotzdem durch zusätzlich aufgebrachte Schweißnähte oder Hartmetall-Einlagen geschützt werden. Der erzeugte Überschnitt oder aufgebrachte Auftragsschweißungen dienen auch als Kanal zwischen Räumer und Bohrlochwand zum Abbau des Spülungsdruckes im Bohrloch.

Zu Beginn der 1990er Jahre wurde diese Räumerform optimiert. Dieser Verbesserung liegt der Gedanke zugrunde, die aufeinander folgenden Räumer bereits im vorhandenen Bohrloch zu zentrieren, so dass nachfolgend tatsächlich ein annähernd konzentrisches Bohrloch entsteht[21]. Diese Räumertypen ("Rocket Reamers") haben sich in der Praxis bewährt und wurden für andere Räumerdimensionen übernommen.

Die Schneidezähne der Aufweitköpfe gleichen denen, die im Straßenbau bei Betonfräsen zum Einsatz kommen. Sie bestehen aus Stahlzylindern, in die je ein Hartmetallstift eingelassen ist (Rundschaftmeißel). Diese Stifte sind in einer Halterung befestigt. Sie können ausgewechselt werden, wenn sie verschlissen sind. Die Halterungen weisen am Aufweitkopf oft eine symmetrische Anordnung auf. So soll ein ruhiger Lauf des Aufweitkopfes erreicht werden.

Für das Einziehen des Produktenrohres werden auch Räumer mit integriertem Wirbel eingesetzt. Dadurch wird die Zone zwischen Räumer und Ziehkopf verkürzt. Die Gefahr des Nachfalls in diesem Raum wird damit verringert.

Flycutter

Der prinzipielle Aufbau von Flycuttern gleicht einem Wagenrad (**Bild 4.43**). Ein Bohrgestänge (= Radnabe) wird orthogonal zu seiner Längsachse von einem Zylinder (Felge) umgeben. Der Zylinder, der in der Regel eine Länge > 100 mm aufweist, ist über Stahlstreben (= Speichen) mit dem Bohrgestänge verbunden. Die „Speichen" sind innen hohl und dienen der Spülung als Zugang zu in den Speichen eingelassenen Düsen. Sowohl an den Speichen, als auch am Zylinder sind Rundschaftmeißel oder gleichartige Schneidewerkzeuge angebracht.

21 Bei Bohrungen im Fels kann die Zentrierung der Aufweitwerkzeuge mittels Hole-Openern vorgeschalteten Stabilisatoren erreicht werden.

Bild 4.43:
Flycutter 48" [4-1]

Bild 4.44:
Holeopener [4-5]

Der Zylinder kann zum Schutz vor mechanischem Abrieb durch Auftragschweißen gepanzert werden. Flycutter werden i. A. mit einem Durchmesser zwischen ca. 300 mm und 1400 mm hergestellt. Das Bohrklein kann zwischen den Speichen nach übertage transportiert werden.

Holeopener

Holeopener arbeiten mit Rollenmeißeln (**Bild 4.44**). Die Ausbildung der Rollenmeißel gleicht denen des Düsenrollenmeißels. Die Rollenmeißel sind direkt am Körper des Holeopeners befestigt (vgl. Bild 58). Dies soll einen vereinfachten Austausch der Rollen ermöglichen. Durch das Lösen eines Sicherheitsstiftes an der Außenseite sind die Rollenmeißel austauschbar. Je nach gewünschtem Durchmesser des Bohrloches vergrößert sich der Körper des Holeopeners, an dem die Rollenmeißel befestigt sind, während die Rolleneinsätze unverändert bleiben [99]. Die Gewindegröße des Holeopeners wird dadurch nicht beeinflusst. Die Meißelrollen sind wie beim Düsenrollenmeißel in einer vielfältigen Ausführung erhältlich. So kann theoretisch jede anstehende Formation durchörtert werden.

Bei beiden Modellen sind Düsen im Bereich zwischen oder/und vor den Meißelrollen angeordnet. Ihre Aufgabe ist es, die Meißel vom Bohrgut zu reinigen und eine Querströmung bei der Spülflüssigkeit zu erzeugen, die zum besseren Abtransport des Bohrkleins führt. Diesbezüglich ist die Ausrichtung des Strahlwinkels der Düse zur Längsachse des Aufweitkopfes beim Erweiterungsbohren von großer Bedeutung. Die große Masse der Bohrstangen und des Holeopers erfordern ein Zentrieren des Bohrwerkzeuges, um eine annähernd konzentrische Bohrung zu erzeugen.

4.4.2.1 Arbeitsweise der Aufweitwerkzeuge

Die Kraftübertragung auf die Aufweitwerkzeuge[22] erfolgt durch die Rotation des Bohrgestänges und gleichzeitige Zugbelastung. Alle Aufweitwerkzeuge verfügen über Spüldüsen in verschiedenen Formen. Im Folgenden wird von einem vorderen und einem hinteren Teil des Aufweitwerkzeuges gesprochen. Der vordere Teil ist das beim Aufweiten der Bohranlage zugewandte, der hintere Teil das der Bohranlage abgewandte Stück des Aufweitwerkzeuges. Bei den mit Spüldüsen versehenen Aufweitwerkzeugen ist darauf zu achten, dass beim Einbau der hintere, der Bohranlage abgewandte Teil des Aufweitwerkzeuges verschlossen wird. Geschieht das nicht, kann sich an den Düsen kein Druck aufbauen; sie sind scheint wirkungslos.

[22] Aufweitwerkzeuge werden auch als Aufweitköpfe bezeichnet

Barrelreamer

Barrelreamer arbeiten wie vorstehend beschrieben, drehend-drückend. Ihre Schneidewerkzeuge, z. B. Rundschaftmeißel, sind i. A. austauschbar. Sie lockern den Verbund der Gesteinsteilchen, in dem sie an die Ortsbrust gedrückt werden, während der Körper des Barrelreamers um seine Längsachse rotiert. Dabei wird von dem aus Hartmetall bestehenden Meißel eine Kraft bzw. ein Druck auf die Ortsbrust ausgeübt, die/der eine Auflockerung des Verbundes verursacht, ggf. auch ein Abscheren bzw. Ausbrechen der Gesteinsteilchen bewirkt. Die aus den Düsen austretende Spülung bewirkt dann die eigentliche Lösearbeit. Die gelockerten Gesteinsteilchen werden umströmt und abtransportiert.

Um Exzentrizitäten des Bohrloches beim Aufweiten zu reduzieren, wurden Barrelreamer weiterentwickelt. Aus dieser Weiterentwicklung ist der „Rocketreamer" vorgegangen. Die Zentrierung der Rocketreamer soll die Räumer daran hindern, durch die Schwerkraft bedingt im Bohrloch abzusinken und dabei im Laufe der einzelnen Aufweitschritte ein birnenförmiges Loch zu schneiden. Hinzu kommt eine Verbesserung der Richtungsstabilität durch Minderung der Wanderungstendenzen in Drehrichtung des Bohrgestänges.

Der vordere Teil dieses Räumers dient hauptsächlich der Führung (falls er konisch zuläuft), während der hintere Teil der effektiven Schnittfläche entspricht und das Bohrloch auf einen größeren Durchmesser aufweitet. Beim darauf folgenden Räumer entspricht der vordere Durchmesser des Führungsstückes dann genau dem maximalen Außendurchmesser des vorherigen Räumers.

Durch die Bauform der Barrelreamer bedingt, ergibt sich eine sehr große Berührungsfläche mit der Bohrlochwand. Dadurch tritt im unmittelbaren Bereich der Bohrlochwandung ein Verdichtungsprozess ein. Dieser trägt zur Erhöhung der Standfestigkeit des Bohrloches nach dem Passieren des Räumers bei. Dieser Effekt tritt besonders beim Aufweiten von Bohrlöchern mit dem Barrelreamer ein. Die Qualität dieser „Gewölbebildung" ist stark von der anstehenden Geologie abhängig. Mit steigendem Anteil bindiger Einlagerungen in sandigen Formationen nimmt der Stabilisierungseffekt des Bohrloches durch Verdichtung im Randbereich zu.

Flycutter

Flycutter arbeiten mit den gleichen Schneidewerkzeugen wie Barrelreamer. Die Konstruktion des Körpers von Flycuttern ermöglicht jedoch den Einsatz in härteren Formationen. Der verdichtende Effekt des Barrelreamers ist beim Flycutter durch die kleinere Mantelfläche geringer.

Im Gegensatz zum Barrelreamer verrichten beim Flycutter die Meißel die wesentliche Lösearbeit. Sie übertragen eine Spannung auf die Ortsbrust, die ein Abscheren bzw. Ausbrechen der Gesteinsteilchen bewirkt. Die Düsen dienen der Reinigung der Meißel und der Ortsbrust sowie dem Abtransport des Bohrkleins. Bei lockerer Lagerung werden die Gesteinsteilchen mechanisch, dem Pflügen mit einer Egge gleich, aus ihrem Verband gelöst. Mit zunehmender Lagerungsdichte, z. B. bei Formationen mit hohen Tonanteilen, erfolgt ein Abscheren der Gesteinsteilchen. Dichter gelagerte Böden, wie z. B. Sandstein, werden durch ein Ausbrechen der Gesteinsteilchen abgebaut.

Das Zentrieren eines Flycutters sollte durch einen vorgeschalteten Barrelreamer oder Flycutter geschehen, der in seinem Durchmesser dem vorher erbohrten Bohrlochdurchmesser entspricht.

Holeopener

Holeopener arbeiten nach dem gleichen Prinzip wie Düsenrollenmeißel. Sie werden fast nur in harten Formationen eingesetzt. Im Vergleich zu Barrelreamern und Flycuttern weisen Holeopener eine geringere Kontaktfläche mit der Bohrlochwand auf. Dadurch werden Reibungsverluste bei der Kraftübertragung reduziert. Durch die zumeist dichtere Lagerung fester Gesteine ist zur Zentrierung des Holeopeners eine geringere Kontaktfläche zur Bohrlochwand ausreichend (im Vergleich zu Barrelreamern oder Flycuttern). Mit einer abnehmenden Reibungsfläche wird die auf die Ortsbrust übertragbare Kraft gesteigert.

Eine zusätzliche Zentrierung kann durch einen dem Holeopener vorgeschalteten Stabilisator erfolgen, wie er auch in der Tiefbohrtechnik benutzt wird. Dieser muss in seinem Durchmesser dem vorher erbohrten Bohrlochdurchmesser entsprechen.

4.4.3 Spezialwerkzeuge

Bohrmotor

Bohrmotoren (**Bild 4.45**) werden heutzutage im Horizontalbohrbereich bei Felsbohrungen eingesetzt. In ihrer Länge variieren diese Motoren zwischen 3 und 8 m, wobei der Durchmesser in etwa dem Bohrstangendurchmesser entsprechen sollte.

Bohrmotoren funktionieren nach dem Prinzip eines Schraubenmotors. Eine schraubenförmige Stange (Rotor) fördert die Bohrspülung durch ein mit Elastomer ausgekleidetes längliches Gehäuse (Stator), das eine gegenförmige Schraubenkontur ausweist, jedoch um einen Gang höhere Gangzahl als der Rotor besitzt.

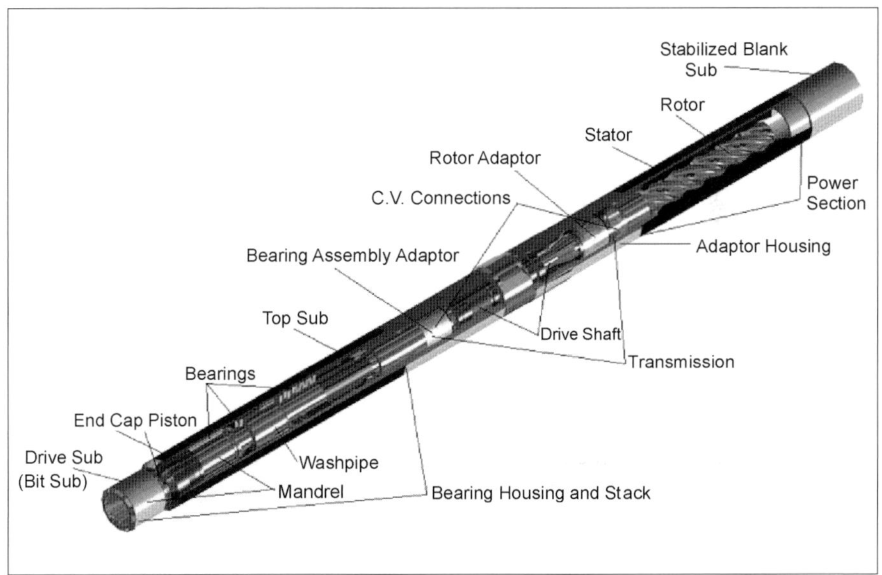

Bild 4.45: Aufbau eines Mud-Motors der Fa. Inrock [4-26]

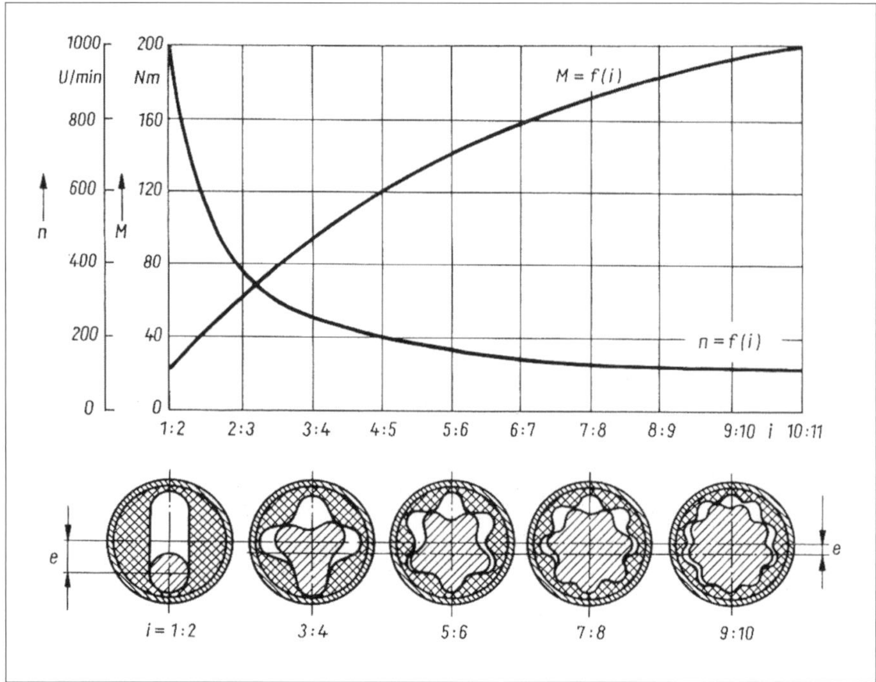

Bild 4.46: Abhängigkeit der Drehzahl und des Drehmomentes von der Gangzahl der Schraubenmotoren [4-14]

Bei der Gangzahl wird erst die Gangzahl des Rotors, dann die des Stators genannt. Die heute auf dem Markt befindlichen Bohrmotoren sind 1/2 bis 10/11 Motoren (vergleiche **Bild 4.46**).

Der Rotor besteht aus einem geeigneten Stahl, und die Oberfläche ist zur Erreichung guter Lenk- und Verschleißschutzeigenschaften speziell behandelt.

Wird Spülung in den Bohrmotor gepumpt, so füllt sie die Hohlräume zwischen Rotor und Stator aus und bringt den Rotor zum Drehen. Da der Rotor im Stator eine exzentrische Bewegung ausführt, muss die Drehbewegung über eine Gelenkwelle zur Lagerspindel geführt werden. Je niedriger die Gangzahl eines Bohrmotors ist, desto höher ist die Drehzahl. Das Drehmoment ist proportional zum Druckabfall im Motor [4-16]. Die Drehzahl eines Bohrmotors kann bis zu über 1000 U/min betragen. Mit der Gangzahl steigt das mögliche Drehmoment.

Der Rotor überträgt Kräfte über die Drehbewegung und eine Gelenkwelle (z. B. als Torsionsstab ausgebildet). Diese ermöglicht in der Längsachse des Bohrmotors einen Knick von einigen Grad auszuführen und macht ihn damit für das Richtbohren geeignet. Der Knick oder mehrere Knicke in der Längsachse des Motorgehäuses erzeugt die zum Steuern notwendige Exzentrizität. Die an der Gelenkwelle vorhandene Leistung wird über die gelagerte Meißelantriebswelle mit dem Bohrmeißel verbunden.

Tabelle 4.10: Vergleich von Bohrmotoren [4-25]

Bohrmotordurchmesser	2 7/8" (= ca. 73mm)	4 3/4" (= ca. 121 mm)
Type (Gangzahl)	5/6	4/5
Drehzahl (bei freiem Lauf)	120 - 480 U/min	105 - 262 U/min
Verstellbar von - bis	0° - 3°	0° - 3°
Empfohlene Meißeldurchmesser	80 - 105 mm	149 - 200 mm
empfohlener Durchfluß	76 - 303 l/min	378 - 946 l/min
max. Drehmoment	275 Nm	1.616 Nm
max. Druckabfall über dem Bohrmotor	34,5 bar	34,5 bar

Die Drehzahl ist über den Volumenstrom steuerbar. Mit zunehmender Gangzahl nimmt der Wirkungsgrad (das Verhältnis der abgegebenen zur aufgenommenen Leistung) des Bohrmotors ab (vergleiche dazu **Tabelle 4.10**).

Die übliche Lebenserwartung eines Bohrmotors liegt bei ca. 200 Betriebsstunden [4-14, 4-27], sie müssen aber nach wesentlich kürzerer Zeit einer oft aufwendigen Inspektion unterzogen werden.

Um eine Richtungsänderung des Bohrloches mit dem Bohrmotor zu ermöglichen, wird der Bohrmotor mit einem Ablenkübergang am oberen Ende oder mit einem Knick oder mehreren Knicken am Motorgehäuse eingesetzt (**Bild 4.47**). Die Winkelabweichung ist bei einigen Bohrmotoren einstellbar. Ist sie verstellbar, so besteht die Möglichkeit in Schritten zwischen ca. 0,5° und 3,0° zu wählen. Das ist, bedingt durch Sicherungsbolzen, nicht stufenlos möglich. Beim HDD-Verfahren eingesetzte Bohrmotoren mit einem nicht verstellbaren Winkel haben oft eine Winkelabweichung aus der Längsachse von 0,5° bis 2°.

Bild 4.47: Exentrizität des Bohrmotors und Schutz im Bereich des Knickes [4-28]

Auf der dem Knick gegenüberliegenden Seite befindet sich bei einigen Bohrmotoren eine aufgeschweißte Platte. Sie hat zwei Funktionen:

- Die aufgeschweißte Platte verstärkt die durch den Knick hervorgerufene Exzentrizität und
- sie schützt und stützt den Bohrmotor im Bereich gegenüber dem Knick.

Stabilisatoren

Stabilisatoren (**Bild 4.48**) finden beim HDD-Verfahren seltener Verwendung. Ihr Einsatz ist eher in der Tiefbohrtechnik üblich. In der Tiefbohrtechnik wird an sie die Anforderung gestellt, die Bohrgarnitur möglichst exakt in der Bohrlochachse zu führen. Dort stehen im Vergleich zu oberflächennahen Bohrungen homogenere Gesteine an. Dieses gilt nicht generell für das HDD-Verfahren.

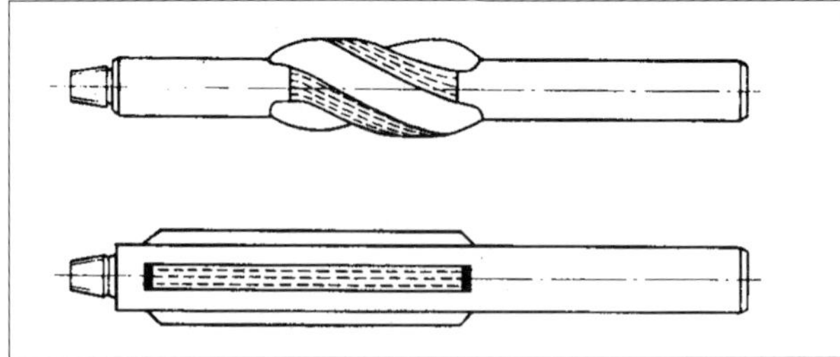

Bild 4.48: Integralblattstabilisatoren [4-14]

Die Bohrwerkzeuge werden durch Stabilisatoren im Bohrloch zentriert orthogonal zur Ortsbrust gehalten. Das führt zu einem ruhigeren Lauf der Bohrgarnitur mit einem reduzierten Verschleiß.

Durch ihre Konstruktion bedingt, sind die Rippen der Stabilisatoren dem größten Verschleiß ausgesetzt. Sie sind daher mit Hartmetalleinlagen besetzt. Bei Integralblattstabilisatoren sind die Rippen starr oder aus dem vollen Material herausgearbeitet. Um einen besseren Bohrlochkontakt und damit einen ruhigeren Lauf zu garantieren, werden die Rippen spiralförmig angeordnet [4-14, 4-8].

4.4.4 Werkzeuge für den Einziehvorgang

Beim Einziehvorgang werden neben den nachfolgend vorgestellten Werkzeugen auch Barrelreamer eingesetzt, die beim Einziehvorgang den Weg für das Produktenrohr frei machen sollen (s. Kapitel 8.3.3).

Drehwirbel

Drehwirbel (**Bild 4.49** und **Bild 4.50**) sind beim Einziehvorgang das Verbindungsstück vom Bohrstrang zu den Produktenrohren. Sie werden beim Einziehvorgang zwischen dem Räumer und dem Zugkopf angeordnet.

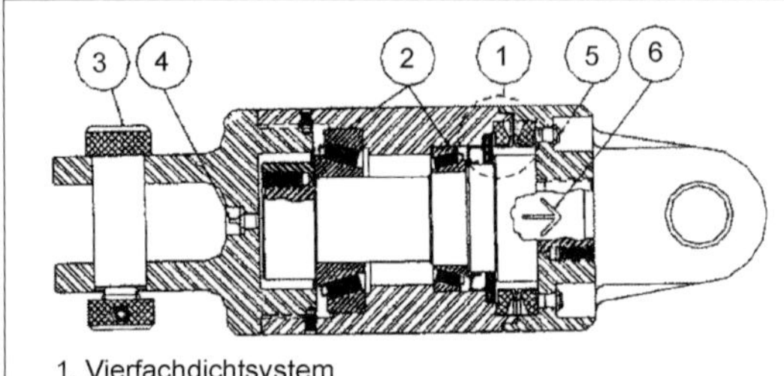

1. Vierfachdichtsystem
2. Schrägrollenlager
3. gehärtete Anschlagbolzen
4. Schmiernippel
5. Druckausgleichsventil (nicht bei Art.-Nr. 400 508 202)
6. Markierung der Zugrichtung

Bild 4.49: Schematischer Aufbau eines Drehwirbels [4-29]

Bild 4.50: Drehwirbel in unterschiedlichen Größen [4-29]

Aufgabe des Drehwirbels: Beim Einziehen der Produktenrohre wird an dem Bohrgestänge der Räumer montiert, der drehend arbeitet. Diese Drehbewegung muss durch den Drehwirbel vom Produktenrohr abgekoppelt werden.

Der Einsatz von Drehwirbeln erfordert einen sachgemäßem Einsatz bzw. eine Abschätzung der auftretenden Kräfte beim Einziehvorgang. Sie sind immer für fest definierte max. zulässige Zugkräfte und Produktenrohrdurchmesser ausgelegt. Bei unsachgemäßem Einsatz können Kräfte auftreten, die zu einem Versagen der Lager des Drehwirbels führen. Die Folge ist, dass Querkräfte und Drehmomente vom Bohrstrang auf das Produktenrohr übertragen werden. Eine Beschädigung bzw. Zerstörung des Bohrstranges und des Produktenrohres kann nicht mehr ausgeschlossen werden.

Drehwirbel können vereinzelt in Aufweitwerkzeugen kleineren Durchmessers (ca. < 0,30 m), die auch als Räumer zum Einsatz kommen, oder in Zugköpfen integriert sein.

Zugköpfe

Zugköpfe (**Bild 4.51** und **Bild 4.52**) bilden die Verbindung zwischen dem Drehwirbel und dem Produktenrohr beim Einziehvorgang. Die Zugköpfe werden entweder mit Klemmvorrichtungen oder mittels Schweißverbindung an den Produktenrohren befestigt.

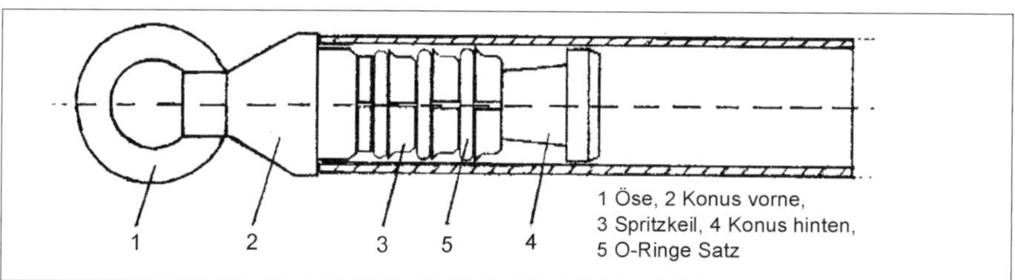

Bild 4.51: Schematischer Aufbau eines Zugkopfes für PE-Rohre [4-30]

Bei Stahlleitungen werden die Zugköpfe in der Regel angeschweißt.

Bei PE-Rohren werden die Zugköpfe mit Sedem Heißelement-Stumpfschweißverfahren angeschlossen. PE-Rohre mit einem Innendurchmesser von < 500 mm [4-29] können mit sich im Rohr spreizenden Zugköpfen eingezogen werden. Das Arbeitsprinzip dieser Zugköpfe ist mit dem von Spreizdübeln vergleichbar. Sie können daher ggf. für Rohre verschiedener Durchmesser verwendet werden. Eine gute Spülungsabdichtung ist wichtig, da so eine Verunreinigung des Produktenrohres durch die Spülflüssigkeit und die damit anfallenden Reinigungsarbeiten vermieden werden können.

Bei duktilen Gussrohren werden die Zugköpfe und die Produktenrohre durch eine zugsichere Ausführung des TYTON®Systems verbunden.

Bild 4.52: Anschweißziehkopf für PE-Rohre [4-30]

5. Bohrspülungstechnologie

5.1 Einleitung

Die Bohrspülungstechnologie spielt für das Gelingen einer Horizontalbohrmaßnahme eine tragende Rolle. Große Bohrlängen, die größtenteils horizontale Ausrichtung der Bohrachse und der Bohrlochdurchmesser stellen hohe Ansprüche an die verwendete Bohrspülung. Dabei stehen Parameter wie die Tragfähigkeit, Gelstruktur, Fließeigenschaften usw. einer Bohrspülung im Vordergrund. Diese Parameter ließen sich in der Entstehungsphase der Horizontalbohrtechnik aus dem Vertikalbohren ableiten. Folgende Rahmenbedingungen beim Bohren mit dem HDD-Verfahren sind jedoch im Vergleich zum Vertikalbohren ungünstig [5-1]:

- Die Formationen der horizontalen, „oberflächennahen" Bohrlöcher (bis ca. 50 m unter Oberkante Gelände) sind i.d.R. instabiler als die von Vertikalbohrungen.
- Die geringe Überdeckung im Zusammenhang mit der jeweiligen physikalischen Eigenschaft der Formation kann zu Spülungsverlusten führen.
- Der Sedimentationsweg ist sehr kurz im horizontalen Bohrloch.
- Die Belastung der Spülung mit Bohrklein ist sehr hoch.

Der kurze Sedimentationsweg und der hohe Bohrkleinanteil in der Spülung bewirken eine sehr hohe Sedimentationsgefahr. Sedimentiert das Bohrklein, kann ein Festsetzen des Bohrstrangs oder des Produktenrohres im Bohrloch die Folge sein.

Die Spülung wird zur Optimierung eines Bohrprozesses der jeweiligen Formation weitestgehend angepasst. Dafür müssen die Einflüsse auf die Spülungseigenschaften bekannt sein, die sowohl beim Anmischen als auch bei der Zirkulation der Spülung auftreten können.

In den folgenden Abschnitten wird wiederholt der Bergriff Bohrspülung, Spülung oder Bentonitspülung verwendet. Die genaue Bezeichnung lautet Spülungstonsuspension.

5.2 Aufgaben einer Bohrspülung

In allen Arbeitsschritten einer Horizontalbohrmaßnahme hat die verwendete Bohrspülung wichtige Aufgaben zu erfüllen, wenn die Bohrmaßnahme erfolgreich abgeschlossen werden soll. Als wichtigste Aufgaben lassen sich nennen [5-2]:

1. Hydraulische Lösearbeit und Reinigung an der Ortsbrust mittels Düsenstrahl
2. Schmierung des Bohrstrangs und Kühlen der Meißelrollen
3. Bohrkleintransport durch den Ringraum nach übertage
4. Bohrlochstabilisierung
5. Antrieb von hydraulisch betriebenen Mudmotoren

5.2.1 Hydraulische Lösearbeit und Reinigung an der Ortsbrust mittels Düsenstrahl[23]

Die Bohrspülung wird durch das Bohrgestänge nach untertage gepumpt und tritt dort aus Düsen am Bohrkopf aus. Die dabei entstehende hydraulische Energie reicht aus,

[23] Vergleiche Kapitel 4.2.2

um die Ortsbrust in Lockergesteinen zu lösen. Diese Energie kann mittels Hydraulikprogrammen bestimmt werden. Voraussetzung für die Reinigungs- und Lösearbeit ist, dass an der Düse/den Düsen ein bestimmter Betrag an hydraulischer Energie zur Verfügung steht. In den Düsen wird diese Energie in Impulskräfte umgewandelt, die an der Ortsbrust die Formationen abbauen und/oder das Bohrklein entfernen.

In felsigen Formationen reicht die hydraulische Energie nicht mehr aus, um das anstehende Gebirge zu lösen. Hier kommen Rollenmeißel zum Einsatz, die das Gebirge mechanische lösen.

5.2.2 Schmierung des Bohrstrangs und Kühlen der Meißelrollen

Das Schmieren des Bohrstranges im Bohrloch reduziert die Reibung an der Bohrlochwand. Die Hydrathüllen, die die Tonplättchen umgeben, bewirken einen Schmiereffekt. Da die Tonplättchen, einschließlich der Hydrathülle, negativ geladen sind, werden sie an der Oberfläche des Bohrstrangs elektrostatisch abgelagert.

Bei älteren Rollenmeißeln wird die Spülung zur Kühlung und Schmierung der Lager der Meißelrollen verwendet. Da sie i.d.R. Feinstfeststoffe mitführt, entsteht eine schmirgelnde Wirkung der Spülung an den Lagern, aus der ein verstärkter Verschleiß resultiert. Die Konsequenz daraus ist, dass heute abgedichtete Lager eingesetzt werden.

5.2.3 Bohrkleintransport durch den Ringraum nach übertage

Das Bohrklein (engl.: Cuttings), das nach dem Lösen in die Bohrspülung gelangt, hat durch den weitgehend waagerechten Bohrachsenverlauf einen sehr kurzen Sedimentationsweg[24]. Die Bildung von Ablagerungen (Cuttingbeds) reduziert den Bohrloch-

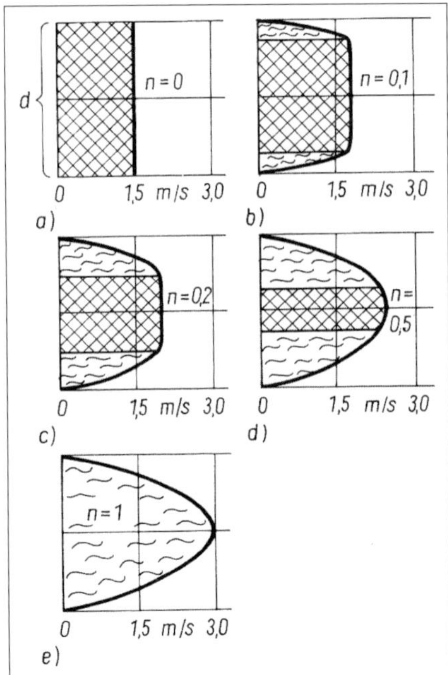

Bild 5.1: Veränderung des Strömungsprofils plastischer Medien mit zunehmenden Werten des n-Exponenten, mittlere Strömungsgeschwindigkeit 1,5 m/s [5-1]
a) reiner Pfropfenfluss auf sehr dünner, nicht darstellbarer verflüssigter Gleitschicht auf der Rohrwandung, Pfropfen schraffiert
b)/c) Pfropfenfluss mit zunehmender dicker, verflüssigter, laminar fließender Gleitschicht,
d) überwiegend laminares Fließen mit nur geringen Gel-(Stopfen-)Resten,
e) rein laminares Fließen

24 Das Bohrklein tendiert dazu, sich auf der Liegendseite des Bohrloches abzulagern.

querschnitt und damit den Strömungsquerschnitt im Bohrloch. Dadurch kann die Reibung des Bohrstrangs im Bohrloch ansteigen. Zur Vermeidung dieser Situation gibt es folgende Möglichkeit:

Ein guter Abtransport des Bohrkleins nach übertage ist durch einen sogenannten Pfropfenfluss gegeben (**Bild 5.1**). Die Querbewegungen des Bohrkleins in der turbulenten Strömung führen dazu, dass das Bohrklein zwangsläufig im Bohrloch sedimentiert. Die Strangrotation reicht nicht aus, um alle sedimentierten Teilchen in die turbulente Strömung zurückzuführen. Sie unterstützt Erosionseffekte an der Bohrlochwand. Das kann zu einem Nachfall oder Einstürzen der Bohrlochwand führen.

Deshalb ist ein laminarer Stopfenfluss einer hochviskosen Spülung anzustreben. Das gleichförmige Geschwindigkeitsprofil ermöglicht bei ausreichender Gelstärke der Spülung einen zufriedenstellenden Bohrkleinaustrag. Im Gegensatz zu einer „gewöhnlichen" laminaren Strömung besteht beim Stopfenfluss kein Schergefälle, das durch die unterschiedlichen Strömungsgeschwindigkeiten der laminaren Strömung hervorgerufen wird. Durch den laminaren Stopfenfluss wird dem Sedimentationsbestreben des Bohrkleins Widerstand geboten und gleichzeitig werden die Erosionseffekte an der Bohrlochwand minimiert.

5.2.4 Bohrlochstabilisierung

Die Bohrlochwand ist bei locker gelagerten, nicht bindigen Böden in den meisten Fällen instabil, was eine Vorbedingung für Auskesselungen und Nachfall ist. Klüfte und diagonale Schichtverläufe tragen zu einer weiteren Schwächung der Formation bei. Tonige Formationen tendieren zum Quellen durch Wasseraufnahme.

Die Bohrspülung wirkt stabilisierend auf das Bohrloch, indem von den Feststoffen – und ggf. zugegebenen Filtratsenker[25] – in der Spülung ein Filterkuchen aufgebaut wird. Der Filterkuchen stützt die Bohrlochwand ab und dichtet sie ab. So werden zum einen die Spülungs- und Filtratverluste und zum anderen der Zufluss von Grundwasser in das Bohrloch reduziert.

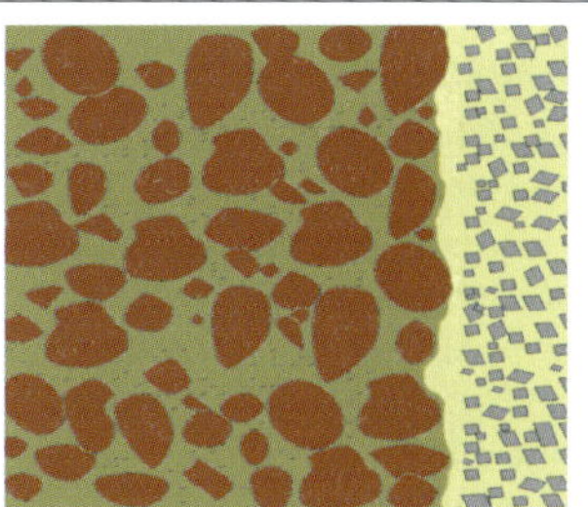

a) Das Bohrloch (gelb) ist gebohrt, in dem sich die Bohrspülung mit Tonpartikeln befindet.

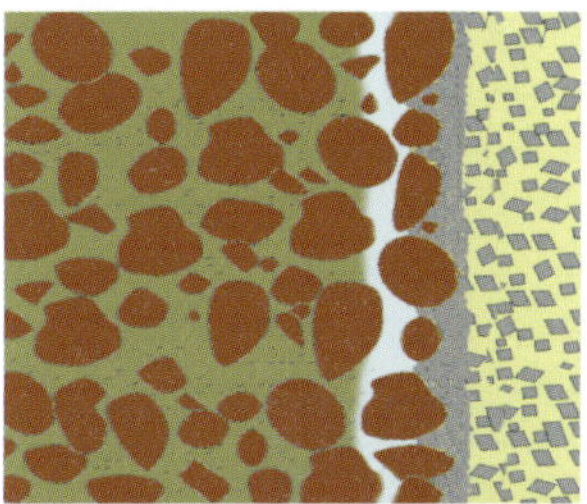

b) Das freie Wasser in der Bohrspülung wird in das anstehende Gebirge abfiltriert. Die Tonpartikel lagern sich an der Bohrlochwand ab.

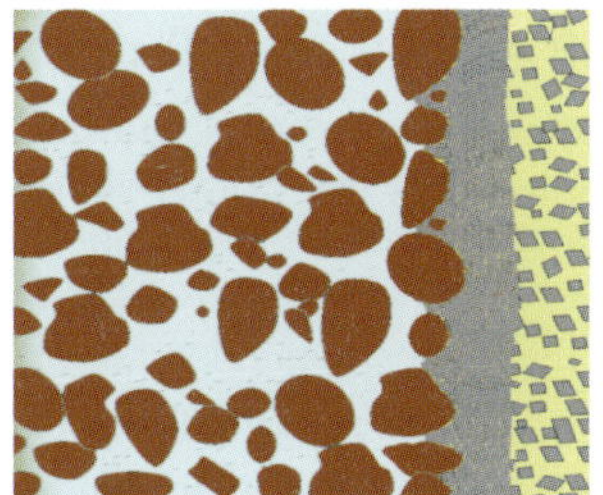

c) Die Filtration kommt zum Erliegen, wenn kein freies Wasser mehr aus der Spülung abfiltriert wird.

Bild 5.2: Filtrationsvorgang der Bohrspülung [5-4]

25 Filtratsenker haben zum einen ein gutes Wasserbindevermögen, andererseits wirken sie verstopfend/verklebend → Filterkuchen wird dicht, fest, elastisch [5-3]

Die dichtesten Filterkuchen entstehen durch Partikel mit einer entsprechend gestreuten Korngrößenverteilung (also große, mittlere und viele kleine Partikel).

Der Filterkuchen entsteht durch eine Filtration der verwendeten Spülung. Zwischen der hydrostatischen Spülungssäule im Bohrloch und dem Grundwasser existiert eine Druckdifferenz. Diese Druckdifferenz führt dazu, dass die Spülung in die Oberfläche der Bohrlochwand eindringt. Die Eindringtiefe hängt von der Porengröße und der Permeabilität der jeweiligen Formation ab. Durch das Eindringen der Spülung in die Bohrlochwand werden dort im Idealfall vorhandene Poren und Klüfte verschlossen (**Bild 5.2**).

Der Filterkuchen besteht aus übereinander liegenden, dicht gelagerten Tonplättchen. Mit zunehmender Dichte des Filterkuchens wird dem Durchdringen des Spülungsfiltrates an der Bohrlochwand ein größerer Widerstand entgegengesetzt. Die dichtesten Filtrate (= Filterkuchen) lassen sich mit möglichst vielen kleinen Plättchen erreichen.

Die Bildung eines Filterkuchens kommt erst dann zum Stillstand, wenn kein freies Wasser aus der Spülung abfiltriert werden kann. Dann ist der Filterkuchen eine für Flüssigkeiten undurchdringbare Schicht (Idealfall).

Das Wasserbindevermögen der Spülung kann den Filtrationsprozess in der Bohrlochwand beeinflussen. Spülungen mit schlechten Wasserbindevermögen geben mehr freies Wasser an die Formation ab und es bildet sich ein dicker Filterkuchen schlechter Qualität. Um dem entgegenzuwirken werden Additive in Form von z. B. Polymeren zugegeben.

5.2.5 Antrieb von hydraulisch betriebenen Mudmotoren[26]

In felsigen Formationen reicht die hydraulische Lösekraft der Bohrspülung nicht mehr aus. Hier werden zusätzlich Rollenmeißel eingesetzt, die mit sogenannten Mudmotoren angetrieben werden. In den Mudmotoren wird ein Rotor von der durchströmenden Bohrspülung angetrieben, der seine Drehbewegung auf die Rollenmeißel überträgt. Der Antrieb der Mudmotoren erfordert einen ausreichenden hydraulischen Druck und Volumenstrom, der nach Abzug der Reibungsdruckverluste zur Verfügung stehen muss. Die Spülung muss bestimmte Anforderungen bezüglich der Viskosität und des Feststoffgehaltes erfüllen, damit sie zur Übertragung hydraulischer Energie auf einen Mudmotor genutzt werden kann. Insbesondere abrasive Bestandteile der Spülung fördern den Verschleiß des Mudmotors.

5.3 Aufbau einer Bohrspülung

Die Spülungstechnologie der Horizontalbohrtechnik basiert auf den Erfahrungen der Tiefbohrtechnik. Bohrspülungen für das HDD-Verfahren lassen sich somit wie im Vertikalbohren im Wesentlichen nach der Art der in der Spülung enthaltenen Rohstoffe unterscheiden. Hier kommen insbesondere folgende vier Spülungsarten zum Einsatz:

- Bentonitspülungen
- Polymer aktivierte Bentonitspülungen[27]
- Bentonit-Polymerspülungen
- Biologisch abbaubare Polymerspülungen

---

[26] vergleiche Kapitel 4.2.3

[27] Polymer aktivierte Bentonitspülungen bestehen aus Bentoniten, denen zur Verbesserung der Spülungseigenschaften ein oder mehrere Polymere zugegeben werden.

Bild 5.3: Spülungen für das HDD-Verfahren [5-5]

Diese Spülungsarten weisen aufgrund ihrer verschiedenen Zusammensetzungen unterschiedliche Eigenschaften auf und finden somit in verschiedensten Bereichen ihre Verwendung.

In **Bild 5.3** werden die gebräuchlichen Spülungen, ihre Bestandteile und Einsatzgebiete vereinfacht dargestellt.

Die Dichte der vier vorstehenden Spülungsarten beträgt ca. 1,05 kg/l bis 1,20 kg/l.

5.3.1 Flüssige Phase

Wie man der oben angeführten Tabelle entnehmen kann, ist Wasser die Basis aller im HDD vorkommenden Bohrspülungen. Sie wird auch als flüssige Phase bezeichnet.

Wasser ist eine billige und umweltverträgliche Spülungsbasis. Das Wasser wird aus lokalen Wassernetzen, stehenden bzw. fließenden Gewässern oder aus dem Grundwasser gewonnen. Dabei ist es wichtig, auf Bestandteile wie die Härte bzw. den Calciumgehalt des Wassers zu achten, da er das Quellen der Spülung beeinflussen kann. Calcium lässt sich mit Pottasche bzw. Soda (Na_2CO_3) ausfällen. Der pH-Wert des Wassers sollte kontrolliert werden. Je höher er ist, desto geringer ist das Wasserbindevermögen der Spülung.

Weitere Wasserinhaltsstoffe können sein: Salze, Mikroorganismen, kollodial gelöste Stoffe usw. All diese Stoffe können stören und werden daher bei Bedarf entfernt oder unwirksam gemacht [5-3]. Wasser kann auch frei von Zusatzstoffen als Bohrspülung verwendet werden. Doch die meisten Böden verlangen nach einer hochwertigeren Bohrspüllösung. Daher werden Wasser weitere Zusatzstoffe zugemengt.

Zum Anmachen der Bohrspülung kann sowohl Süß- als auch Salzwasser verwendet werden, daher lassen sie sich in Salz- und Süßwasserspülungen unterscheiden. Da mit dem HDD-Verfahren überwiegend im Binnenland gebohrt wird, kommen i.d.R. Süßwasserspülungen zur Anwendung. Süßwasserspülungen können durch Aufsalzen zu Salzwasserspülungen werden, wenn z. B. beim Anlanden von Leitungen mittels HDD-Verfahren von Seewasser durchsetzte Formationen durchörtert werden.

Spülungsfremde Salze können als strukturgefährdend für die Bohrspülung angesehen werden. Treten sie auf oder wird ein nachträgliches Aufsalzen der Spülung während des Bohrvorganges erwartet, besteht die Möglichkeit negative Effekte durch Verwendung oder Zugabe von Polymeren zu reduzieren bzw. zu eliminieren.

5.3.2 Bentonitspülungen

Um die Eigenschaften des Wassers im Sinne einer Bohrspülung zu verbessern, können Spülungstone in das Wasser gegeben werden. Die für Spülungen verwendeten Tone sind i. A. Dreischichten-Tone. Es handelt sich dabei um 3-schichtige Tonminerale aus SiO_4-Tetraedern (T) und AlO_6-Oktaedern. Im Idealfall weisen diese Minerale eine Tetraeder-Oktaeder-Tetraeder-Struktur-, eine sogenannte 3-Schichten-Struktur auf.

Sie werden nach ihrem Fundort Fort Benton in Texas Bentonit genannt [5-1]. Bentonite enthalten als Hauptmineral Montmorillonit, das wiederum nach seinem Fundort Montmorie in Frankreich benannt ist.

Ein wesentliches Merkmal dieser Tone ist, dass sie im Gegensatz zu anderen Tonen keine korn- sondern eine plättchenförmige Struktur haben. Diese Spülungstone müssen in der Lage sein, sehr viel Wasser aufzunehmen. Dieser Vorgang wird als Quellen bezeichnet. Er ist vom Wasserbindevermögen der Spülungstone abhängig.

Die Tone quellen bei der Wasseraufnahme auf und zerfallen bzw. dispergieren in viele kleinste negativ geladene Tonplättchen. Diese Plättchen sind von einer Wasserhülle, der Hydrathülle umgeben. Sie haben als Einzelteilchen eine Dicke von ca. $9 \cdot 10^{-4}$ µm. Die Tone zerfallen nicht in einzelne Plättchen sondern in „Pakete“ von 1 bis 2 µm Dicke. Sie quellen durch ein weiteres Eindringen von Wassermolekülen auf.

Die Wasseraufnahme der Tonplättchen nimmt mit steigendem Salzgehalt des Wassers ab. Dementsprechend findet bei stark elektrolythaltigen Wässern ein verringertes Quellen der Spülungstone statt. Die Einwirkung von Salzen (= Elektrolyten) im Bohrloch kann zu einer Zerstörung der Tonspülung führen. Sie können ein Ausfällen von Tonflocken in der dispergierten Spülung nach sich ziehen.

Die Fläche der Tonplättchen ist negativ geladen, die Kanten positiv. Zwischen den Kanten und Flächen der Tonplättchen besteht eine elektrostatische Anziehung. Dadurch ergibt sich eine Struktur der Tonplättchen, die einem „Kartenhaus“ gleicht (**Bild 5.4**). Ist die Spülung in Ruhestellung, versteift sich das „Kartenhausgerüst“ durch ein weiteres Aufquellen der Tonplättchen zu einem gelartigen Körper, der als Gelgerüst beschrieben werden kann. Die Festigkeit des Gelgerüstes wird als Gelstärke bezeichnet. Die Gelstärke wird in [Pa] angegeben (1 Pa = 10 dyn/cm^2 = 1 N/m^2). Dieser Vorgang

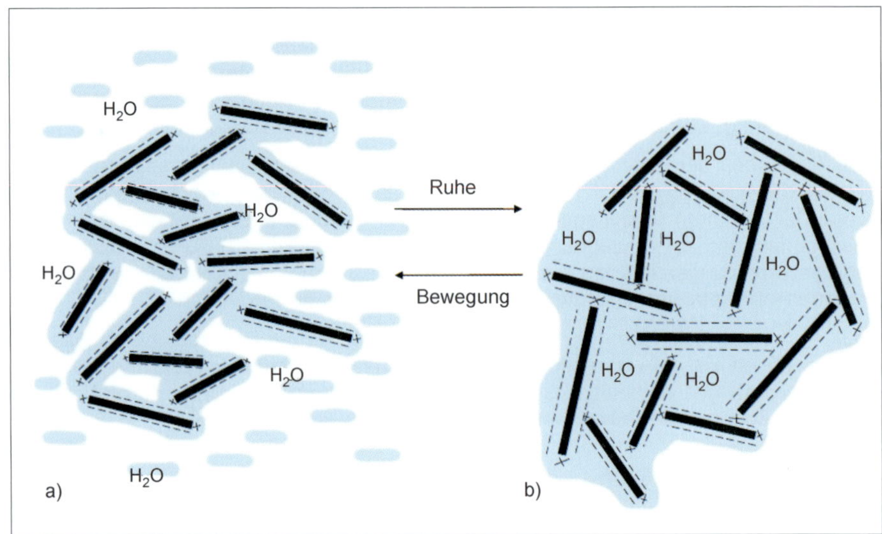

Bild 5.4: Kartenhausgerüst und thixotrope Sol-Gel-Umwandlung von Na^+-Montmorillonitsuspensionen (Bentonitspülung); a) Solzustand (Bewegung), b) Gelkörper (Ruhe) [5-1]

(Hydratation) ist von der Dichte der Ionenbesetzung der Plättchen an der Oberfläche, der Ionengröße und der Gesamtladung der Plättchenoberfläche abhängig. Eine große Hydratationsenergie erfordert eine geringe Besetzung der Plättchenoberfläche mit kleinen Ionen [5-1].

Die Flächen der Plättchen sind i.d.R. mit Natriumionen (Na^+) oder Calcium-Ionen (Ca^{2+}) besetzt. Calcium-Ionen haben im Vergleich zu Natriumionen eine beinahe doppelt so große Atommasse und sind zwei- und nicht einwertig. Daraus folgt, dass mit Natrium versetzte Spülungstone (Na-Bentonite) ein verbessertes Quellverhalten aufweisen (**Bild 5.5**).

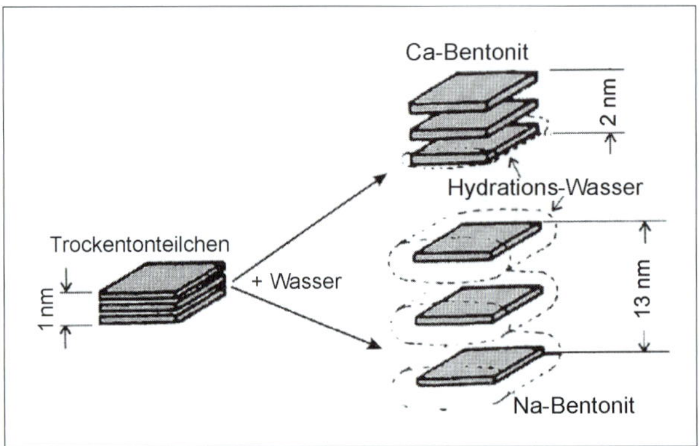

Bild 5-5: Vergleich der Quellung eines Ca-Bentonites zu einem Na-Bentonit [5-2]

In der Natur kommen Ca^{2+}-Tone öfter als Na^{+}-Tone vor. Durch die Zugabe von Natriumcarbonat besteht die Möglichkeit Ca^{2+}-Tone in Na^{+}-Tone umzuwandeln:

$$Ca^{2+} - \mathrm{Ton} + 2\ Na^{+} + Co_3^{2-} \rightarrow 2\ Na^{+} - \mathrm{Ton} + CaCO_3$$

Das Gelgerüst üblicher Spülungen wird durch pumpende oder rührende Vorgänge zerstört. Dabei geht die Spülung von einem gelförmigen in einen flüssigen Zustand (Sol) über. Dieser Vorgang wird als Sol-Gel-Umwandlung bezeichnet (s. Bild 5.4).

Wird der Strömungsprozess der Spülung unterbrochen, setzt eine erneute Gelbildung ein. Dieser Vorgang der wechselnden und reversiblen Vergelung und Verflüssigung der Spülung wird als Thixotropie bezeichnet.

Die Ergiebigkeit[28] von Spülungstonen hängt im Wesentlichen von

- der Länge, Breite und Dicke, aus denen die Teilchen des Tons aufgebaut sind, und
- den zwischen den Plättchen herrschenden Anziehungskräften ab.

Je geringer die oben aufgeführten Größen sind, desto besser ist die Ergiebigkeit eines Spülungstones.

Tonspülungen werden i.d.R. in einem Verhältnis von 50 kg bis 60 kg Bentonit (unbehandelt) auf 1 m^3 Wasser angemischt. Das spezifische Gewicht dieser Spülung liegt bei ca. 1050 kg/m^3.

Nach dem Anmischen müssen Tonspülungen aufquellen, damit sie ihre thixotropen Eigenschaften entfalten können. Das Aufquellen kann bis zu 24 h dauern, wenn nicht spezielle Mischgeräte eingesetzt werden [5-1].

5.3.3 Polymeraktivierte Bentonitspülungen

Polymeraktivierte Tonspülungen sind ergiebiger als nicht aktivierte Tonspülungen, vergelen sehr schnell, lassen sich rasch verarbeiten und weisen eine hohe Gelstärke auf. Das schnelle Zerfallen der Spülungstone führt zu einer raschen Vergelung der Spülung. Die Filterkuchenbildung und Ergiebigkeit wird dadurch optimiert.

Bedingt durch die hohe Gelstärke sind polymeraktivierte Spülungen sehr tragfähig. Die hohe Tragfähigkeit prädestiniert diese Spülungen für langsame Fließgeschwindigkeiten.

Durch die gesteigerte Tragfähigkeit der Spülung können größere Cuttings über längere Strecken nach übertage transportiert werden. Dadurch besteht ein geringeres Risiko der Sedimentation von Bohrklein im Bohrloch. Durch das schnelle Vergelen im Bohrloch wird ein hoher Anteil des Bohrkleins ausgetragen.

Die höhere Gelstärke polymeraktivierter Spülungen muss nicht unbedingt eine entsprechende Pumpenleistung erfordern. Ein Merkmal dieser Spülungen ist die gute Pumpbarkeit bei gleichzeitiger hoher Gelstärke. Die Spülungen bzw. die Gele sind schnell und energiearm zu brechen. Dadurch lässt sich eine größere hydraulische Energie auf den Mudmotor oder die Ortsbrust aufbringen. Ein gesteigerter Bohrfortschritt ist das Resultat.

---

28 Ergiebigkeit = Verhältnis zwischen Spülungsrohstoff (z. B. Bentonit) und Wasser, um eine ausreichend tragfähige Spülung anzumischen.

Das Preisniveau polymeraktivierter Spülungen liegt über dem herkömmlicher Tonspülungen, jedoch rechtfertigen die positiven Eigenschaften der polymeraktivierten Spülungen oftmals deren Einsatz [5-5].

5.3.4 Polymere

Polymere sind Verbindungen aus Riesenmolekülen. Riesenmoleküle sind einzelne Moleküle, sogenannte Monomere, die sich zu langen Ketten verbinden und so Makromoleküle bzw. Riesenmoleküle bilden. Sie sind ein wesentlicher Bestandteil einer Bohrspülung. Die Molekülverbindungen der Polymere sind i.d.R. ringförmig.

Das in Spülungen am häufigsten anzutreffende Polymer ist Carboxymethylcellulose, abgekürzt CMC (**Bild 5.6**).

Polymere werden nach dem Grad ihrer Polymerisation unterschieden. Je länger oder größer die Kettenmoleküle einer Verbindung – eines Polymers – werden, umso höher ist der Grad der Polymerisation. Mit steigendem Grad der Polymerisation nimmt das Wasserbindevermögen des Polymers zu. Dadurch nimmt wiederum die Viskosität zu. Polymere werden deshalb auch nach ihrer Viskosität unterschieden. Die Unterteilung geschieht in drei Stufen und wird an einem Beispiel für CMC-Polymere vorgeführt:

- Niedrigviskos: LV CMC (low viscosity)
- Mittelviskos: MV CMC (medium viscosity)
- Hochviskos: HV CMC (high viscosity)

Die in Spülungen zum Einsatz kommenden Polymere zeichnen sich durch eine Anzahl von geladenen, funktionellen Gruppen (= Valenzelektronen) aus [5-3]. Dadurch sind sie in der Lage, schnell Verbindungen mit freiem, nicht gebundenem Wasser in Spülungen einzugehen. Da die Polymere bei der Reaktion von einer Hydrathülle umgeben sind, wird der schnelle Bindungsprozess gefördert. Das geschieht oft mit dem Ziel, die Viskosität der Spülung zu erhöhen.

Andererseits sind Polymere in der Lage, die für die chemische Bindung verantwortlichen Außenelektronen an den Plättchen der Spülungstone abzusättigen. So wird verhindert, dass sich Elektrolyte auf der Oberfläche der Tonplättchen anlagern, was zu einem Ausflocken der in der Spülung enthaltenen Tonteilchen führen kann. Elektrolyte können verstärkt beim Durchörtern von salzhaltigen Formationen auftreten[29]. Poly-

29 Ein Ausflocken mindert die Tragfähigkeit und den Feststofftransport

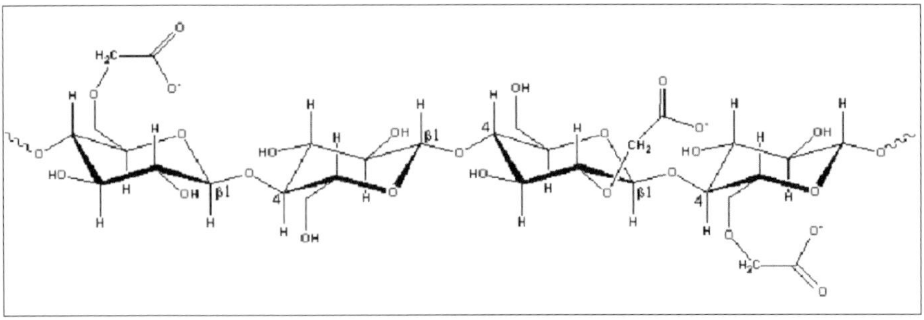

Bild 5.6: Carboxymethylcellulose [5-7]

Tabelle 5.1: Polymere und ihre wesentlichen Funktionen [5-2, 5-8]

Polymerhauptgruppe	**Polymertyp**	**Funktion**
native Polymere	XC Polymer (Xantan Gum)	Viskositätsregulierung, Thixotropie
	Guar Gum / Welan Gum	Viskositätsregulierung
	Stärke	Filtratreduzierung
halbsynthetische Polymere	Modifizierte Stärke	Filtratreduzierung
	Na^+-Carboxylmehtylcellulose (Na^+-CMC)	Viskositätsregulierung Filtratreduzierung Schutzkolloid
	Polyanionische Cellulose (PAC)	Viskositätsregulierung Filtratreduzierung Schutzkolloid
	Carboxylmethylhydroxethylcellulose (CMHEC)	Viskositätsregulierung Filtratreduzierung Schutzkolloid
	Hydroxyethylcellulose (HEC)	Viskositätsregulierung Filtratreduzierung Schutzkolloid
vollsynthetische Polymere	Polyacrylat (PA)	Viskositätsregulierung Filtratreduzierung Dispergiermittel Flockungsmittel
	Polyacrynitril (PAN)	Viskositätsregulierung Filtratreduzierung Dispergiermittel
	Polyacrylamid (PAA)	Viskositätsregulierung Filtratreduzierung Flockungsmittel Toninhibierung
	Polyvinylsulfate	Viskositätsregulierung Filtratreduzierung
	Copolymere	Dispergiermittel

mere werden deshalb nicht nur zur Steigerung der Viskosität von Spülungen benutzt, sondern auch als Schutzkolloid, um sie vor schädlichen Einflüssen zu schützen.

Polymere können nach ihrer Herkunft bzw. Zusammensetzung unterschieden werden und lassen sich in drei Gruppen unterteilen:

- Native Polymere
- Halbsynthetische Polymere
- Vollsynthetische Polymere

In **Tabelle 5.1** werden die häufig in der Bohrtechnik zur Anwendung kommenden Polymere vorgestellt.

Polymeraktivierte Spülungen und Polymerspülungen werden i.d.R. in einem Verhältnis von 10 bis 30 kg Spülungsrohstoff auf 1 m^3 Wasser angemischt. Die Quellzeit ist minimal, die Spülung kann unmittelbar nach dem Anmischen eingesetzt werden.

Polymere sind generell temperaturempfindlich. Beim Bohren in felsigen, sehr harten Formationen, können an den Bohrwerkzeugen hohe Temperaturen in Folge von Reibungskräften auftreten. Durch die hohen Temperaturen kann das Gefüge der Polymere, der Molekülketten, zerbrochen werden. Die Polymere sind dann nicht mehr in der Lage, die ihnen zugedachte Aufgabe zu übernehmen.

Native Polymere sind temperaturempfindlich ab Temperaturen > 90 °C. Bei diesen hohen Temperaturen findet eine chemisch irreversible Umwandlung der Polymere statt – sie werden zerbrochen. Der große Vorteil von nativen Polymeren ist, dass sie nicht toxisch sind und vollkommen biologisch abgebaut werden können.

Halbsynthetische Polymere können sowohl in Verbindung mit Tonspülungen, als auch bei reinen Polymerspülungen verwendet werden. Sehr oft wird Carboxymethylcellulose (CMC, bzw. NaCMC oder CMC-Derivate[30]) verwendet. Die Hauptaufgabe von halbsynthetischen Polymeren ist die Viskosität von Spülungen zu steigern und in Tonspülungen als Schutzkolloid zu agieren. CMC ist ein Cellulose-Derivat, das durch chemische Umsetzung wasserlöslich gemacht wird. Es kann sowohl mit einem Restsalzgehalt von bis zu 22 % NaCl, als auch in gereinigter, salzfreier Form vorliegen. Durch den Einsatz von CMC kann die Austragsfähigkeit im höheren Maße als bei Bentoniten gesteigert werden. Gleichzeitig besteht ein erhöhtes Vermögen zur Bildung eines festen, undurchlässigen und dünnen Filterkuchens. Des Weiteren erhöht CMC die Wasserbindefähigkeit der Spülung. Dadurch wird eine Abgabe von freiem Wasser aus der Spülung an z. B. quellende Tone verhindert. Außerdem kann die Spülung mit CMC vor Elektrolyten geschützt werden.

Bei Bohrungen zur Wassergewinnung kann CMC als Ersatz für Bentonite verwendet werden. Bentonite weisen bei Bohrungen zur Wassererschließung den Nachteil auf, dass sie Poren und Klüfte dauerhaft verschließen können. Beim Einsatz in diesem Bereich ist allerdings zu beachten, dass CMC als Nährboden für Bakterien wirken kann. Das kann ein Zusetzen von Bakteriziden erforderlich machen.

Anstatt einem CMC wird auch die Polyanionische Cellulose (PAC) verwendet. PAC wirkt filtratreduzierend und stabilisiert durch seine toninhibierenden Eigenschaften das Gebirge.

Synthetische Polymere weisen ein sehr gutes Shear-Thinning-Verhalten auf. Das heißt, dass synthetische Polymerspülungen mit zunehmender Tragfähigkeit immer dünnflüssiger werden. Hier liegt ein widersprüchliches Verhalten zu Newton'schen Flüssigkeiten, z. B. Wasser, vor. Dieses Verhalten macht synthetische Polymere für die Bohrindustrie allerdings sehr interessant. Ein häufig zur Anwendung kommendes synthetisches Polymer ist Polyacrylamid (PAA).

Polyacrylamide sind synthetische Polymere, die das Quellen von Tonen durch ihre Wirkung als schützendes Kolloid weitgehend verhindern. Da Polyacrylamide frei von anorganischen Salzen sind, belasten sie nicht das Grundwasser und sind nach bisheriger Erfahrung ein schlechter Nährboden für Bakterien.

5.3.5 Inerte Feststoffe

Inerte Feststoffe sind chemisch reaktionsträge, nicht aktive Stoffe. Sie beteiligen sich nicht oder nur teilweise an den chemischen Vorgängen in den Spülungen.

Die Spülungstone, die bei Wasserkontakt aufquellen, können deshalb als aktive Feststoffe bezeichnet werden. Inerte Feststoffe in der Spülung können nach ihrer Herkunft und Art der Nutzung unterschieden werden.

Inerte Feststoffe werden i.d.R. zur Erhöhung der Dichte von Spülungen eingesetzt. Sie können zusammen mit Polymeren zum Einsatz kommen. Dabei muss beachtet werden,

30 Derivat = chem. Verbindung, die aus einer anderen entstanden ist

dass diese Stoffe, einzeln oder in Kombinationen zugefügt, nicht die primären Eigenschaften der Spülung negativ beeinflussen.

Für die Auswahl von Beschwerungsstoffen sind im Wesentlichen drei Punkte zu beachten:

- Dichte des Stoffes
- Korngrößenverteilung
- Evtl. vorhandene Verunreinigungen des Stoffes

In den Richtlinien des API sind Angaben über optimale Korngrößenverteilungen von Beschwerungsstoffen zu finden. Danach liegt die optimale Korngröße zwischen 5 und 70 μm [5-1, 5-3, 5-6].

Beim Einsatz von Beschwerungsstoffen sollte beachtet werden, dass diese zum einen die Ursache eines erhöhten Verschleißes an der Düsengeometrie sein können und zum anderen in den Meißeldüsen zerkleinert werden. Dadurch kann das Korngrößenmaximum in der Spülung zu einem kleineren Wert verschoben werden. Daraus resultiert eine Erhöhung der Viskosität, da freies Wasser an der Oberfläche der in der Spülung befindlichen Teilchen gebunden wird.

Exemplarisch werden vier in der Bohrtechnik häufig verwendete Beschwerungsstoffe vorgestellt (**Tabelle 5.2**).

Mit der Zugabe von Beschwerungsstoffen kann das spezifische Gewicht der Spülung auf bis zu 1,3 kg/dm^3 erhöht werden.

Tabelle 5.2: Beschwerungsstoffe [5-6]

Beschwerungstoff	**Chemische Bezeichnung**	**Dichte**	
Schwerspat	$BaSO_4$	4,2 - 4,4	kg/dm^3
Kreide	$CaCO_3$	2,6 - 2,7	kg/dm^3
Eisenkarbonat	$FeCO_3$	3,8	kg/dm^3
Hämatit	Fe_2O_3	5,2	kg/dm^3

5.3.6 Sonstige Zuschlagstoffe

Im Gegensatz zu den inerten Zusatzstoffen gibt es noch andere, chemisch aktive Zuschlagstoffe, die Spülungen zugesetzt werden können. Nachstehende Ziele können damit erreicht werden:

- Regulierung der Viskosität
- Reduzierung von Oberflächenspannungen
- Verstopfung von Klüften und Rissen
- Regulierung des pH-Wertes

Regulierung der Viskosität

Der Regulierung der Viskosität liegt i.d.R. der Gedanke zugrunde, über eine Reduzierung der Viskosität die Pumpbarkeit der Spülung zu verbessern. Die Notwendigkeit hierzu besteht, wenn die Spülung beginnt einzudicken. Das kann z. B. durch die Aufnahme von Feinstfeststoffen oder durch Laugenzuflüsse aus dem Grundwasser geschehen.

Die einfachste Methode zur Reduzierung der Viskosität stellt die Zugabe von Wasser zur Spülung dar. Es ist allerdings zu beachten, dass bei vorheriger Zugabe von Polymeren eine nachträgliche Behandlung der Spülung mit Chemikalien ggf. erforderlich wird.

Eine weitere Möglichkeit der Viskositätsregulierung stellt die Zugabe von Verflüssigern dar. Verflüssiger sind meist Elektrolyte, die auf elektrochemische Art für eine Verflüssigung der Spülung sorgen. Sie bewirken durch Koagulation[31] eine Zusammenlagerung von in der Spülung befindlichen Teilchen. Die Spülungstonteilchen sind bis zum Einsatz von Verflüssigern oft schon Bindungen mit Feinstfeststoffen eingegangen. Die Verbindungen gehen wiederum eine Bindung ein, wodurch sich „Flocken" bilden. Aus den Verbindungen entstehen größere Oberflächen der einzelnen Flocke, gleichzeitig wird die Summe der Gesamtoberflächen der Spülungsteilchen reduziert. Dadurch wird Wasser freigesetzt und die Spülung verdünnt. Diese Flocken dürfen nicht zu groß werden, da sie sonst nicht mit der Spülung nach übertage abtransportiert werden können.

Die Zugabe von Verflüssigern erfordert eine ständige Kontrolle der Spülung. Sie müssen, um ihre optimale Wirkung zu erzielen, rechtzeitig eingesetzt werden. Das bedeutet einen präventiven Einsatz, bevor die Spülung zu stark eingedickt ist.

Folgende Stoffe finden im HDD Verwendung:

- Phosphate
- Tannate (Salz der Gerbsäure)
- Huminate
- Lignosulfate

Reduzierung der Oberflächenspannung

Additive, die zur Reduzierung der Oberflächenspannung benutzt werden, haben die Bezeichnung „Oberflächenaktive Stoffe". Es handelt sich dabei um organische Verbindungen, die mit folgender Zielsetzung eingesetzt werden [5-6]:

1. Verbesserung der Benetzung der Tonteilchen, Optimierung der Hydrathüllenbildung
2. Verbesserung der räumlichen Verteilung der Teilchen in der Spülung
3. Verbesserung des Zerfallens der Spülungstone bei Wasserkontakt

Verstopfen von Klüften und Rissen

Unerwünschte Risse und Klüfte können mit Verstopfungsmitteln bekämpft werden. Dabei sind zwei Aspekte zu beachten:

- Durchmesser des Verstopfungsmittels
- Korngrößenverteilung

Klüftigkeiten erfordern zum Verstopfen ein Material, das in seinem Durchmesser mindestens $^1/_3$ der Kluftbreite entspricht.

---

[31] Koagulation = Ausflockung

Dabei soll die Relation des Düsendurchmessers zum Durchmesser des Verstopfungsmaterials nicht den Wert 3 unterschreiten. Sonst besteht die Gefahr, dass die Düse verstopft.

Daraus resultiert, dass mit herkömmlichen Methoden zur Bekämpfung von Spülungsverlusten beim HDD-Verfahren nur kleine Risse oder grobporige Formationen überwunden werden können.

Ähnlich den inerten Feststoffen erfordern auch Verstopfungsmittel eine Korngrößenverteilung, damit sie ihren Zweck optimal erfüllen. Angaben zur Korngrößenverteilung machen die Hersteller dieser Produkte.

Folgende Materialien werden unter anderem als Verstopfungsmittel benutzt:

- Katzenstreu
- Walnußschalen in verschieden Größen
- Hobelspäne, Holzfasern
- Zellstoffschnitzel
- Glimmer
- Traß

pH-Wert regulieren

Der pH-Wert reguliert das Wasserbindevermögen sehr stark. Daher wird versucht, Anmachwasser mit einem für die Spülung günstigen pH-Wert zu benutzen. Der pH-Wert des zur Anwendung kommenden Anmachwassers sollte i. A. über 7 liegen. Je geringer er ist und je größer der Anteil an gebundenen Salzen ist, desto schlechter wird das Verhalten der Spülung bezüglich der Pumpbarkeit und dem Austragsverhalten sein. Um dem vorzubeugen, ist ggf. der Einsatz von Chemikalien erforderlich.

Die Reduzierung des pH-Wertes mit toxischen Mitteln ist für das HDD-Verfahren nicht akzeptabel, da hier oft im Grundwasserbereich gearbeitet wird. Der pH-Wert lässt sich aber auch mit Natriumkarbonat ($NaCO_3$ = Soda) oder Kalziumhydroxid ($Ca(OH)_2$ = gelöschter Kalk) regulieren.

Die Härte des Wassers kann mit Sodaasche reduziert werden. Diese wird dem Wasser zugesetzt, verbindet sich dort mit den Carbonaten und fällt anschließend aus. Weiches Wasser mit wenig gebundenen Carbonaten erweist sich für die flüssige Phase als günstig.

5.4 Spülungseigenschaften

5.4.1 Klassifizierung

Bei den Spülungen, die beim HDD-Verfahren eingesetzt werden, handelt es sich i.d.R. um pseudoplastische Flüssigkeiten. Deren Fließverhalten kann nicht durch das Newton'sche Gesetz beschrieben werden.

Die in **Bild 5.7** aufgeführten Flüssigkeiten unterscheiden sich durch ihre Schubspannung in Abhängigkeit vom Schergefälle. Der Unterschied kann graphisch in einer Fließkurve dargestellt werden. Die Schubspannung der Flüssigkeit τ ist in dPa (1 dPa = 10 N/m^2), das Schergefälle D in s^{-1} definiert.

Das Strömungsverhalten dieser Flüssigkeiten ist unterschiedlich. Beim Transport einer Flüssigkeit durch eine Rohrleitung wird in der Praxis kein einheitliches Strömungsbild

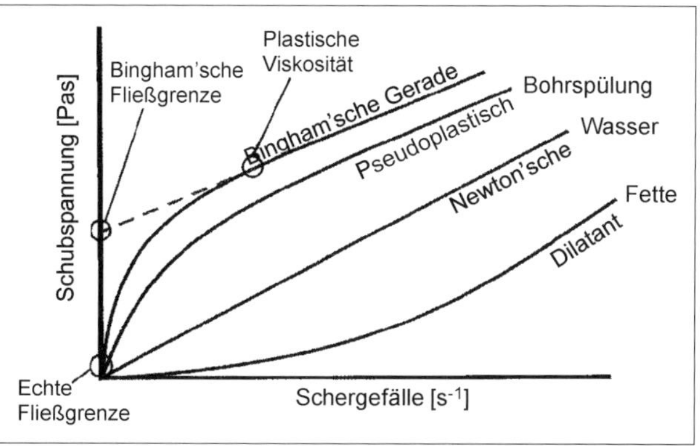

Bild 5.7: Fließkurven verschiedener als Bohrspülungen verwendeten Flüssigkeiten [5-2]

erzielt. In der Mitte der Strömung wird immer eine höhere Geschwindigkeit erreicht als im Bereich der Rohrwand.

Wird das Strömungsprofil in mehrere Ringe (Isotachen) mit gleicher Manteldicke zerlegt, ist zu erkennen, dass eine Scherung zwischen den einzelnen Ringen der Flüssigkeit bzw. Spülung vorliegt.

Um diese Scherung bzw. Verschiebung hervorzurufen, muss eine durch den Pumpendruck erzeugte Kraft auf die verschiedenen Schichten wirken. Auf jeden Ring wirkt hierbei die gleiche Kraft. Die Fläche der Ringe nimmt zur Mitte hin ab. Daraus resultiert, dass zum einen die Reibungsfläche zwischen den Ringen zur Mitte hin abnimmt und zum anderen das Verhältnis einer auf eine Fläche wirkenden Kraft zunimmt. So nimmt die Spülungsgeschwindigkeit zur Mitte des Ringraums zu (**Bild 5.8**). Diese beiden Effekte bewirken eine Verschiebung der Ringe gegeneinander. Dies erfordert eine Reibungskraft, die als Schubspannung bezeichnet wird.

Der Betrag, um den die Flüssigkeitsschichten durch ihr Geschwindigkeitsgefälle gegeneinander verschoben sind, wird als Schergefälle bezeichnet.

Das Fließverhalten von Flüssigkeiten kann durch das Verhältnis von der Schubspannung zum Schergefälle beschrieben werden.

Newton'sche Flüssigkeiten

Newton'sche Flüssigkeiten zeichnen sich durch eine konstante Viskosität aus, die in keiner Abhängigkeit zur Schubspannung oder dem Schubgefälle steht. Bild 5.7 zeigt den linearen Verlauf von Newton'schen Flüssigkeiten in Fließkurven. Aus diesem Ver-

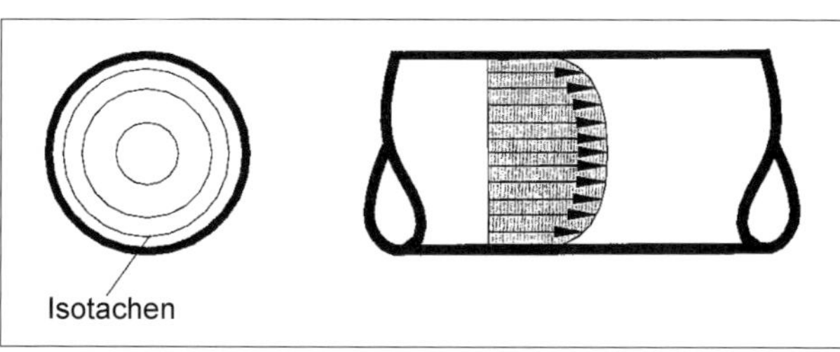

Bild 5.8: Laminare Strömung einer Newton´schen Flüssigkeit in einer Rohrleitung [5-9]

lauf lässt sich schließen, dass mit zunehmender Steigung der Geraden die Viskosität konstant zunimmt und umgekehrt. Es ist bezeichnend für Newton'sche Flüssigkeiten, dass

a) die Strömungsgeschwindigkeit von der Viskosität unabhängig ist und

b) beim Aufbringen eines Drucks auf die Flüssigkeit sich sofort ein Fließen einstellt, was durch den Beginn der Geraden im Koordinatenursprung zu sehen ist.

Pseudoplastische Flüssigkeiten

Pseudoplastische Flüssigkeiten sind Nicht-Newton'sche Flüssigkeiten. Dazu gehören auch die meisten Tonspülungen und Polymer-Spülungen. Charakteristisch für pseudoplastische Flüssigkeiten ist, dass sie keine konstante Viskosität aufweisen.

Ihre Viskosität ist unabhängig vom Schergefälle und der Schubspannung. Das ist am kurvenförmigen Verlauf der pseudoplastischen Flüssigkeiten in Bild 5.7 zu sehen. Aus dem Verlauf der Kurve ist zu erkennen, dass diese Flüssigkeiten mit einem zunehmenden Schergefälle dünnflüssiger werden, da die Steigung der Tangenten der Kurve mit steigendem Schergefälle abnimmt. Dieser Effekt wird als Shear-Thinning bezeichnet.

Aus dem Verlauf der Steigungen der Tangente der Kurve ist zu erkennen, dass die Viskosität „konventioneller" Spülungen anfangs hoch ist, dann abnimmt und schließlich in eine Gerade übergeht. In diesem Punkt wird die niedrigste mögliche, die plastische Viskosität, erreicht.

Pseudoplastische Flüssigkeiten beginnen im Gegensatz zu Newton'schen Flüssigkeiten nicht sofort zu fließen, wenn ein Druck auf sie ausgeübt wird. Es ist ein bestimmter Druck bzw. eine bestimmte Schubspannung erforderlich, um pseudoplastische Flüssigkeiten zum Fließen zu bringen. Ist dieser Punkt erreicht, beginnt die Flüssigkeit nicht sprunghaft sondern langsam und träge zu fließen. Dieser Punkt wird als echte Fließgrenze bezeichnet. Die echte Fließgrenze ist vereinfacht gesehen der Schnittpunkt der Fließkurve mit der Schubspannungsachse.

Das Shear-Thinning-Verhalten und die Fließgrenze sind die kennzeichnenden Merkmale der meisten Ton- und Polymerspülungen beim HDD.

Um pseudoplastische Flüssigkeiten zu beschreiben und zu vergleichen, gibt es verschiedene Begriffe, von denen einige schon vorstehend beschrieben worden sind:

- Plastische Viskosität
- Scheinbare Viskosität
- Fließgrenze
- Bingham'sche Fließgrenze
- Gelstärke und Thixotropie

Die *plastische Viskosität* beschreibt den Punkt einer Fließkurve, in dem die Spülung ihre geringste mögliche Viskosität aufweist. Dieser Punkt stellt sich bei hohen Strömungsgeschwindigkeiten ein. Der Einfluss des Feststoffgehaltes der Spülung auf die Viskosität wird durch die plastische Viskosität repräsentiert. Die Viskosität nimmt mit steigendem Anteil von in der Spülung enthaltenen Feinstfeststoffen zu.

Die *scheinbare Viskosität* entspricht dem zunächst linearen Verlauf der Fließkurve pseudoplastischer Flüssigkeiten. Der Verlauf der Viskosität entspricht in diesem Bereich „scheinbar" der von Newton'schen Flüssigkeiten. Die scheinbare Viskosität nimmt mit zunehmendem Schergefälle ab und geht in eine plastische Viskosität über.

Die plastische Viskosität, die scheinbare Viskosität und die Bingham'sche Fließgrenze werden mit Rotationsviskosimetern ermittelt.

Die *Bingham'sche Fließgrenze* (dPa; 1 dPa = 10 N/m^2), auch Yield Point genannt, macht Aussagen über die Tragfähigkeit der Spülung. Die zwischen den Tonteilchen herrschenden elektrochemischen Kräfte nehmen mit zunehmenden Werten für die Fließgrenze zu und bei abnehmenden Werten ab. Damit eine Fließbewegung stattfinden kann, müssen die Spülungen ggf. gebrochen werden. Die Viskosität nimmt ab, wenn zunehmend mehr Spülungsteilchen gebrochen werden.

Die Bingham'sche Fließgrenze ist eine Hilfskonstruktion, da Fließkurven mathematisch schwer oder gar nicht berechenbar sind. Bingham geht von der Vereinfachung aus, den geraden Teil der Fließkurve bis zum Schnittpunkt mit der Schubspannungsgeraden zu verlängern. Obwohl Bingham hier bewusst einen Fehler bezüglich des Verhaltens der Flüssigkeit macht, kann die Bingham'sche Fließgrenze als Maß für die Tragfähigkeit von Spülungen benutzt werden. Da sie mit zunehmendem Gehalt an Bohrklein, Beschwerungsmitteln und Filtratsenkern in der Spülung steigt und bei Salzschädigungen fällt, kann sie auch als grobes Maß für den Feststoffgehalt herangezogen werden.

Die Tragfähigkeit der Spülung bei geringen Fließgeschwindigkeiten wird durch die unteren Rheometerwerte beschrieben. Diese Werte werden mit dem Rotationsviskosimeter bei geringen Schergeschwindigkeiten ermittelt.

Die Tragfähigkeit der Spülung bei Spülungsstillstand wird durch die *Gelstärke* beschrieben. Beim Messen der Gelstärke wird untersucht, wie stark das Bestreben der

Tonteilchen ist, sich aneinander anzulagern und ein Gel zu bilden. Die Tragfähigkeit bzw. Gelstärke nimmt mit zunehmender Anzahl der Tonteilchen zu, die sich, einem Kartenhaus gleich, aneinander lagern.

Die plastische Viskosität, der Yield Point, die unteren Rheometerwerte und die Gelstärken geben in ihrer Gesamtheit eine Aussage über pseudoplastische Viskositäten.

5.5 Spülungsuntersuchungen

Auf die Bohrgeschwindigkeit kann über die Bohrspülung Einfluss ausgeübt werden. Dazu ist eine regelmäßige Untersuchung der Spülung vor und während der Bohrprozesse erforderlich. Dieser Prozess kann dazu führen, dass für eine Bohrung mehrere Spülungen vorbereitet werden. Das geschieht mit dem Ziel, die jeweilige Formation kontrolliert zu durchörtern und auf unvorhergesehene (geologische) Ereignisse flexibel reagieren zu können. Die meisten zur Anwendung kommenden Spülungen sind Kompromisslösungen für die verschiedenen Anforderungen der Bohrparameter.

Spülungsanalysen können im Labor oder im Feld durchgeführt werden. Laboruntersuchungen werden zur Vorbereitung für Spülungsprogramme durchgeführt. Auf sie wird im weiteren Verlauf des Kapitels nicht eingegangen. Spülungsuntersuchungen im Feld können u. a. mit nachstehenden Geräten durchgeführt werden:

- Hydrometer
- Spülungswaage
- Rotationsviskosimeter
- Filterpresse
- pH-Wert-Messgeräte
- Sandgehaltmessgerät

Hydrometer (**Bild 5.9**) dienen der Bestimmung der Dichte der Spülung. Den gleichen Zweck erfüllen auch Spülungswaagen.

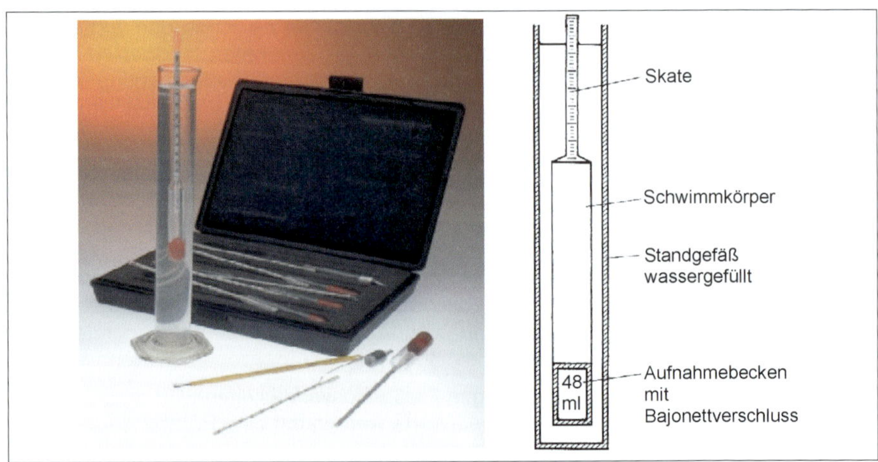

Bild 5-9: Hydrometer der Firma Fann [5-10] und schematischer Aufbau eines Hydrometers [5-1]

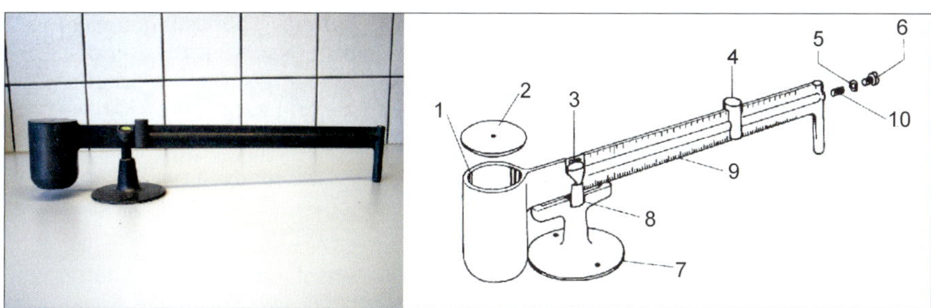

Bild 5.10: Spülungswaage [5-11] und schematischer Aufbau einer Spülungswage (1 Messgefäß, 2 Messgefäßdeckel, 3 Libelle, 4 Reiter, 5 Dichtungsring, 6 Verschlussschraube, 7 Messgerätefuß, 8 Stütze, 9 Balacearm, 10 Eichschraube) [5-1]

Zur Untersuchung der Dichte mittels eines Hydrometers sollte vor einer Messung eine Eichung stattgefunden haben. Diese wird durchgeführt, indem das Hydrometer bei Füllung der Probekammer mit Wasser (20 °C) auf einen Dichtewert von 1,00 g/cm^3 eingestellt wird. Abweichungen von diesem Wert können entweder als Blindwert notiert werden oder ggf. durch eine Änderung der Tarierschrotmenge in der Hohlspindel korrigiert werden. Danach wird zunächst die Probekammer gesäubert und getrocknet. Anschließend wird sie vollständig mit der Spülung gefüllt und die Senkspindel wird aufgesetzt. Danach werden das Ober- und das Unterteil fest miteinander verschlossen.

Das Hydrometer wird in den mit Wasser gefüllten Standzylinder eingetaucht. Dabei ist zu vermeiden, dass das Hydrometer die Wandung berührt. An der Skala wird der Messwert an dem Teilstrich, der in der Ebene der Wasseroberfläche liegt, abgelesen.

Wird die Bestimmung der Dichte mit einer *Spülungswaage* (**Bild 5.10**) durchgeführt, sollte zunächst eine Eichung der Waage vorgenommen werden. Bevor die Messung

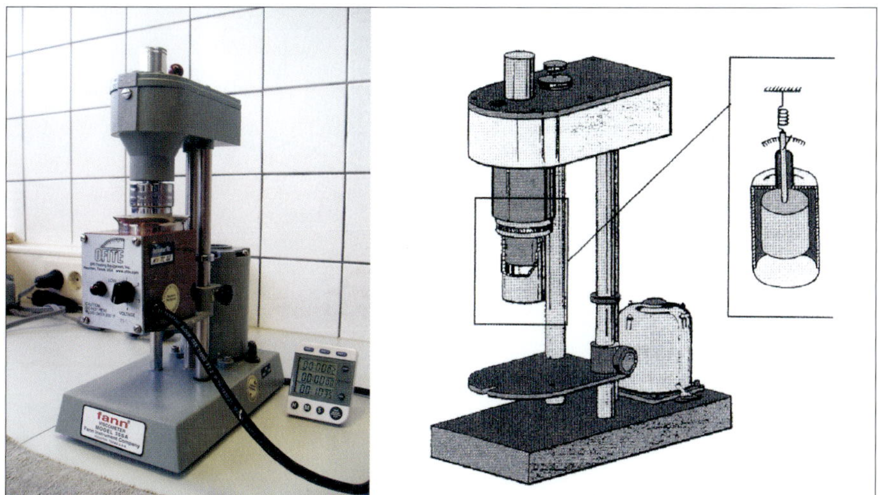

Bild 5.11: Rotationsviskosimeter der Firma Fann [5-11, 5-2]

und das Eichen durchgeführt werden, muss noch die Kammer äußerlich gereinigt werden. Die Spülungswaage wird mit Wasser (20 °C) geeicht. Nach dem Füllen des Probebehälters wird das Gewicht solange verschoben, bis sich der Balken genau in der Waage befindet und den Wert 1,00 anzeigt. Eine Justierung kann durch Tarierschrot oder eine Eichschraube vorgenommen werden.

Zur Bestimmung der Spülungsdichte wird die Messkammer randvoll gefüllt. Anschließend wird der Deckel über die Kammeröffnung geschoben und muss dabei die überstehende Spülung abscheren.

Mit *Rotationsviskosimetern* (**Bild 5.11**) können die verschiedenen Viskositäten von Spülungen bestimmt werden. Aus den Messwerten kann eine Fließkurve konstruiert werden, die Aussagen über die Fließcharakteristik der untersuchten Spülung macht.

Aus der Fließkurve (**Bild 5.12**) können nachstehende Parameter abgeleitet werden:

- Plastische oder Bingham'sche Viskosität η_B (plastic viscosity / PV)
- Scheinbare Viskosität η_{SF} (apparent viscosity / AV)
- Fließgrenze τ_O (true yield point / YP)
- Bingham-Wert τ_B (yield point / YP)

Die Untersuchung von Bohrspülungen mit einem Rotationsviskosimeter beruht darauf, dass der Spülung eine mit einem Geschwindigkeitsgradienten verbundene laminare Bewegung aufgezwungen wird.

Um eine Messung mit einem Rotationsviskosimeter durchzuführen, muss das Gerät zunächst mit Wasser geeicht werden. Der Messwert für Wasser, dessen dynamische Viskosität η = 1 mPa · s bei 20 °C beträgt, sollte bei 600 U/min zwei Skalenwerte und bei 300 U/min einen Skalenwert ergeben. Abweichende Werte werden als Korrekturwert betrachtet und von späteren Messwerten abgezogen. Bevor die Spülung in den Spülungsbehälter des Viskosimeters gegeben wird, sollte sie, wenn sich durch länge-

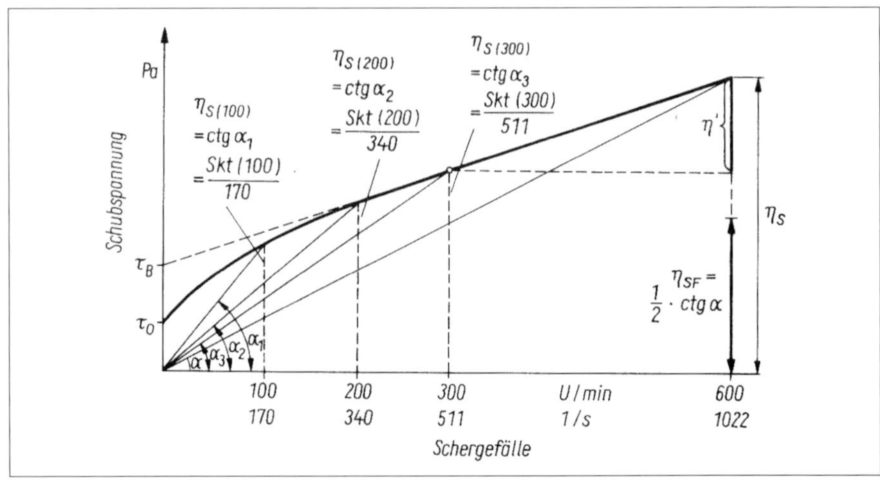

Bild 5.12: Typische Fließkurve einer Bentonitspülung [5-2]

res Stehen eine starke Gelbildung eingestellt hat, mit einem elektrischen Rührwerk kräftig gerührt werden.

Danach werden ca. 350 ml der zu untersuchenden Spülung in den Spülungsbehälter eingefüllt, wobei die Marke an der Innenseite des Behälters beachtet werden muss. Anschließend wird die Grundplatte angehoben, bis der äußere Rotor bis zur Eichmarke in die Spülung eintaucht.

Die Messwerte werden bei 600 U/min und danach stufenweise bei 300, 200 100, 6 und 3 U/min abgelesen. Die verschiedenen Geschwindigkeiten sind bei laufendem Motor einzustellen. Die erhaltenen Werte werden in einem Diagramm, der sogenannten Fließkurve, dargestellt.

Aus den Skalenwerten des Rotationsviskosimeters bei den verschiedenen Schergefällen können die oben vorgestellten Parameter bestimmt werden:

- *Plastische Viskosität* η_B:
  Messwert (korrigiert) bei 600 U/min-Messwert (korrigiert) bei 300 U/min; (mPa · s)
- *Scheinbare Viskosität* η_{SF}:
  Messwert (korrigiert) bei 300 U/min; (mPa · s)
- *Fließgrenze* τ_O:
  Exploration der Fließkurve auf die τ-Kurve ermittelt; (Pa); 1 Skalenteil = 0,48 Pa
- *Bingham-Wert* τ_B:
  Verbindungsgrade aus der Fließkurve bei 600 U/min und 300 U/min; schneidet die τ-Achse in einem Punkt, der als Bingham-Wert (YP = Yield Point) bezeichnet wird;
  Berechnung: τ_B = korrigierter Messwert bei 300 U/min – η_B; (Pa); 1 Skalenteil = 0,48 Pa

Die Bestimmung der Gelstärken erfolgt dadurch, dass die Spülung nach der Aufnahme des Wertes für die Fließkurve bei 600 U/min nochmals intensiv gerührt wird und bei gleichzeitigem Umschalten auf 3 U/min das Gerät ausgeschaltet wird. Nach 10 Sekunden und 10 Minuten wird das Gerät wieder eingeschaltet. Dabei wird der maximale Zeigerausschlag festgehalten. Folgende Werte werden notiert:

- $\tau_{10''}$ = Skalenteile · 0,48 Pa
- $\tau_{10'}$ = Skalenteile · 0,48 Pa
- Thixotropie: $\tau_{10'} - \tau_{10''}$ in (Pa)

Der *Marshtrichter* (**Bild 5.13**) ist ein Trichter mit 1500 cm^3 Volumen. Es wird die Zeit gemessen, die 1000 cm^3 Spülung benötigen, um aus der unterseitigen Öffnung des Trichters auszulaufen. Die Auslaufzeit ist ein Anhaltswert für die Viskosität. Die Viskosität einer Spülung kann nicht direkt mit einem Marshtrichter gemessen werden. Marshtrichter sollten nur als unterstützende Orientierung herangezogen werden.

Zur Eichung wird der Trichter mit 1500 ml Wasser (20 °C) gefüllt und die Auslaufzeit für 1000 ml Wasser bestimmt. Sie muss 28 Sekunden (±0,5 s) betragen.

Bevor eine Messung mit dem Marshtrichter durchgeführt wird, sollte die zu untersuchende Spülung kräftig umgerührt werden, um poentiell entstandene Gelstrukturen zu zerstören.

Zur Durchführung der Messung wird das Auslaufröhrchen des Trichters mit einem Fin-

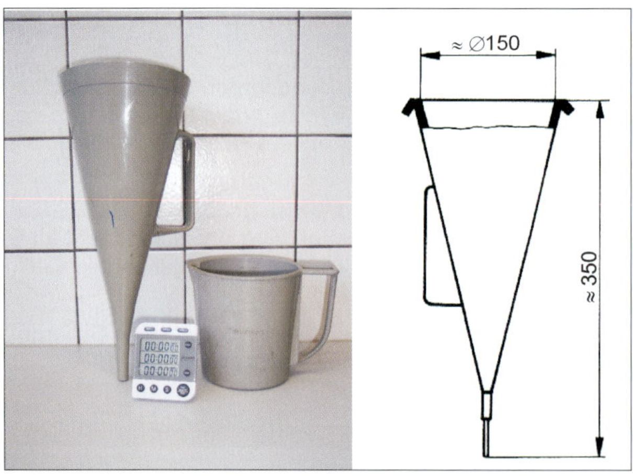

Bild 5-13: Marshtrichter mit Messbecher und Stoppuhr [5-11] und Abmessungen des Trichters [5-1]

ger verschlossen. Dann werden 1500 ml der Spülung durch ein am offenen, oberen Ende des Trichters vorhandenes Sieb eingefüllt. Anschließend wird das Auslaufröhrchen geöffnet und die Auslaufzeit (s) für 1000 ml Spülung gemessen. Die Messung kann (zur Erhöhung der Messgenauigkeit) wiederholt werden, um einen repräsentativen Mittelwert zu erhalten.

Mit der *Filterpresse* (**Bild 5.14**) können die Filtrationseigenschaften und das Filterkuchenbildungsvermögen gemessen werden. Zur Durchführung der Messung wird die Filterpresse zusammengesetzt, indem nacheinander das Sieb, das Filterpapier und der Dichtungsring auf die Bodenplatte der Presse gelegt werden. Danach wird die Filterzelle zunächst mit Spülung aufgefüllt, wobei die Füllhöhe ca. $^{2}/_{3}$ der Gesamthöhe der Zelle betragen sollte. Anschließend wird sie aufgesetzt und mit dem Deckel verschlossen. Dann werden die Teile der Filterpresse mittels der Tarierschraube bzw. der Spindel zusammengepresst. Unter dem Auslaufstutzen im Boden des Druckbehälters wird ein Messzylinder aufgestellt.

Durch Öffnen eines Schnelldruckventils wird Druckluft zugeführt und die Spülung 30 Minuten lang einem Druck von 0,7 MPa ausgesetzt. Die unter Druck gesetzte Spülung tritt in den Messbehälter aus. Die Ermittlung der aufgefangenen Filtratmenge erfolgt nach 0,5; 1; 3; 5; 7,5; 10; 15 und 30 Minuten.

Bild 5.14: API-Filterpresse [5-11]

Bild 5.15: Elektrischer pH-Meter [5-11]

Nachdem die vorgeschriebene Messzeit abgelaufen ist, wird die Mensur entfernt, die Druckgaszufuhr unterbrochen und das Entlüftungsventil geöffnet. Die abgepresste Flüssigkeitsmenge *Fi* (ml) wird notiert. Das Filtrat kann für nachfolgende Untersuchungen aufbewahrt werden.

Um die Dicke der Filterkruste zu bestimmen wird nach dem Lösen der Spindel der Deckel abgenommen und die in der Filterzelle verbleibende Spülung ausgegossen. Dabei wird der Druckmantel vorsichtig angehoben. Der Filterkuchen wird dann zusammen mit dem Sieb aus der Presse entfernt. Die Spülung wird unter einem Wasserstrahl von dem Filterkuchen behutsam entfernt. Anschließend wird die Dicke (mm) der Filterkruste mittels eines Lineals durch Einstechen in den Kuchen bestimmt.

Der pH-Wert kann mit *Indikatorstreifen* oder durch *elektrische pH-Meter* (**Bild 5.15**) ermittelt werden. Zur Bestimmung der Art und Menge von Feststoffen, die einer Spülung zugefügt werden, ist der pH-Wert ein wesentlicher Indikator.

Der genaue pH-Wert des Anmachwassers einer Spülung ist die Voraussetzung dafür, dass die Spülung die ihr zugedachten Aufgaben erfüllen kann. Nicht erkannte Salzkonzentrationen im Anmachwasser können zu einer Zerstörung der Spülung führen.

Mit dem *Sandmessset* (**Bild 5.16**) wird der Anteil aller Feststoffe mit einer Größe von über 74 μm in Vol.-% gemessen. Diese Angabe wird zu mehreren Zwecken verwendet. Mit der Bestimmung des Feststoffgehaltes der Bohrspülung, die aus dem Bohrloch in die Sammelgrube fließt, kann die Bohrgeschwindigkeit beurteilt werden. Ist der Feststoffanteil zu groß, ist die Bohrgeschwindigkeit zu schnell. Vergleicht man diesen Wert mit dem Feststoffanteil der Bohrspülung, die bereits durch die Recyclinganlage gefahren wurde, lässt sich die Effektivität der Recyclingmaschine ermitteln. Der ermittelte Feststoffanteil erlaubt außerdem, die Abrasivität einer Spülung zu beurteilen. Um den Verschleiß an den Pumpen, am Bohrgestänge oder an den Spülungsdüsen klein zuhalten, ist ein geringer Sandgehalt anzustreben.

Das Sandmessset besteht aus einem offenen Kunststoffzylinder, mit einem auf halber Höhe integrierten Sieb, einem speziellen Trichter und einem konisch zulaufenden Glasszylinder mit einer Skalierung am unteren Ende, der den Sandgehalt der Spülung anzeigt.

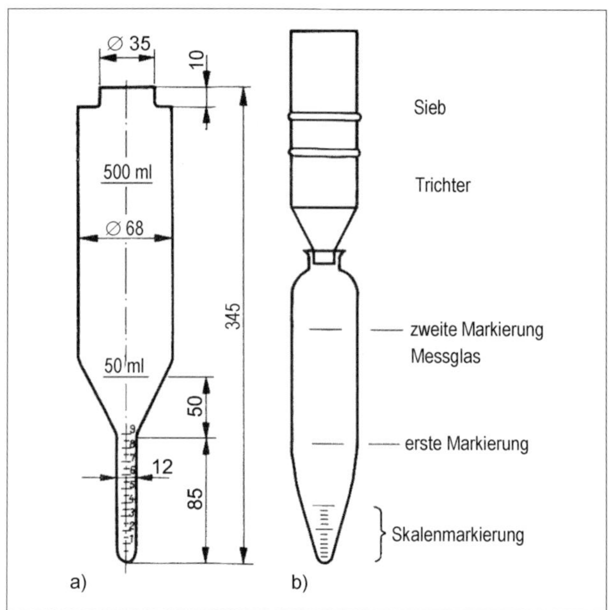

Bild 5.16:
Sandmessset [5-1]

Die gut gerührte Spülung wird bis zur ersten Markierung in den Glaszylinder gegeben, der anschließend bis zur zweiten Markierung mit Wasser gefüllt wird. Dies wird durch kräftiges Schütteln des Zylinders gut miteinander vermischt und anschließend auf das zuvor befeuchtete Sieb des Kunststoffbechers gegeben. Das Wasser, mit dem man den Glasszylinder nach der Entleerung ausspült, wird auch in den Becher und über das Sieb gegossen. Die Flüssigkeit die durch das Sieb geht, wird verworfen. Jetzt setzt man den Trichter auf den Kunststoffbecher und beides dann umgekehrt auf den Messzylinder – wie es in Bild 5.15 zu sehen ist. Nun wird das Sieb von oben mit Wasser abgespült, so dass sich die Feststoffe, die sich jetzt unter dem Sieb befinden, in den Messzylinder fallen. Wenn das Sieb sauber ist und alle Feststoffe sich somit in dem Zylinder befinden, wartet man ab bis sich die Feststoffe abgesetzt haben und kann dann den Feststoffgehalt in Vol.-% ablesen.

5.6 Spezielle Spülungen

5.6.1 Selbsterhärtende Bohrspülungen

Selbsterhärtende Bohrspülungen sind ein Produkt der zementherstellenden Industrie. Der Impuls eine selbsterhärtende Bohrspülung zu entwickeln, entstammte letztlich der Forderung von Anwendern und Planern, die sich eine Erleichterung des Nachverpressens in setzungsempfindlichen Bereichen wünschten [5-11].

5.6.1.1 Aufbau einer selbsterhärtenden Bohrspülung

Diese spezielle Bohrspülung besteht aus einer Bentonitkomponente und aus einer Bindemittelkomponente. Der Bindemittelanteil ist ein zementbasiertes Spezialbindemittel, das das Aushärten der Bohrspülung bewirkt. Würde handelsüblicher Zement einer konventionellen Bohrspülung zugegeben werden, lagern sich die im Zuge der Zementhydratation freigesetzten Calciumionen im Austausch gegen Natriumionen in die Zwischenschichten der Montmorillonitkristalle ein. Es kommt zu einer drastischen Reduzierung der Quellfähigkeit. Hieraus resultieren eine Destabilisierung der Spülung und ein Absetzen großer Mengen freien Wassers.

Der Bentonitanteil dagegen ist ausschließlich für die rheologischen Eigenschaften verantwortlich. Hier handelt es sich um einen zementstabilen Natriumbentonit. Die Gegenwart der vom Bindemittelanteil freigesetzten Calciumionen führt zu einer vergleichsweise geringen Abnahme der Quellfähigkeit. Eine Destabilisierung findet nicht statt; die Spülung bleibt sedimentationsstabil [5-11].

5.6.1.2 Verfahrensweise

Die selbsterhärtende Bohrspülung soll die aufwendigere und qualitativ schlechtere Verpressung mit Dämmern ersetzen. **Bild 5.17** zeigt den Qualitätsunterschied zwischen den verschiedenen Anwendungen auf. Bei einer nachträglichen Injektion eines Dämmers wird die zu verdrängende Bohrspülung nicht vollständig ausgetauscht. Dadurch entstehen Linsen mit Spülung. Außerdem ist durch das hohe Wasserabsetzen des Dämmers eine vollständige Verdämmung nicht gegeben.

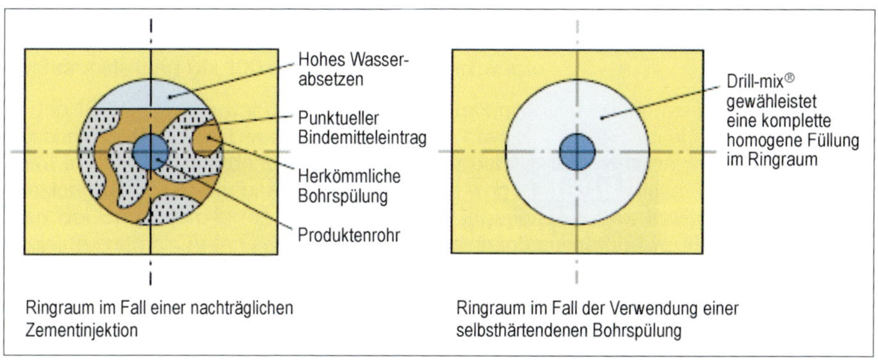

Bild 5.17: Vergleich zwischen einer Zementinjektion und einer selbsterhärtenden Bohrspülung [5-12]

Bei optimaler Anwendung ermöglicht eine selbsterhärtende Bohrspülung eine komplette homogene Füllung des Ringraums. Während des Einbringens wird das Bindemittel im Ringraum gleichmäßig verteilt. Nach Ablauf der Verarbeitungszeit härtet die Spülung langsam aus. Die Verarbeitungszeit dieser speziellen Bohrspülungen hängt vom verwendeten Produkt ab. Sie kann zwischen einem und sieben Tagen liegen [5-11].

5.6.1.3 Anwendung

Das Anmischen dieser Bohrspülungen muss streng nach den Angaben des Herstelles durchgeführt werden, damit die gewünschten Eigenschaften der selbsterhärtenden Spülung eintreten.

Die selbsterhärtende Bohrspülung sollte nur während des Einziehvorganges verwendet werden. Bei einem räumenden Einziehvorgang oder bei problematischen Bodenverhältnissen muss die selbsterhärtende Bohrspülung unter Umständen optimiert werden, um die gewünschten Parameter zu erreichen. Dazu sind aber ausführliche Voruntersuchungen notwendig [5-11].

Beim Einbringen der selbsterhärtenden Bohrspülung in den Bohrkanal trifft sie auf die im Bohrkanal befindliche konventionelle Bohrspülung. Aufgrund ihrer höheren Dichte soll die selbsterhärtende Bohrspülung die konventionelle Bohrspülung verdrängen.

Nach Fertigstellung des Bauvorhabens steift die selbsterhärtende Bohrspülung zunächst an und härtet dann langsam aus. Die Endfestigkeit des Materials entspricht der eines gut verdichteten Tonbodens (ca. 0,3 N/mm^2) [5-11].

Die in **Tabelle 5.3** angegebenen Festigkeit nach 42 Tagen von 15 kPa entspricht einer Festigkeit von 0,015 N/mm^2. Die oben angegebenen 0,3 N/mm^2 werden erst nach Monaten ermittelt.

Tabelle 5.3: Festigkeitsentwicklung von Drillmix 160 bei 10 °C [5-13]

	14d	21d	28d	42d
Bei 10°C Lagerung	0 kPa	0-5 kPa	7 kPa	15 kPa

6. Ortung im HDD

6.1 Ortung und Steuerung

Die Ortung und die mögliche Steuerung des Bohrkopfes sind wesentliche Bestandteile der Pilotbohrung. Um eine Abweichung von der Sollachse (= geplante Bohrachse) möglichst gering zu halten, wird die Ortung der Bohrgarnitur während der Pilotbohrung nach Möglichkeit permanent und an jedem Ort der Bohrtrasse durchgeführt.

Die während des Bohrvorganges gemessenen Ist-Werte können sich von den Soll-Werten unterscheiden, was i.d.R. auf folgende Gründe zurückzuführen ist:

- Fehler des Personals, wie z. B.
  - Einbaufehler der Bohrlochvermessungswerkzeuge,
  - Ablesefehler
- Fremdeinflüsse, wie z. B.
  - ausgewähltes Bohrlochvermessungssystem,
  - Gerätefehler,
  - magnetische Interferenzen

Die Ortung und die Steuerung sind prinzipiell verschiedene Vorgänge. Das Steuern des Bohrstranges kann nur nach einer vorherigen Ortung erfolgen.

Die Steuergenauigkeit hängt unter anderem ab von:

- Erfahrung/Vermögen des Bohrgeräteführers, sich auf den anstehenden Baugrund einzustellen
- Erfahrung/Vermögen des Bohrlochvermessers, wenn vorhanden, sich auf den anstehenden Baugrund einzustellen
- dem anstehenden Baugrund
- der eingesetzten Bohrgarnitur

Folgende Aspekte im Zusammenhang mit der Ortung sind zu klären:

- Welche Daten sollen dem Bohrmeister durch die Ortung des Bohrstranges mitgeteilt werden?
- In welchen zeitlichen Abständen (Häufigkeit) sollen ihm diese Informationen zur Verfügung stehen?
- Welche Daten helfen dem Bohrmeister, den Bohrvorgang schnell und ökonomisch fortzuführen?

Es wird dabei zwischen Echtzeitdaten und Nichtechtzeitdaten unterschieden.

Echtzeitdaten enthalten Informationen über die aktuelle Position der Bohrgarnitur. Nichtechtzeitdaten geben diese Information mit einer zeitlichen Verzögerung wieder. Somit erscheinen Echtzeitdaten bezüglich einer schnellen Entscheidungsfindung erstrebenswerter zu sein.

Mit Hilfe der gegenwärtig verfügbaren Ortungssysteme im HDD ist es unter anderem möglich, folgende Daten aus dem Bohrloch zu erhalten:

- Bohrloch-Neigung = Abweichung von der Vertikalen (= Inklination) aus der Längsachse der Bohrlinie

- Richtung der Bohrlochneigung = Abweichung von magnetisch oder geographisch Nord (= Azimut) aus der Längsachse der Bohrlinie
- Toolface = Abweichung des Bohrwerkzeuges von einer Referenz[32] (z. B. oben, unten)
- Tiefe der Bohrgarnitur unter GOK
- Spülungsdruck im Ringraum hinter dem Bohrmeißel

Außerdem besteht generell die Möglichkeit, Hindernisse in der anstehenden Geologie mittels geophysikalischer Verfahren zu orten. Nicht alle diese Daten können allerdings mit für das HDD-Verfahren typischen Methoden gewonnen werden. Die Daten werden entweder permanent oder in zeitlichen Intervallen zum Bohrmeister übertragen. Die permanente Datenübertragung vom Sender zum Bohrmeister wird MWD oder SST genannt. MWD steht für Measurement While Drilling. SST steht für Survey Steering Tool [6-1] und wird beim Wire-Line-Verfahren angewandt.

Der Bohrmeister hat die Aufgabe, aus den ihm zur Verfügung stehenden Daten die wesentlichen Informationen zu entnehmen und sie zur Fortsetzung des Bohrprozesses umzusetzen.

Prinzipiell gilt: Je mehr Daten zur Verfügung stehen, umso besser wird eine Entscheidungsfindung möglich sein. Bedingt durch die zunehmende Menge an Informationen wird aber die Übersichtlichkeit des Datenmaterials reduziert.

Auf kleineren Bohranlagen werden oftmals Angaben über die Inklination, den Azimut und das Toolface als ausreichend angesehen. Der Bohrmeister muss mit diesen Daten und seinem Erfahrungsschatz in der Lage sein, die Bohrung genau an den Zielpunkt zu bringen.

Da bei größeren Bohrgeräten im Regelfall auch größere Gestängedurchmesser zur Anwendung kommen, kommen dort Ortungsverfahren, die ihren Ursprung in der Tiefbohrtechnik haben, zur Anwendung. Die Messsonden dieser Ortungsverfahren sind größer als die der Kleinbohrgeräte, das heißt, sie können nur in Bohrstangen ab ca. 2 $^{7}/_{8}$" (= ca. 73 mm) Durchmesser untergebracht werden. Dafür können diese Ortungssysteme Daten übertragen, die oftmals mit Bohrlochvermessungssystemen für kleinere Bohrstränge nicht erhältlich sind.

Die kabellosen Ortungsverfahren im HDD werden häufig als „Walk-Over-Verfahren" bezeichnet, da die Trasse übertägig mit einem Signalempfänger begangen wird. Die Verfahren, bei denen ein Kabel zur Datenübermittlung benutzt wird, sind die sogenannten „Wire-Line-Verfahren". Im Folgenden werden diese Verfahren näher erläutert.

6.2 Ortungsverfahren

6.2.1 Walk-Over-Verfahren

Das Walk-Over-Verfahren (**Bild 6.1**) wird vor allem bei kleineren Bohranlagen eingesetzt. Die dafür verwendeten Systeme bestehen aus einem Sender und einem Empfänger, von denen elektromagnetische Impulse als Signale an die Umgebung abgegeben werden. Die dabei entstehenden elektromagnetischen Wellen haben eine vorher definierte Frequenz und werden von einem Empfänger an der Erdoberfläche aufgenommen.

32 Lage in Drehrichtung des Bohrstranges

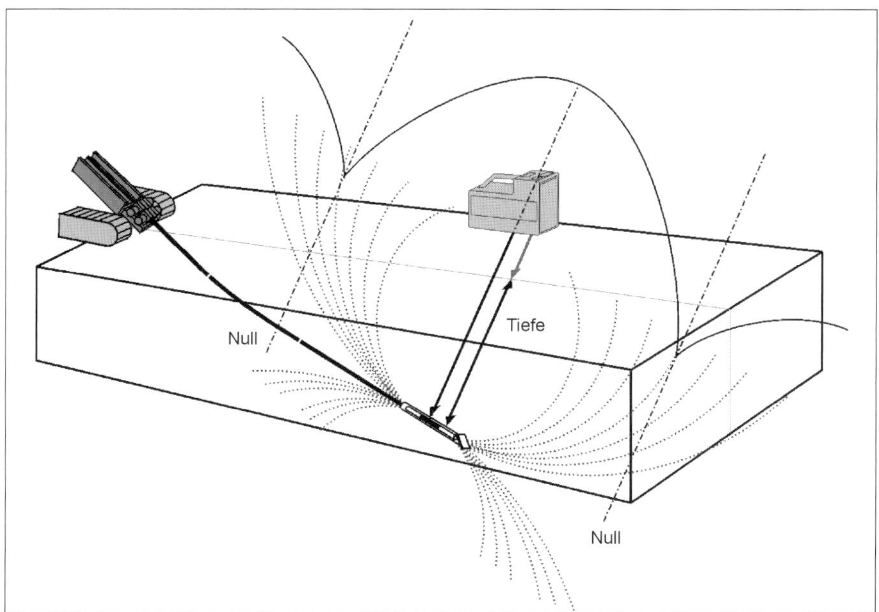

Bild 6.1: Schematische Darstellung des Walk-Over-Verfahrens [6-2]

Da der Sender und die Sensorik batteriebetrieben sind, entfallen aufwendige Kabelverbindungen. Die einzelnen Komponenten können **Bild 6.2** entnommen werden.

Als problematisch erweisen sich bei dieser Art der Datenübertragung Störfelder durch fremdverursachte elektromagnetische Einflüsse, die die Messergebnisse negativ beeinflussen können. Dämpfungseffekte des Bodens auf die Wellenausbreitung begrenzen die erfolgreiche Anwendung dieser Art des Datentransfers aus Bohrungen zurzeit auf eine maximale Tiefe, in Abhängigkeit von Herstellerangaben, von bis zu ca. 20 m

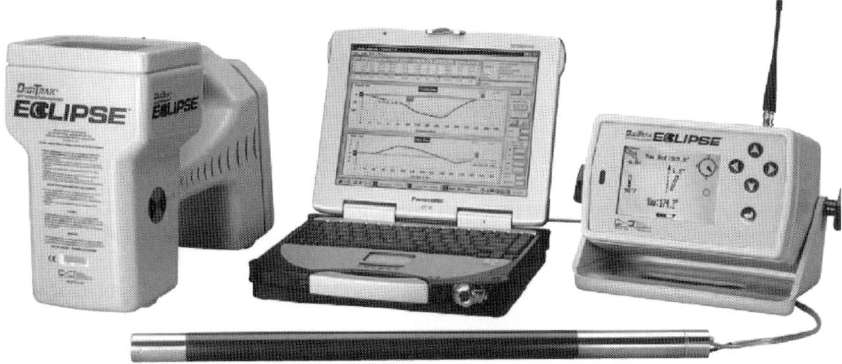

Bild 6.2: Komponenten des Messsystems „Walk-Over“ [6-3]

unter Gelände. Das Problem des begrenzten Energiepotentials von Batterien (ca. 200 h) kann durch eine kabelgebundene Energieversorgung von übertage behoben werden. Der große Vorteil dieses Systems, ohne zeitintensive Kabelverbindungen zu arbeiten, geht damit verloren. Gleichzeitig wird die Übertragungsgenauigkeit von den physikalischen Eigenschaften der verschiedenen Bodenschichten, die das Signal des Senders durchquert, sowie zunehmender Überdeckung zur Geländeoberkante, beeinflusst.

Der Sender ist unmittelbar hinter der Bohrgarnitur angeordnet. In ihm sind mehrere Messeinheiten untergebracht. Dabei handelt es sich zumindest um ein Inklinometer, ein Gerät zur Feststellung der Neigung, die Bestimmung des Toolface und um einen Oszillator. Der Oszillator wandelt die Messdaten in elektromagnetische Signale um, die an der Oberfläche empfangen werden können.

Das Walk-Over-Verfahren kann nur im begehbarem Gelände (im weitesten Sinn) zur Anwendung kommen.

6.2.1.1 Neigungsmesser (Inklinometer)

Das Inklinometer ermittelt die Neigung der Bohrgarnitur bzw. des Senders im Bohrgestänge unter Ausnutzung der Gravitationskraft.

Inklinometer bestehen aus drei orthogonal zueinander angeordneten Accelerometern. Sie messen den Winkel der Messsonde zur Gravitationsachse. Die wirkende Richtung der Gravitationskraft und damit indirekt der Winkel kann beispielsweise mit Hilfe eines Spulenkernes gemessen werden. Der Spulenkern ist zentrisch zwischen zwei Federn gelagert und wird von zwei in Reihe geschalteten Spulen umgeben. Ändert sich die Position des Spulenkerns mit der Masse durch die Veränderung der Lage der Sonde /der Bohrgarnitur, so entsteht eine Differenzspannung (U_1-U_2). Diese Differenzspannung ist proportional zum Kosinus des Neigungswinkels.

6.2.1.2 Meißelstellung in Drehrichtung (Toolface)

Die Bestimmung der Meißelstellung in Drehrichtung (Toolface) und damit bei lenkbaren Garnituren der Ablenkrichtung erfolgt durch eine ringförmige Bahn, die in die Wand des Senders eingelassen ist und orthogonal zur Längsachse der Messsonde steht. Diese Bahn ist (einem Roulettetisch ähnlich) in mehrere Segmente eingeteilt (etwa 8 bis 16 Segmenten; mehr Segmente würden das Steuern der Bohrgarnitur präziser machen und sind daher wünschenswert). Bildlich gesehen rollt eine kleine Kugel in dieser Bahn entlang und fällt je nach Position der Bohrgarnitur in eins der Segmente. In jedem einzelnen Segment befindet sich ein Schalter, der durch die Berührung der Kugel betätigt wird und so ein Signal über die Ablenkrichtung der Bohrgarnitur abgibt.

6.2.1.3 Sender (Oszillator)

Der Sender bzw. Oszillator übermittelt Daten über die Position des Bohrkopfes usw. mit Hilfe von elektromagnetischen Wellen im kHz-Bereich. Die Signale werden in alle Richtungen rund um den Bohrkopf abgestrahlt. Sie enthalten Informationen über die Lage, Tiefe, Azimut, Inklination und Temperatur der Bohrgarnitur. Neuere Empfangsgeräte sind lt. Herstellerangabe außerdem in der Lage, Rohre und Kabel durch eine zusätzlich im Empfänger integrierte Antenne im Erdreich aufzuspüren. Dazu muss das Empfangsgerät auf einen anderen Hz-Bereich der Suchantennen umgeschaltet werden.

6.2.1.4 Signalempfang

Der Signalempfang beim Walk-Over-Verfahren erfolgt mit Hilfe der Minimum- und/oder mit Hilfe der Maximummethode. Empfänger und Sender müssen auf der gleichen Frequenz arbeiten.

Bei der Minimummethode (Nullsignal) wird das Empfangsgerät auf Nullsignal-Empfang geschaltet. Es wird eine im Gerät senkrecht zur Längsachse angeordnete Empfangsspule zum Messen der senkrechten Komponenten des Signals aktiviert.

Steht das Bohrpersonal mit dem Empfangsgerät (im Folgenden auch Ortungsgerät genannt) direkt über dem Sender, dann empfängt das Ortungsgerät ein Nullsignal. Im unmittelbaren Umfeld des Senders erreicht die Signalstärke erst ein Maximum und fällt dann langsam ab. Mit der Minimummethode ist ein gut zu ortendes Signal direkt über dem Sender empfangbar.

Bei der Maximummethode (Spitzensignal) wird mit zwei im Empfänger waagerecht angeordneten Spulen die horizontale Komponente des vom Sender ausgestrahlten elektromagnetischen Wechselfeldes registriert. Der Wert dieses Signals ist in der direkten Umgebung des Senders am stärksten und fällt mit zunehmender Entfernung vom Sender ab. Der starke Anstieg des Signals zum Sender hin wird durch das Doppelspulensystem im Ortungsgerät verursacht.

Die Voraussetzung dafür ist, dass die Breitseite des Empfängers im rechten Winkel zum Sender steht; durch die Kurvenfahrt beim HDD-Verfahren kann hier ein Problem auftauchen. Wird der Empfänger so gedreht, dass die Breitseite parallel zum Leiter steht, geht das Signal gegen Null. So lässt sich die Richtung des Senders feststellen.

Mit dem Vergleich des Minimum- und des Maximumsignals lassen sich das Ortungsergebnis und die Richtigkeit der Tiefenmessung überprüfen. Stimmen das Null- und das Spitzensignal überein, dann sind die Lage und die Tiefe des Leiters exakt bestimmt. Je größer die Differenz der Signale ist, desto ungenauer ist das Messergebnis. Dieser Fall tritt ein, wenn das Sendersignal durch Nachbarsignale gestört oder überlagert wird.

Im Empfänger werden die Wellen des Senders dekodiert und auf einem Anzeigefeld sichtbar gemacht. Die Anzeige kann analog oder/und digital erfolgen. Akustische Signale sind die Ausnahme. Das Dekodieren der Daten des Senders erfolgt durch das Auffangen der vom Sender ausgehenden elektromagnetischen Wellen und durch den anschließenden Vergleich mit anderen, vom Empfänger ausgestrahlten Wellen (entsprechend dem Resonanzprinzip). Treffen dabei Wellen gleicher Frequenz aufeinander, entsteht ein angeregtes Mitschwingen. Bei gleicher Frequenz führt das zu den stärksten Signalen und den besten Ergebnissen. Nach dem Vergleich der Frequenzen werden die Signale mit einem Demodulator dekodiert.

Der Datenaustausch zwischen dem Bohrmeister und dem Bediener des Empfängers erfolgt mit Hilfe von Funkfernsprechverkehr. Eine direkte Datenübertragung vom Empfänger mittels elektromagnetischer Wellen ist ebenfalls möglich.

6.2.1.5 Voraussetzungen

Um eine Bohrung mit dem Walk-Over-Verfahren erfolgreich durchführen zu können, muss vor Bohrbeginn das Geländeprofil eingemessen werden. So können mit der Messsonde Absolutdaten (Werte, die sich in ein vorhandenes Höhensystem einbinden lassen) ermittelt werden.

Vor jedem Bohrvorgang müssen die Messwerkzeuge, Sender und Empfänger kalibriert werden. Das Kalibrieren läuft je nach Hersteller der Vermessungseinheit unterschiedlich ab. Wichtig beim Kalibrieren ist die frühzeitige Erkennung von Abweichungen zwischen den Soll- und Ist-Werten. Das Kalibrieren erfolgt bei einigen Vermessungseinheiten automatisch.

Der Nachteil einer automatischen Kalibrierung ist, dass mit Fehlern behaftete Geräte nicht sofort auf der Baustelle neu justiert werden können. Dies ist bei Geräten, die vom Bediener kalibriert werden anders, wobei dort der Kalibriervorgang einen längeren Zeitraum in Anspruch nimmt als bei der automatischen Kalibrierung.

Die maximal mögliche Tiefe der Bohrsonde unter der Oberkante des Geländes, bei der noch zuverlässige Signale empfangen werden können, variiert zwischen den verschiedenen Gerätetypen. Eine zuverlässige Datenübertragung wird von folgenden Parametern beeinflusst:

- Primär:
  - Tiefe der Sonde unter der Oberkante des Geländes
  - Leitfähigkeit der anstehenden geologischen Formation
  - Neigung des Senders bzw. Stabilität des Empfängers (z. B. in einem Boot)
  - Fremdeinflüsse von anderen elektromagnetischen Feldern
- Sekundär:
  - Stärke des von der Sonde ausgehenden Signals
  - Art der Energieübertragung zur Erzeugung des Signals

Je dichter eine Formation gelagert ist und je höher das spezifische Gewicht dieser Böden ist, umso schlechter wird das Sendersignal mit zunehmender Tiefe der Sonde unter der Oberkante des Geländes empfangen. Es verhält sich hier ähnlich wie bei Funkgeräten, die im freien Gelände über größere Entfernungen Signale empfangen und abgeben können als im innerstädtischen Bereich.

Die Empfangsstärke des Sendersignals hängt gleichzeitig auch von der Leitfähigkeit der anstehenden Schichten ab. Beim HDD-Verfahren werden i. A. mehrere verschiedene Formationen durchhörtert. Jede dieser Formationen hat einen eigenen spezifischen elektrischen Widerstand, der auch vom Wassergehalt (Grundwassergehalt) und der Wasserqualität (z. B. Salzgehalt) abhängig ist. Dadurch, dass das Sendersignal mehrere Bodenschichten durchquert, bevor es oberirdisch empfangen wird, nimmt die Genauigkeit des Signals überproportional zur Tiefe ab. Die Wellenausbreitung zum Empfänger hin wird durch die unterschiedlichen Formationen gedämpft. Je stärker das Sendersignal ist, desto weniger wird es vom anstehenden Gestein und seinem Widerstand sowie der Tiefe der Bohrung beeinflusst.

Die Energieversorgung des Senders kann i. A. auf zwei verschiedene Arten erfolgen. Das kann z. B. durch im Sender platzierte Batterien oder durch Stromzufuhr mittels eines Kabels geschehen, das von der Bohranlage durch das Bohrgestänge bis zum Sender nahe des Bohrmeißels reicht.

Durch das Stromkabel kann dem Sender mehr elektrische Energie über eine längere Zeitspanne als durch Batterien zur Verfügung gestellt werden. Der Einbau des Kabels ist allerdings zeitaufwendig.

Batterien haben den Nachteil, dass ihre Energie mit zunehmender Zeit und mit Zunahme der Häufigkeit von abgesandten Signalen abnimmt. Hat das Empfangsgerät keine

Alarmfunktion, die auf ein zu geringes Batteriepotential hinweist, besteht die Gefahr, dass das Sendersignal für einen einwandfreien Datenempfang zu schwach wird bzw. die Senderinformationen durch das zu schwache Signal verfälscht werden.

Auch durch die Lage des Senders in der Bohrgarnitur können die Senderdaten verfälscht werden. Die elektromagnetischen Wellen verlassen den Sender durch schmale, längliche Aussparungen in seiner Außenwand. Das Austreten der elektromagnetischen Wellen erfolgt beinahe orthogonal zur Längsachse des Senders, da sein Stahlmantel das Austreten in alle Richtungen stark einschränkt. Je geringer der Sender geneigt ist, desto besser sind seine Signale zu empfangen. Ein üblicher Wert für die Genauigkeit eines Sendersignals bis zu 5 m unter OKG liegt bei ±5 cm pro m Tiefe des Senders. Bei einer Neigung von ca. 20° verringert sich die Genauigkeit auf 12,4 cm pro m Tiefe [6-4].

Die Genauigkeit der Messungen kann von Fremdsignalen beeinflusst werden. Es handelt sich dabei um fremde elektromagnetische Felder, die das Feld des Senders beeinflussen bzw. überlagern. Diese Fremdsignale können von stromführenden über- und unterirdischen Leitungskabeln im Erdreich und von Bahntrassen kommen.

Generell beeinflussen alle metallischen Gegenstände in der näheren Umgebung des Senders und des Empfängers das Signal. Dazu gehören auch Bewehrungsstähle von Betonkonstruktionen, Eisen- und Straßenbahnschienen sowie Kraftfahrzeuge, die im unmittelbaren Bereich der Bohrtrasse stehen. Es ist wichtig, sich über derartige Ursachen für Fehlerquellen vor Beginn einer Bohrmaßnahme zu informieren und eventuell solche Fehlsignalquellen vor Arbeitsbeginn z. B. mit Farbmarkierungen zu kennzeichnen.

6.2.2 Wire-Line-Verfahren

Das beim HDD-Verfahren eingesetzte Wire-Line-Verfahren ist eine Weiterentwicklung des aus der Tiefbohrtechnik kommenden WLT-Kabelmessverfahrens. WLT steht für Wireline Logging Technique.

Mit Hilfe des Wire-Line-Verfahrens erhält der Bohrmeister Daten von der Ortsbrust in Echtzeit. Beim Wire-Line-Verfahren wird hinter der Bohrgarnitur oder unmittelbar hinter dem Bohrwerkzeug eine Vermessungseinheit/Steuereinheit montiert, welche die Daten über die Neigung, das Azimut und die Meißelorientierung über ein Kabel zum Steuerstand der Bohranlage übermittelt. Dieses Kabel muss den hohen Spülungsgeschwindigkeiten und den erbohrten, abrasiven Bestandteilen in der Bohrspülung standhalten.

Mit jedem Rohr, das bei der Pilotbohrung eingebaut wird, muss auch ein neues Stück Kabel in den Bohrstrang eingebaut werden. Dieser Vorgang ist relativ zeitaufwendig. Um den Zeitverlust beim Gestängewechsel zu minimieren wird das Endstück des Kabels auf dem Bohrschlitten mit der dort befindlichen Kabeltrommel verbunden. Von der Kabeltrommel führt eine Interfaceverbindung zum Steuerstand. Dort befindet sich ein Computer mit dem die von der Vermessungssonde kommenden Daten ausgewertet werden.

Das Orientierungsmesssystem der Steuereinheit ermittelt das Azimut über ein dreiachsiges Magnetometersystem nach dem magnetischen Nordpol. Die Neigung der Bohrgarnitur wird durch eine Gruppe von in drei Achsen ausgerichteten Beschleunigungsmessern ermittelt.

Bild 6.3: Vermessungseinheit in Einzelteilen, die in nichtmagnetische Bohrstangen eingebaut werden [6-5]

Dadurch kann während des Bohrvorganges die Position/Lokation der Bohrgarnitur zu jeder Zeit erfasst werden. Das Ablesen der Messwerte ist nur während des Abbohrens der einzelnen Bohrstangen möglich, da bei jedem weiteren Einbau einer Bohrstange in den Bohrstrang das Datenübertragungskabel gelöst werden muss. Bei Benutzung eines Magnetometers und eines Accelerometers wird die Vermessungseinheit (**Bild 6.3**) in nichtmagnetische Bohrstangen eingebaut. Die nichtmagnetischen Bohrstangen verhindern Magnetfelder, die die Messgenauigkeit der Messsysteme erheblich beeinflussen.

Kommt ein Kreiselkompass zur Anwendung, sind keine antimagnetischen Bohrstangen erforderlich. Kreiselkompasse (Gyroskope) ersetzen das Magnetometersystem und geben das Azimut gegenüber der justierten Richtung an.

6.2.2.1 Azimut

Die Arbeitsrichtung des Bohrwerkzeuges auf einer horizontalen Ebene ist in 360°, einem Vollkreis entsprechend, unterteilt [6-1]. Die drei in der nichtmagnetischen Stange bzw. in der Vermessungseinheit platzierten Magnetometer sind orthogonal zueinander versetzt. Mit Hilfe der Magnetometer wird das Azimut bestimmt.

Dieser basiert auf der Messung der Feldstärke des Erdmagnetfeldes. Die Feldlinien des Erdmagnetfeldes verlaufen nicht exakt parallel zu den geographischen Längengraden. Sie verlaufen vom magnetischen Südpol zum magnetischen Nordpol. Die magnetischen und die geographischen Pole sind nicht identisch.

Der Verlauf der Erdmagnetfeldlinien kann mit dem Totalfeldvektor b_{Total} beschrieben werden. An allen Orten der Erde hat das Erdmagnetfeld, wie sich der Zeichnung entnehmen lässt, auch horizontale, nicht der Schwerkraft folgende Kraftkomponenten. Die nachstehende Formel beschreibt die Richtung und den Betrag des Vektors b_{Total}.

Betrag des Totalfeldvektors:

$$b_{Total} = \sqrt{b_{HZ}^2 + b_{HX}^2 + b_{HY}^2} \tag{6-1}$$

Bild 6.4:
Elemente des Erdmagnetischen Feldes ($b_V = b_{HZ}$; $b_H = b_{HX}$) [6-6]

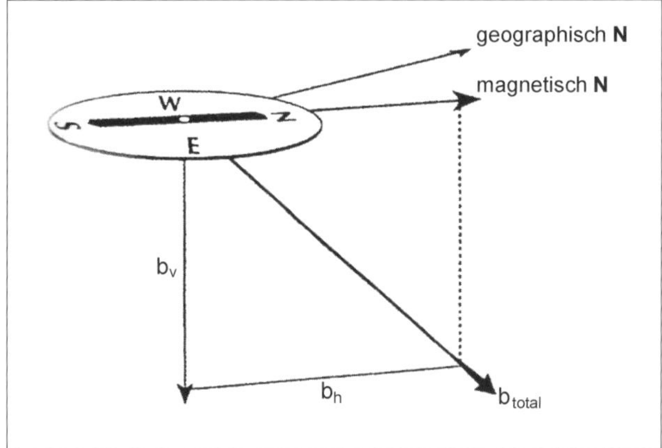

Richtung des Totalfeldvektors: $a = \arctan (b_{HY}/b_{HX})$ = Azimut

b_{HX} = Magnetometer-Messwert in X-Richtung = horizontale Komponente des Erdmagnetfeldes

b_{HY} = Magnetometer-Messwert in Y-Richtung = horizontale Komponente des Erdmagnetfeldes

b_{HZ} = Magnetometer-Messwert in Z-Richtung = vertikale Komponente des Erdmagnetfeldes

b_{Total} = totale Stärke des Erdmagnetfeldes am gemessenen Punkt = Totalfeldvektor

Drei Magnetometer messen die Differenzspannung des Erdmagnetfeldes, das durch die magnetische Feldstärke bzw. die Flussdichte des Magnetfeldes verursacht wird. Sie bestehen aus zwei parallelen Spulkernen, die permanent von einem Wechselstrom durchflossen werden. Die Differenzspannung zwischen den beiden Spulen wird durch eine die Spulen umfassende Messschleife gemessen bzw. bestimmt. Sie wird umso niedriger, je paralleler die Vermessungseinheit (und damit das in X-Richtung arbeitende Magnetometer) zum Verlauf der Magnetfeldlinien liegt.

Das Bewegen von elektrischen Leitern innerhalb des Magnetfeldes induziert Spannungen und Ströme. Die Induktionsspannungen können mit der Messschleife festgestellt werden. Sie treten in einem proportionalen Verhältnis zur Magnetfeldstärke auf. Durch die orthogonale Anordnung der drei Magnetometer kann die Richtung des Totalfeldvektors festgestellt werden. Es wird an dieser Stelle noch einmal darauf hingewiesen, dass der Totalvektor des Magnetometers parallel zu den Feldlinien verläuft, nicht zu den Längengraden. Bei Bohrungen, die primär in Ost-West-Richtung verlaufen (oder umgekehrt) sind beim Messen der Daten erhöhte Ungenauigkeiten festzustellen [6-7, 6-15].

6.2.2.2 Inklination

Der Aufbau des Inklinometers (oder auch Accelerometers) entspricht im Wesentlichen dem des Magnetometers. Drei orthogonal zueinander versetzte, in einer Reihe platzierte Accelerometer, deren X-, Y- und Z-Achsen mit denen der Vermessungseinheit übereinstimmen, ermitteln den Vektor der Gravitationskraft g_{Total}. Er beschreibt die Größe und Wirkungsrichtung der Gravitationskraft. Der Gravitationsvektor g_{Total} wird mit folgender Formel beschrieben:

$$g_{Total} = \sqrt{g_{HZ}^2 + g_{HX}^2 + g_{HY}^2} \qquad (6\text{-}2)$$

Die Wirkungsrichtung des Totalvektors berechnet sich aus Azimut a = arctan (b_{HY}/b_{HX})

g_{HZ} = Inklinometer-Messwert in Z-Richtung = vertikale Komponente der Gravitationskraft

g_{HX} = Inklinometer-Messwert in X-Richtung = horizontale Komponente der Gravitationskraft

g_{HY} = Inklinometer-Messwert in Y-Richtung = horizontale Komponente der Gravitationskraft

g_{Total} = vorhandene Gravitationskraft = Gravitationsvektor

6.2.2.3 Voraussetzung

Vor jeder Bohrung muss die Vermessungseinheit überprüft werden. Dafür wird sie auf den Zielpunkt bzw. in ihrer Längsachse zu einer Referenzachse parallel ausgerichtet. Das Azimut wird dann von der Anzeige des Steuergerätes abgelesen, um einen Vergleichswert für den Zielpunkt zu erhalten. Es werden das Azimut, die Neigung und das Toolface geeicht und abschließend mit einer oberirdischen Messung überprüft [6-16].

Zur Kalibrierung des Azimuts wird die Vermessungssonde waagerecht auf den Boden gelegt und mit Hilfe eines Kompasses nach Norden (magn. Nordpol) ausgerichtet. Anschließend wird die Sonde so ausgerichtet, dass ihre Längsachse mit der Referenzachse im Bereich der Startgrube übereinstimmt. Es erfolgt abschließend ein Vergleich der Steuergeräte (im Steuerstand) mit denjenigen der Messsonde.

Bild 6.5:
Anzeige für den Bohrmeister. Es zeigt Azimut, Toolface und Inklination an [6-5]

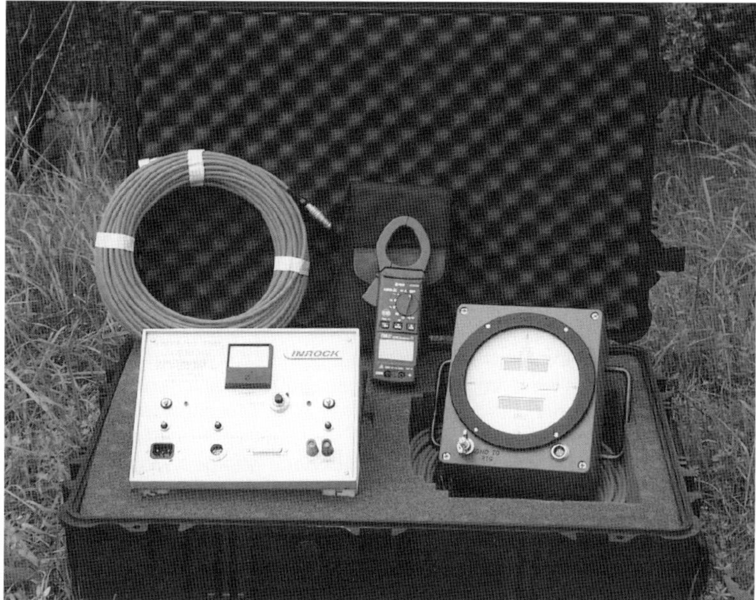

Bild 6.6: Equipment eines Vermessungsingenieurs der Fa. Inrock

Die Kalibrierung der Neigung erfolgt durch den Vergleich zwischen der Neigung des auf der Bohranlage eingebauten Bohrgestänges, in dem sich die Vermessungseinheit befindet, und der Anzeige des Steuerstandes. Die Neigung des Bohrgestänges kann beispielsweise durch eine digitale Wasserwaage gemessen werden.

Das Toolface kann, wie auch die Neigung, mit Hilfe einer Wasserwaage kalibriert werden. Zur Kalibrierung gibt es in den Bohrköpfen eine Aussparung (ggf. auch mehrere). In diese Aussparung wird der Zentrierungsdorn einer speziellen Wasserwaage eingelassen. Voraussetzung dafür ist die vorherige Montage des Bohrwerkzeuges am Bohrgestänge. Die Bohrgarnitur (auf dem Bohrgestänge bereits montiert) wird mit der Bohranlage so gedreht, dass die Wasserwaage eine exakt horizontale Position einnimmt. Da die Aussparung immer so angeordnet ist, dass sie um 180° gedreht direkt gegenüber der absoluten Aufwärts- oder Abwärtsposition des Bohrwerkzeuges liegt, kann die Steuerrichtung des Bohrwerkzeuges auf der Steueranlage justiert werden.

Ein Fehlerpotential dieser Messmethode ist, dass Bohrungen umso schlechter zu steuern sind, je mehr die Bohrtrasse orthogonal zu den magn. Feldlinien verläuft [6-7]. Das liegt in den zunehmend kleineren Totalfeldvektorbeträgen begründet, deren Summe mit zunehmender Ausrichtung von Ost nach West abnimmt [6-7].

Ein weiteres Fehlerpotential ist die beim Justieren der Vermessungswerkzeuge erforderliche hohe Genauigkeit. Tritt beim Justieren des Azimuts beispielsweise eine Abweichung von 0,5° bei einer Bohrtrassenlänge von 600 m ein, dann ergibt sich eine seitliche Abweichung von $600\ \text{m} \cdot \tan 0{,}5° = 5{,}2\ \text{m}$.

Es hat sich in der Praxis gezeigt, dass die Angaben über die Neigung bei diesem Verfahren generell genauer sind als die des Azimuts, da die Neigungsbestimmung nach dem Prinzip einer elektronischen Wasserwaage erfolgt und damit weniger von elektromagnetischen Fremdsignalen beeinflusst werden kann als die beim Accelerometer [6-8].

6.2.2.4 Unterstützendes Messverfahren

Da sich bei Bohrungen größerer Länge die vorstehend beschriebenen Vermessungs- und Ortungssysteme als nicht ausreichend erwiesen haben, wird auf ein zusätzliches Vermessungssystem, das mit einem künstlich erzeugten Magnetfeld arbeitet, zurückgegriffen. Dieses Messsystem, die TruTrack®-Methode, ist nur während des Stillstandes der Bohrgarnitur anwendbar. TruTrack ist eine firmenspezifische Bezeichnung der Fa. Tensor. Es gibt vergleichbare Systeme wie beispielsweise das MagNav®-System der Fa. Sperry Sun.

Die TruTrack-Methode funktioniert folgendermaßen: Ein Kabel wird parallel zur geplanten Bohrtrasse in einem vom Vermesser angegebenen seitlichen Abstand (oft 3 bis 6 m) ausgelegt, der von der Tiefe der Bohrtrasse bzw. Messsonde unter OKG abhängig ist. Das Auslegen des Kabels kann in Abhängigkeit vom anstehenden Gelände in mehreren Parzellen, der Bohrachse folgend, mehrfach erfolgen. Das ausgelegte Kabel wird als Messschleife bezeichnet.

Beim MagNav-Verfahren der Fa. Sperry Sun werden rechteckige Rasterfelder mit einem typischen Maß von 20 m x 10 m mittig, der Länge nach auf der Bohrachse ausgelegt. In Abhängigkeit von den örtlichen Gegebenheiten können die Rastermaße auch kleiner ausfallen [6-1].

Dafür muss das Geländeprofil im Bereich der Bohrtrasse und des Antennenkabels genau bekannt sein. Jeder vertikale und horizontale Knickpunkt des Kabels ist zu fixieren und zu vermerken. Dies geschieht durch das Einmessen des Antennenkabels. Vermessungsfehler beim Einmessen des Kabels führen zwangsläufig zu Fehlern bei der Positionsbestimmung der Bohrgarnitur.

Das Kabel wird an einen Generator (häufig ein Schweißaggregat) angeschlossen und mit einem Gleichstrom hoher Stromstärke durchflossen. Es bildet sich ein Stromkreislauf. Als Faustformel gilt, dass die Stromstärke in Ampere, die durch das Antennenkabel fließt, dem ca. 6,5-fachen Abstand in Metern der parallel zueinander liegenden Kabel entsprechen soll.

Die Fa. Tensor empfiehlt folgende Stromstärken in Abhängigkeit von der Überdeckung des Bohrkopfes, siehe **Tabelle 6.1**.

Um die vom Starkstrom durchflossenen Antennenkabel bildet sich ein Magnetfeld aus, das alle anderen (störenden) Magnetfelder überlagert (**Bild 6.7**). Um die Datensignale der Messsonde nicht durch eine zu starke Radialintensität (= Feldstärke) zu verfäl-

Tabelle 6.1: Notwendige Stromstärke für Vermessung mit künstlichem Magnetfeld in Abhängigkeit von der Überdeckung der Bohrachse [6-9]

Geplante Überdeckung (m)	**Stromstärke** (A)
5.00	47
10.00	92
15.00	135

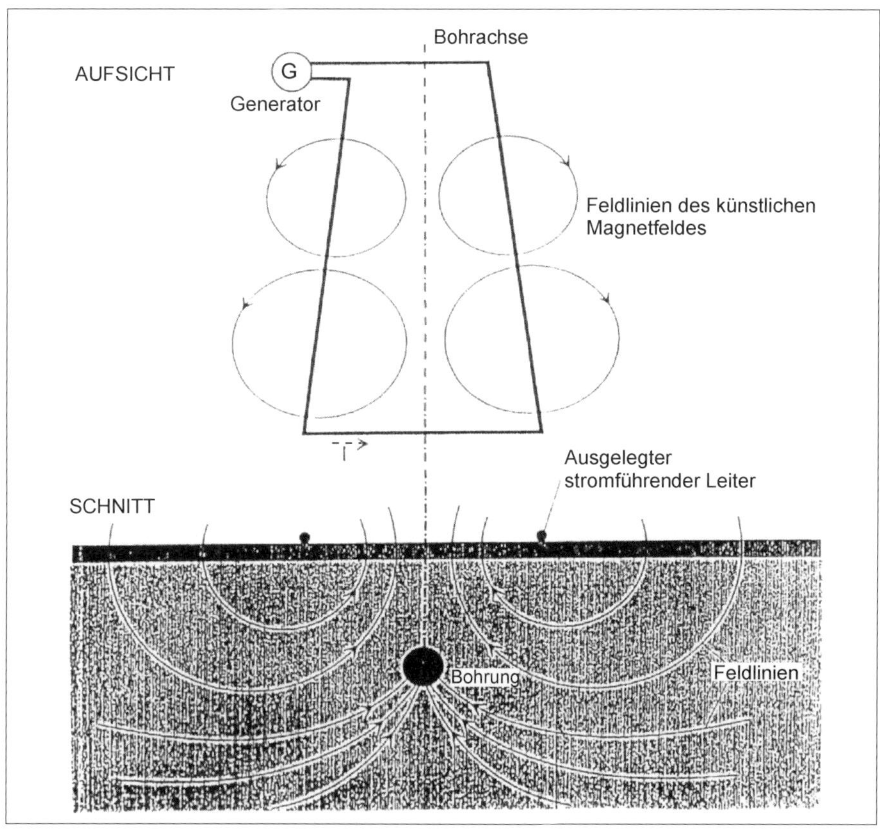

Bild 6.7: Künstlich erzeugtes Magnetfeld [6-6]

schen, muss während der Messung darauf geachtet werden, dass die Feldstärke in einem günstigen Bereich liegt (ca. 1.000 und 5.000 Nanotesla; 1 Nanotesla = 1 nT = 10^{-5} Gauß). Das Feld entsteht durch die an den Feldgrenzen vorhandenen elektrischen Ladungen des Leiters (des Kabels). Die Feldlinien dieses Feldes sind korkenzieherartig zum positiven Ladungsträger hin ausgebildet. Jedem Punkt im Raum des elektrischen Feldes ist eine nach Richtung und Betrag bestimmte Kraft zugeordnet, die sich mit den Magnetometern der Vermessungseinheit bestimmen lässt. Anstelle des Erdmagnetfeldes misst das Magnetometer hier primär die Vektorsumme des künstlich erzeugten Feldes, welches das Erdmagnetfeld und sonstige Magnetfelder überlagert. Je stärker vorhandene Fremdsignale (z. B. Stromkabel) sind, umso größer sollte die gewählte Stromstärke im Antennenkabel sein. Durch dieses künstliche Magnetfeld lässt sich eine genauere Positionsbestimmung der Bohrgarnitur vornehmen.

Diese Messungen bauen nicht auf vorherige Messungen bzw. Messwerte auf. So werden kumulative Summenfehler bei der Berechnung der Position der Messsonde vermieden.

Die Berechnung der Position der Sonde kann durch die Messung der magnetischen Flussdichte bzw. Feldstärke im Boden ermittelt werden. Voraussetzung dafür ist, dass der spezifische Widerstand bzw. die Leitfähigkeit der anstehenden Schichten bekannt ist. Die folgenden Formeln können dafür angegeben werden:

$$H = \frac{I}{2 \cdot \pi \cdot r} \qquad (6\text{-}3)$$

H = magn. Feldstärke (A/m)

I = Strom (A)

π = Konstante (= 3,14)

r = geradliniger Abstand der Sonde zum Leiterkabel

$$B = \eta_r \cdot \eta_o \cdot H \qquad (6\text{-}4)$$

(Der Leiterquerschnitt kann hier vernachlässigt werden)

B = magn. Flussdichte (Tesla = Vs/m^2) 1 nT = 1 Gamma

η_r = Konstante, beschreibt den spez. Widerstand bzw. Leitfähigkeit der anstehenden Formation

η_o = Konstante = $1{,}257 \cdot 10^{-6}$ (V · s/A · m)

H = magn. Feldstärke (A/m)

Aus den Formeln (6-3) und (6-4) ergibt sich durch Umstellen nach r die Formel (6-5).

$$r = \frac{\eta_r \cdot \eta_o \cdot I}{2 \cdot B \cdot \pi} \qquad (6\text{-}5)$$

Der Strom wird zum Einmessen der Sonde einmal im und einmal gegen den Uhrzeigersinn durch das Leiterkabel geschickt. Dadurch erhält man zwei Werte für den Wert r. Da der Abstand zwischen den Leiterkabeln und die geodätische Höhe als bekannt vorausgesetzt werden kann, ist es möglich, mittels trigonometrischer Funktionen die Position der Sonde zu bestimmen.

Der Vorteil der Messung mit einem künstlichen Magnetfeld besteht darin, dass Fehlerquellen durch verfälschende Signale weitgehend ausgeschlossen werden können. Die Nachteile dieses Messverfahrens liegen darin, dass die Oberfläche des Geländes zum Auslegen des Antennenkabels zugänglich sein muss.

Diese Messsysteme erreichen eine Messgenauigkeit von etwa ±2 % der Tiefe des Senders unter Geländeoberkante.

Anmerkung: Das Kabel lässt sich beim TruTrack-Verfahren auch durch stehende und fließende Gewässer verlegen, wenn es an der Gewässersohle fixiert und gegen Auftrieb gesichert wird. Die im Zusammenhang mit dem MagNav-Verfahren benutzten kleineren Rasterfelder können auch in Gebäuden oder auf Wasserflächen zur Anwendung kommen. Darüber hinaus wurden diese Verfahren auch schon erfolgreich in Spundwandkästen eingesetzt.

Seit dem Erscheinen des ersten Bandes hat es Weiterentwicklungen des TruTrack-Systems gegeben. Diese sind ParaTrack I® und ParaTrack II® [6-10].

ParaTrack I kann im Vergleich zum TruTrack-System mit nur einem Gleichstromkabel für die übertägige Messschleife betrieben werden. Diese verläuft nach Möglichkeit entlang einer Linie, die die direkte Verbindung zwischen Ein- und Austrittspunkt der Bohrung darstellt. Die Erfahrung zeigt, dass eine rechteckig angeordnete Messschleife häufig zu genaueren Messergebnissen führt, was das Kosteneinsparpotenzial einer einfach auszulegenden Messschleife zumindest teilweise negiert. Die Genauigkeit der Sondenortung liegt, in Abhängigkeit magnetischer Störeinflüsse und wenn keine Lesung zur Fehlerreduzierung mittels der Messschleife vorgenommen wird, bei

- ±2 % der Überdeckung (= ca. ±0,6 m Abstand zur Oberkante Gelände bei 30 m Überdeckung),
- 0,3° für die Inklination (= ca. ±5,25 m horizontale Abweichung auf 1000 m Bohrungslänge) und
- 0,5° für den Azimut (= ca. ± 8,75 m vertikale Abweichung auf 1000 m Bohrungslänge).

ParaTrack II kann im Vergleich zum TruTrack-System und/oder ParaTrack I mit einem Wechselstromkabel für die übertägige Messschleife betrieben werden. Diese verläuft nach Möglichkeit entlang einer Linie, die die direkte Verbindung zwischen Ein- und Austrittspunkt der Bohrung darstellt. Die Erfahrung zeigt auch hier, dass eine rechteckig angeordnete Messschleife häufig zu genaueren Messergebnissen führt, was auch hier ebenfalls das Kosteneinsparpotenzial einer einfach auszulegenden Messschleife zumindest teilweise negiert. Der Wechselstrom ermöglicht jedoch auch kleinere lokale Stromquellen zu nutzen. Die Genauigkeit der Sondenortung liegt, in Abhängigkeit magnetischer Störeinflüsse und wenn keine Lesung zur Fehlerreduzierung mittels der Messschleife vorgenommen wird, bei

- < ±1 % der Überdeckung (= ca. ±0,3 m Abstand zur Oberkante Gelände bei 30 m Überdeckung),
- 0,1° für die Inklination (= ca. ±1,75 m horizontale Abweichung auf 1000 m Bohrungslänge) und
- 0,4° für den Azimut (= ca. ±7 m vertikale Abweichung auf 1000 m Bohrungslänge)

Zusätzlich kann das ParaTrack II-System mit einem Pressure Sub, einem Rotating Magnet und/oder Beacons/Benchmarks betrieben werden.

Ein Pressure Sub ist ein Ringraumdruckmesssensor, der es erlaubt, den Spülungsdruck im Ringraum im Bereich des Pressure Subs zu messen. Ein Rotating Magnet ist ein spezielles Gerät zur Bohrlochvermessung, das es erlaubt mit einem Bohrstrang auf einen anderen Bohrstrang hin zu bohren. Somit könnte ein Rotating Magnet auch als Signalgeber bezeichnet werden. Beacons sind im Regelfall übertägig aufzustellende „Signalgeber", die ein künstliches Magnetfeld erzeugen, anhand dessen die Position der Steuersonde bestimmt werden kann. Benchmarks entsprechen in ihrer Funktion einem Beacon, funktionieren jedoch auch unter Wasser.

Signale von Beacons/Benchmarks sind in einer Entfernung von bis zu 100 m mit einer Steuersonde registrierbar, in abhängig auftretender lokaler magnetischer Interferenzen und anderen äußeren Einflüssen.

6.2.3 Kreiselkompass

Die schon beschriebenen Messmethoden haben folgende Fehlerpotentiale:

- Bohrungen in Bereichen, in denen das Erdmagnetfeld gestört ist, können zu Fehlinterpretationen der Messsignale führen.
- Bohrungen in Bereichen, die über längere Strecken nicht zugänglich sind, stellen für das Walk-Over-Verfahren und das TruTrack/ParaTrack-Verfahren ein Problem dar.

Kreiselkompasse können diese Problem- und Fehlerpotentiale reduzieren. Ein Kreiselkompass ersetzt das Magnetometersystem und bestimmt die Abweichung gegenüber geographisch Nord. Damit kann ggf. auch das arbeitsaufwendige Verlegen des Antennenkabels für das TruTrack/ParaTrack-System wegfallen. Die täglichen Kosten für ein kreiselgesteuertes Vermessungssystem liegen zurzeit bei 4.000–8.000 € [6-11].

Kreiselkompasse richten sich nach der Rotationsachse der Erde aus. Demzufolge besteht eine weitgehende Unabhängigkeit vom magnetischen Kraftlinienfeld der Erde. Das ist hinsichtlich der schon erwähnten Fehlerpotentiale von Vorteil und macht den Kreiselkompass für das HDD-Verfahren sehr interessant. Bis jetzt kommen kreiselkompassgestützte Navigationssysteme primär in der Tiefbohrtechnik zur Anwendung. 1990 wurde in den USA mit einem derartigen Ortungssystemen gebohrt (Dükerung des Missouri-River). Seit diesem Zeitpunkt ist die kreiselgestützte Ortung für das HDD-Verfahren verbessert worden. Trotz der optimalen Voraussetzungen, die dieses System mit sich bringt, hat es aufgrund des hohen finanziellen Aufwandes, mit dem es verbunden ist, noch keine allgemeine Verbreitung beim HDD-Verfahren gefunden. In seiner Anwenderfreundlichkeit ist es inzwischen auf dem HDD-Sektor so weit entwickelt, dass es dort vereinzelt mit großem Erfolg eingesetzt wird. Kreiselkompasse werden wahrscheinlich in den nächsten Jahren eine sinnvolle Alternative zu Magnetometern darstellen. Sie erschließen neue Arbeitsbereiche und bieten eine Ergänzung bzw. Verbesserung zu den schon bestehenden Messsystemen.

Aufbau und Arbeitsweise

In der Vergangenheit wurde jede Achse, um die eine Masse rotiert, als Kreisel bzw. Gyroskop bezeichnet. Die Bezeichnung Gyroskop wird für ein Messgerät zum Nachweis einer Drehgeschwindigkeit verwandt. Heute rotieren bei modernen Kreiseln keine Massen mehr um eine Achse. Bei Ringlaserkreiseln und Lichtleitfaserkreiseln sind es Lichtstrahlen, die sich um die Achse des Kreisels bewegen. Der Aufbau und die Funktionsweise dieser zukunftsträchtigen Technologie wird an dieser Stelle beschrieben.

Der wohl bekannteste Kreisel für die Navigation ist der kardanisch gelagerte Kreisel, der aus einer Achse (dem Läufer) besteht, um die eine Masse (symmetrische Scheibe) rotiert. Es gibt ein-, zwei- und dreiachsig gelagerte Kreisel.

Es ist am einfachsten die Messmöglichkeiten von Kreiselsystemen zu beschreiben, wenn der Aufbau und damit die Lage der Kreiselachsen bekannt ist. Jeder Körper hat drei potentielle Drehachsen, die beim Kreisel gleichzeitig die Hauptachsen sind. Die Funktion des Kreisels beruht auf dem physikalischen Gesetz von der Erhaltung des Drehimpulses. Bei diesem physikalischen Gesetz handelt es sich um ein Axiom.

Vereinfacht besagt der Impulssatz, dass jeder Kreisel seine Richtung zu einem Bezugssystem beibehält, solange nicht ein störendes Moment auf ihn einwirkt.

Die Änderung des Drehimpulses kann sowohl eine Betrags- als auch eine Richtungsänderung sein, die gegenüber einem Bezugssystem festgestellt wird. Eine Schwenkung gegenüber dem Inertialraum[33] kann daher nur durch ein Drehmoment verursacht werden. Diese Schwenkung wird registriert. Von ihr lässt sich auf eine Richtungsänderung schließen, die zur vermessungstechnischen Auswertung dient. Die dabei über Winkelraten anfallenden Daten können nicht einfach zu Raumwinkeln integriert werden, sondern sie müssen durch Differentialgleichungen in die gesuchten Raumwinkel umgeformt werden.

Ein Kreisel ist als nordsuchender Kompass nutzbar, wenn der Innenrahmen einschließlich der Rotationsachse (z. B. durch ein angehängtes Gewicht) gezwungen wird, sich wie ein Pendel zu verhalten. Hat die Laufachse eine Komponente nach Osten oder nach Westen, dann hebt sich das Pendel aus der Ruhestellung. Dadurch wird ein Moment auf den Rotor ausgeübt. Dieses Moment erzeugt eine ausweichende Bewegung der Rotationsachse (Präzessionsbewegung), die die Laufachse in die Nordrichtung zeigen lässt. Tatsächlich bewegt sich der Vektor der Laufachse ellipsenförmig um die Nordrichtung, solange der Kreiselkompass ungedämpft ist.

In der Tiefbohrtechnik kommen gefesselte Kreisel zum Einsatz. Diese Kreisel sind unempfindlich gegen Stöße, da sie „gefesselt" sind. Im Gegensatz zu den oben beschriebenen Systemen erfordern Fesselkreisel keinen Kardanrahmen. Dies ermöglicht so kleine räumliche Abmessungen dieser Systeme, dass sie beim HDD-Verfahren eingesetzt werden können.

Bei Ortungssystemen mit gefesselten Kreiseln, die räumliche Daten übertragen sollen, kommen daher zwei oder drei orthogonal zueinander versetzte Fesselkreisel (in Abhängigkeit der Anzahl ihrer Freiheitsgrade) zum Einsatz.

Der Aufbau der Fesselkreisel gleicht dem der Magnetometer. Hier werden drei Wendekreisel (spezieller Typ des Fesselkreisels) fest in einem Gehäuse installiert. Die Achsen der Kreisel sind nicht frei beweglich, sondern durch die Fesselung gezwungen, den Drehbewegungen des Gehäuses zu folgen. Das Fesseln (fixieren) der Kreisel geschieht durch „Servoregler", die auf die Kreisel Drehmomente ausüben können. Die Fesselkreisel haben nur eine Messachse, die senkrecht auf der Laufachse steht. Mit einem einzelnen Wendekreisel (mit einem Freiheitsgrad) kann nur die Drehgeschwindigkeit einer räumlichen Dimension festgestellt werden. Die Drehbewegungen um die Messachse werden auf den Läufer übertragen. Dieser reagiert mit einer Verdrehung des Rahmens gegenüber dem Gestell. Da durch die Fixierung (Fesselung) der Achse keine weitere Verdrehung stattfinden kann, ist es möglich, das Drehmoment, das diese Verdrehung verhindert, zu messen.

6.3 Zusammenfassung der Mess- und Steuerverfahren

Für die Auswahl geeigneter Vermessungssysteme spielen verschiedene Faktoren eine Rolle, die in **Tabelle 6.2** zusammengefasst werden. Die Entscheidung für eine spezielle Messmethode findet für jedes Bohrvorhaben individuell statt. Es ist wichtig zu wissen, dass die Vermessungseinheit hinter der Bohrgarnitur angeordnet ist. Genaue Angaben von der Ortsbrust sind daher die Ausnahme. Die Angaben aus dem Bohrloch

[33] Raum eines Koordinatensystems, das sich geradlinig mit konstanter Geschwindigkeit bewegt

Tabelle 6.2: Tabelle zum Vergleich verschiedener Vermessungssysteme für das HDD-Verfahren, basierend auf [6-6]

Verfahren →	A		B		C		D		E	
Parameter ↓	Walk-Over-Verfahren		A + externe Stromversorgung		Wire-Line-Verfahren, Vermessung anhand des Erdmagnetfeldes (ParaTrack)		C + künstlich erzeugtes Magnetfeld		Kreiselgestütze Verfahren	
max. mögl. Einsatztiefe										
< 13 m	ja	+	ja	+	gut	++	gut	++	gut	++
< 25 m	nein	-	ja	+	gut	++	gut	++	gut	++
> 45 m	nein	-	nein	-	gut	++	Grenze	++	gut	++
Gelände über Bohrachse Zugänglichkeit gewährleistet										
immer	gut	++	gut	++	gut	++	gut	++	gut	++
zeitweise	mäßig	+	mäßig	+	gut	++	gut	++	gut	++
nie	nein	-	nein	-	gut	++	nein	-	gut	++
Einflüsse bei Dükerungen										
Schifffahrt	mäßig	+/-	mäßig	+/-	gut	++	mäßig	+/-	gut	++
keine Schifffahrt	mäßig	+	mäßig	+	gut	++	mäßig	+/-	gut	++
starke Fließgeschwindigkeit	nein	-	nein	-	gut	++	mäßig	-	gut	++
Ferromagn. Störeinflüsse in Arbeitsbereichen										
keine/schwach	gut	++	gut	++	gut	++	gut	++	gut	++
einige/mittel	mäßig	+/-	mäßig	+/-	mäßig	+	gut	++	gut	++
viele/stark	nein	-	nein	-	nein	-	gut	++	gut	++
antimagn. Gestänge möglich	nicht nötig	+	nicht nötig	+	ja	+	ja	++	ja	++
antimagn. Gestänge nötig	nein	+	nein	+	ja	-	weniger	+	nein	+
Zeitaufwand für Vermessung	gering	**++**	mäßig	**+**	mäßig	**+**	groß	**-**	mäßig	**+**
Erfordl. Erfahrung des Personals	mäßig	**+**	mäßig	**+**	hoch	**-**	hoch	**-**	hoch	**-**
Genauigkeit	mäßig	**+**	mäßig	**+**	gut	**++**	besser	**+++**	sehr gut	**++++** [6-1]
"Pannensicherheit"	mäßig	**+**	mäßig	**+**	mäßig	**+**	hoch	**++**	hoch	**++**
Möglichkeit des Betriebs mit anderen Bohrlochvermessungssystemen	ja	**+**	unbekannt		ja	**+**	ja	**+**	ja	**+**

stammen im günstigsten Fall von einer Position, die sich direkt hinter dem Meißel befindet. Beim Einsatz von Bohrmotoren kann die Vermessungseinheit bis zu 10 m hinter der Bohrgarnitur platziert sein. Die erhaltenen Daten geben die Realität praktisch mit einer Verzögerung an, die der Länge der Bohrgarnitur (Bohrmotor + Meißel) und der Länge der Vermessungssonde entspricht. Es ist schwierig festzustellen, ob eine Kurvenfahrt eingeleitet wurde oder nicht.

Die Ortungsgenauigkeit[34] von Kreiselkompassen wird angeben mit [6-12]:

- 0,01° für die Inklination (±0,18 m horizontale Abweichung auf 1000 m Bohrungslänge)
- 0,04° für den Azimut (±0,7 m vertikale Abweichung auf 1000 m Bohrungslänge)

6.4 Paralleles Bohren

Gelegentlich ergibt sich die Notwendigkeit Rohre parallel zu verlegen, z. B. bei Fernwärmeleitungen. Das führt an die Leistungsgrenzen der herkömmlichen Verfahren zur Bohrlochvermessung bzw. -steuerung. Bis jetzt kommt beim HDD-Verfahren keine herkömmliche Bohrmethode zum Einsatz, die es erlaubt, über große Distanzen Bohrungen mit höchster Genauigkeit parallel zueinander einzubringen.

Um die geforderte Genauigkeit für derartige Bohrungen zu erreichen, hat die Fa. Sperry Sun in Zusammenarbeit mit der Fa. Vektor Magnetics das MGT-System (Magnetic Guidance Tool) entwickelt.

Das MGT-System stellt einen Sender dar, der parallel zum zu errichtenden Bohrloch und zur Messsonde (der Bohrgarnitur für die Parallelbohrung) durch ein schon erstelltes Bohrloch gezogen wird. Dieser wird mit modifizierten MWD-Sensoren dazu benutzt, den horizontalen und vertikalen Abstand der Bohrlöcher voneinander zu ermitteln.

Voraussetzung für den Einsatz dieses Systems ist, dass zunächst eine der Bohrungen in herkömmlicher Weise erstellt wird. Durch dieses erste Bohrloch wird ein Kabel bzw. eine Führung für eine Steuerungssonde gezogen, die über eine externe Stromquelle gespeist wird. Diese Sonde wird im Verlauf der anderen parallelen Bohrung parallel zu der Vermessungssonde durch das Bohrloch gezogen. Soll eine MGT-Messung erfolgen, wird der Bohrprozess unterbrochen. Die MGT-Sonde wird unter eine positive Spannung gesetzt und die Messsonde in der Bohrgarnitur misst die magnetisch registrierbaren Bohrlochdaten. Danach wird die MGT-Sonde umgepolt. Die Messsonde misst erneut die magnetischen Bohrlochverhältnisse. Die von der Sonde gemessenen Daten werden nach übertage übermittelt und in ein spezielles Softwarepaket eingespeist. So wird eine graphische, räumliche Wiedergabe des Abstandes zwischen den beiden Bohrlöchern ermöglicht. Die MGT-Messungen erfordern einen Zeitaufwand von ca. 2 Minuten und werden i.d.R. nach jedem Rohrschuss durchgeführt.

Das MGT-System, die mit ihm verknüpfte Software und speziell modifizierte MWD-Sensoren machen es möglich, parallel zueinander verlaufende Bohrlöcher mit geringen Abständen zu bohren. Das geschieht mit einer größeren Genauigkeit als bei den konventionellen Bohrlochvermessungssystemen.

Dieses System ist aus zwei Gründen den konventionellen Messsystemen überlegen:

1. Eine Reduzierung kumulativer Vermessungsfehler findet statt
2. Magnetische Interferenzen lassen sich minimieren

Bei konventionellen Vermessungsmethoden basiert die Berechnung jeder neuen Position auf alten Rechnungen. Das kann zu einer systematischen Anhäufung von Fehlern bei der Berechnung der Bohrlochkoordinaten führen, die auch als „Kumulative Mess-

[34] Quelle: Fa. Brownline

fehler“ bezeichnet werden. Diese Fehler resultieren aus Standortunsicherheiten, die letztlich zu groß sein können, um einen hinreichend korrekten Abstand zwischen den Bohrlöchern zu garantieren.

Dadurch, dass eine MGT/MWD-Kombination benutzt wird, ist es durch eine genaue und häufige Datenübertragung möglich, diese kumulativen Vermessungsfehler zu vermeiden.

Auch das Problem magnetischer Interferenzen lässt sich mittels des MGT-Verfahrens lösen.

Die meisten Steuer- bzw. Messsonden beim HDD-Verfahren benutzen Magnetometer zur Bohrlochvermessung. Bei Parallelbohrungen liegen die Bohrlöcher u. U. so nahe beieinander, dass traditionelle magnetische Messmethoden vom Magnetismus (bzw. Magnetfeld) der Stahlhülle des MGT-Systems beeinflusst werden können. Das kann zu Fehlern bei der Positionsbestimmung führen. Mit dem MGT-System ist es möglich, lokale und vom Erdmagnetfeld erzeugte Interferenzen zu reduzieren und so eine genaue Abstandsmessung zum anderen Bohrloch zu erzielen.

Der Messfehler beim MGT-System liegt (nach Herstellerangaben) bei einem Bohrlochabstand von 10 m bei ±0,3 m. Verringert sich der Abstand zwischen den beiden Bohrlöchern, so nimmt die Messgenauigkeit überproportional zu. Das MGT-System kommt i.d.R. in Bohrgestängen von 2 $^7/_8$" (73,03 mm) Durchmesser zur Anwendung. Rohre mit einem Innendurchmesser von 2 $^3/_8$" (60,33 mm) bis 3 $^1/_8$" (79,38 mm) sind auch für das MGT-Verfahren geeignet. Parallel dazu ermöglicht ParaTrack II die Durchführung paralleler Bohrungen. Hier wird das Steuerkabel der zuerst niedergebrachten Bohrung als Referenzkabel und -lage für weitere Bohrungen genutzt.

Alternativ kann in ein Leerrohr ein Kabel eingemolcht werden, eine vorhandene Lagebestimmung des Leerohres ist hierfür Voraussetzung. Anhand des vorhandenen Kabel und seiner definierten Lage können mit dem ParaTrack II-Verfahren parallele Bohrungen abgebohrt werden. Zu beachten ist, dass die Ortungsgenauigkeit bei ±1 % zum Abstand des Steuerkabels liegt (Bsp.: Ortungsgenauigkeit bei 10 m seitlichen Abstand = ±10 cm).

Zusätzlich ist zu beachten, dass bei mehreren parallelen Bohrungen das mittlere Rohr zuerst gebohrt werden sollte, und die weiteren Bohrungen von außen nach innen erfolgen sollten. Hintergrund hierfür ist, dass zwischen dem Steuerkabel und der aktuellen Bohrung liegende Rohre die Signalgenauigkeit für die Sondenortung negativ beeinflussen können.

6.5 Ausblick

6.5.1 Optische Winkel- und Längenmessung

Diese Messverfahren kommen beim Leitungstunnelbau zur Anwendung. Sie werden beim HDD-Verfahren jedoch zurzeit nicht angewendet. Dennoch folgt eine kurze Erläuterung.

Mit diesem Verfahren wird die Krümmung des Bohrloches vermessen. Das Messgerät gleicht vom Prinzip her einer flexiblen Stange, in deren Innerem sich auf optischen Verfahren basierende Vermessungseinheiten befinden, mit denen sich die jeweilige Biegung der Stange ermitteln lässt. Aus der Biegung und der im Bohrloch zurückgelegten Distanz der Bohrstange ist der Verlauf der Bohrung berechenbar.

Der Nachteil dieses Vermessungssystems ist, dass es separat in das Bohrloch oder das Bohrgestänge eingefahren werden muss. Das erfordert einen Mindestdurchmesser des Bohrgestänges oder des Bohrloches, einen großen Zeitaufwand und damit eine Unterbrechung des Bohrvorganges. Gleichzeitig wird beim Einfahren in das Bohrgestänge die Durchflussrate des Spülungsstromes verringert.

6.5.2 Spülungsdruckpulsverfahren

In der Tiefbohrtechnik ist es möglich, eine elektromagnetische Datenübertragung ohne eine direkte Verbindung zwischen der Sonde untertage und dem Empfänger übertage zu realisieren.

Beim abgelenkten (steuerbaren) horizontalen Richtbohren in der Tiefbohrtechnik wird häufig das Spülungsdruckpulsverfahren angewandt. Bei diesem Verfahren werden die Daten in der Form von kontrollierten Druckänderungen über die Spülflüssigkeit nach übertage übertragen. Es werden dabei drei Varianten dieses Verfahrens, die unter die Kategorie der MWD-Verfahren fallen, unterschieden:

- Positiv-Druckpulsverfahren
- Negativ-Druckpulsverfahren
- Sirene

Die Varianten der Datenübertragung mittels Pulsen funktionieren wie folgt:

Beim *Positiv-Druckpulsverfahren* wird der Strömungswiderstand des zum Bohrkopf führenden Spülstroms im Bohrstrang durch ein Ventil (Pulser) erhöht. Diese Druckerhöhung läuft mit Schallgeschwindigkeit im Spülstrom an die Oberfläche, wo sie erfasst und registriert wird.

Das *Negativ-Pulsverfahren* arbeitet ebenfalls mit einer Ventilsteuerung. Allerdings wird hier eine geringere Spülungsmenge über einen Bypass in den Ringraum abgeleitet. Im Bohrstrang stellt sich dadurch ein Druckabfall ein, der als Druckwelle an der Oberfläche messbar ist. Der Druckfolge entsprechen kodierte Daten, die an der Oberfläche entschlüsselt werden.

Bei der *Sirene* wird eine andere Form der Druckübertragung genutzt. Ein rotierendes Ventilsystem erzeugt Druckwellen im einlaufenden Spülungsstrom, die an der Oberfläche registriert werden[35].

Die Sirene hat letztlich die gleichen Vor- und Nachteile wie die anderen Druckpulssysteme. Die Menge an übertragbaren Daten ist aber im Vergleich zu den beiden anderen Druckpulsverfahren höher.

Zum besseren Verständnis wird das Funktionieren des menschlichen Herzens als Beispiel aufgeführt. Das Herz erzeugt Druckstöße, die über das Blut in Form von Druckwellen fortgesetzt werden und als Pulsschlag z. B. am Handgelenk messbar sind.

Ein großer Vorteil dieser Übertragungstechnik ist der ununterbrochene Datentransfer ohne Zeitverluste durch Handhabung von Kabelverbindungen. Kabelrisse und ein damit verbundener Orientierungsverlust sind nicht möglich. Voraussetzung für diese Technik sind genügend hohe Spülungsdrücke und eine relativ konstante Förderleistung der Pumpe, was beim HDD-Verfahren nicht ohne weiteres gegeben ist. Die Daten-

---

35 Information wird aufmoduliert (wie UKW-Rundfunk) [6-14]

übertragungsrate ist beim Positiv- und Negativ-Pulsverfahren im Vergleich zum Wire-Line-Verfahren sehr gering [6-13]. Dadurch werden die Vorteile der kabellosen Datenübertragung wieder eingeschränkt.

Des Weiteren sind Luftblasen in der Bohrspülung störend, ein hoher hydrostatischer Druck ist erforderlich.

Pulsverfahren haben sich bis jetzt noch nicht als oberflächennahes Datenübertragungsverfahren im Bereich des HDD etabliert. Das ergibt sich unter anderem in den für dieses Verfahren erforderlichen hohen Spülungsdrücken, die in Oberflächennähe zu Frakturen bzw. Bohrspülungsausbrüchen führen können. Die Pulsersysteme haben ein großes Potential zur Weiterentwicklung in der HDD-Technik.

6.5.3 Formationsortung

Ein weiteres für den HDD-Bereich interessantes Verfahren ist das LWD-Verfahren. LWD heißt Logging While Drilling. Das LWD-System ist eine Erweiterung des Begriffes MWD, weil Logmessungen einbezogen werden. Die klassischen Bohrlochverlaufsdaten (Inklination, Azimut und Toolface) können durch Verwendung entsprechender Messmodule gewonnen werden. Es besteht aber auch die Möglichkeit, den Meißel nach anstehenden geologischen Parametern zu steuern. Porosität, natürliche Gammastrahlung, Tongehalt, Dichte, Schalllaufzeit, Druckfestigkeit, der Porengehalt und andere geologische Parameter im Bereich des Bohrwerkzeugs lassen sich mit dieser Technologie ermitteln [6-14]. Bis jetzt wird sie nur beim Tiefbohren eingesetzt. Hierfür wurden Messgeräte entwickelt, die in den Bohrstrang integriert werden können und in Verbindung mit den Geräten des MWD-Systems gefahren werden (Geosteering). Bohrgestänge von ca. 3" (= 76,2 mm) Durchmesser sind bei diesen Messgeräten das erforderliche Minimum[36]. Folglich kommt diese Technologie nur für größere Bohranlagen in Frage. Von den einzelnen Messgeräten, die an unterschiedlichen Positionen hinter der Bohrgarnitur angeordnet sind, erfolgt die Datenübertragung zum Druckpulssystem oft kabellos auf elektromagnetischem oder seismischem Wege. Dadurch ist eine Flexibilität bezüglich der Anordnung der Gerätschaften gegeben.

Der Einsatz dieser Messgeräte war ursprünglich für Lagerstätteningenieure und Geologen gedacht. Der große Vorteil dieses Systems ist, dass mit ihm Daten von den anstehenden Formationen gewonnen werden können, sobald diese erbohrt werden. Informationen über die Lithologie, auch vor der Ortsbrust, sind in Echtzeit möglich.

Die anstehenden Formationen werden mit Hilfe von Ultraschall, Gammastrahl-Spektrometern und induktiver Widerstandsmessung der Lithologie analysiert. Diese Messgeräte werden im englischsprachigen Raum als „Gamma Tools [6-1]“ bezeichnet. Das Erbohren von höffigen Formationen nach geophysikalischen Messungen, die u. a. auch radioaktiv sein können, wird als Geo-Steering bezeichnet.

Die Bohrservice-Firmen bieten dieses Verfahren auch auf dem HDD-Gebiet an [6-115]. Der Nachteil und damit auch gleichzeitig der Grund, weshalb dieses Verfahren zur Unterstützung der Pilotbohrung noch nicht benutzt wurde, liegen bei dem täglichen Mietpreis, dessen Geldwert der Tagesrate einer mittelgroßen Bohranlage entspricht [6-16, 6-15].

36 Die Sensoren können auch kleiner sein. Die Druckpulstechnik kommt auch bei kleineren Rohren Ø 1,5" zur Anwendung.

7. Planung einer Horizontalbohrmaßnahme

Die Planung einer Horizontalbohrmaßnahme umfasst die technische Vorbereitung des durchzuführenden Bohrprozesses. Sie ist sorgfältig von den Planern sowohl auf Auftraggeber- als auch auf Auftragnehmerseite durchzuführen. Die projektspezifischen Ausführungsdetails wie z. B. Boden- und Platzverhältnisse sind zu beachten. Die Planung muss vor dem Baubeginn vollständig vorliegen.

In den nachfolgenden Unterkapiteln erfolgt eine Erläuterung der einzelnen Planungsschritte.

7.1 Allgemeines

Um einen hohen Qualitätsstandard in der Bauausführung einer Horizontalbohrmaßnahme sicherstellen zu können, ist eine umfassende Planung von Seiten aller Beteiligten notwendig. Ist die Trasse einer möglichen Horizontalbohrung festgelegt, sind umfangreiche Voruntersuchungen hinsichtlich der Realisierbarkeit durchzuführen. Dazu müssen nicht abschließend folgende Punkte beachtet werden:

- Aktuelle und ggf. historische Infrastruktur, Gründungs- und Fundamentsituation, Einschätzung der Bodenverhältnisse durch Zeitzeugen
- Bestandspläne (Strom, Gas, Wasser, Abwasser, Telekommunikation)
- Platzverhältnisse am Ein- und Austrittspunkt
- Kriegsfolgen und Altablagerungen/Altlasten, sonstige Ablagerungen
- Elektromagnetische Störquellen
- Baugrundgutachten
- Eigentumsverhältnisse
- ggf. kontaminierte Flächen/Böden/Formationen
- Bewuchs/Pflanzen
- Umweltschutzauflagen

Ist eine Durchführbarkeit nach den oben genannten Voruntersuchungen nicht ausgeschlossen, müssen die erforderlichen Planungsunterlagen angefertigt werden, sind Berechnungen zur Geometrie der Bohrung zu erstellen und entsprechende Genehmigungen einzuholen [7-1].

7.2 Baugrunderkundung

Mit der Baugrunderkundung steht und fällt eine HDD-Maßnahme. Ausreichend aussagefähige Information muss dem Unternehmer zur Verfügung stehen, um ein wettbewerbsfähiges und realisierbares Bohrprogramm zu entwickeln.

Gerade in den Fällen, in denen eine Horizontalbohrmaßnahme im Rahmen eines Sondervorschlages eingereicht wird, steht dem Bohrunternehmen häufig keine ausreichend aussagefähige Information über den Baugrund zur Verfügung. In diesem Fall sollte der Sondervorschlag auf noch weiter zu erfolgenden Baugrunduntersuchungen und deren Aussagen basieren.

In beiden Fällen ist es von Vorteil, wenn das Gutachten von einem Ingenieurbüro oder Geologen verfasst wird, das/der mit den Bedürfnissen der Horizontalbohrtechnik vertraut ist.

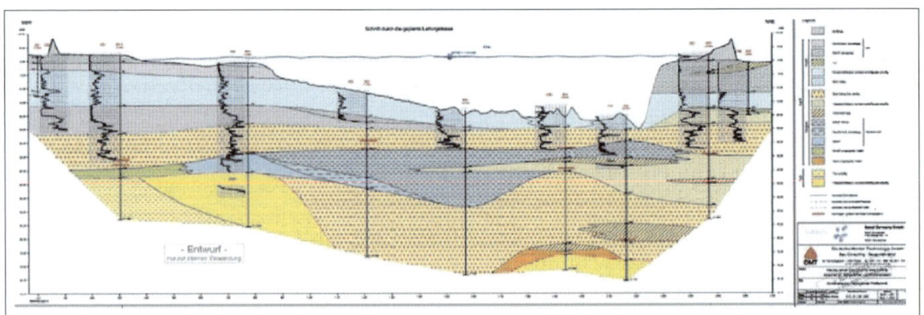

Bild 7.1: Graphische Darstellung der Baugrunduntersuchung im Rahmen einer Elbe-Querung [7-2]

Zu einer Baugrunduntersuchung (s. Kapitel 2) gehören geologisch-geotechnische Untersuchungen und geophysikalische Erkundungen, die bis unter die geplante Trassenführung gehen. Idealerweise wird der vorläufige Trassenbereich in einer Mächtigkeit, die dem 5- bis 10-fachen des Produktenrohrdurchmessers entspricht (Feldformel) ober- und unterhalb der geplanten Bohrlinie besonders genau untersucht (**Bild 7.1**).

Aber auch die Sichtung und Wertung vorhandener, sowohl aktueller als auch historischer Unterlagen hinsichtlich Infrastruktur, Fremdleitungen und Altlasten sind von großer Wichtigkeit. Die Kenntnis über solche möglichen Hindernisse haben eine genauere und aufwendigere Voruntersuchung zur Folge und haben u. U. eine große Auswirkungen auf die geplante Trassenführung.

Zusätzlich zur unverzichtbaren Ortsbesichtigung kann die Befragung von Anliegern sinnvoll sein.

Die Deutsche Vereinigung des Gas- und Wasserfaches e.V. (DVGW) empfiehlt in ihrem Arbeitsblatt GW 321, dass ein Baugrundgutachten Aussagen zu den folgenden Punkten beinhalten sollte [7-1]:

- Beschreibung der Örtlichkeit mit maßstäblichen Lageplänen
- Nennung der eingesetzten Methoden und technischen Ausstattung
- Verweis auf die zugrundegelegten Unterlagen
- Schichtenprofil des Baugrundes
- Korngrößenverteilung (Sieblinie)
- Durchlässigkeitsbeiwerte des Baugrundes
- Lagerungsdichte des Bodens
- Konsistenz des Bodens
- Horizontale/Einaxiale Druckfestigkeit des Gesteins
- Grund- und Tidewasserstände
- Verlauf von Grundwasserhorizonten
- Salzgehalt des Grundwassers und der zu durchörternden Formationen
- Darstellung der geologisch und geophysikalischen Daten
- Nicht überhöhter geologischer Schnitt mit eingezeichneten Leitungen, Hindernissen usw.

- Klassifizierung des Baugrunds nach DIN 18319
- Deutliche Hinweise auf künstliche Hindernisse, erkannte Besonderheiten, Erschwernisse und mögliche Risiken

7.3 Planunterlagen

Im Regelfall übergibt der Bauherr dem Horizontalbohrunternehmen zur Angebotserarbeitung ein aussagefähiges Leistungsverzeichnis, das die unten angeführten Leistungsbereiche beinhalten sollte (**Tabelle 7.1**). Darüber hinaus sollten den Unterlagen ein Bericht der Baugrunduntersuchung und ein Planwerk, in dem die genaue Trassenführung der Bohrachse in Draufsicht und Längsschnitt (**Bild 7.2**) dargestellt ist, beigefügt werden. Bei der Festlegung der Trasse sind verschiedene Rahmenbedingungen zu beachten, damit die theoretisch vorgesehene Bohrlinie auch in der Praxis realisierbar ist. Hierbei spielen neben verschiedenen genehmigungsrechtlichen Aspekten (s. Kapitel 7.7) insbesondere die Geometrie der Bohrlinie, die Überdeckung und der Überschnittfaktor eine wichtige Rolle [7-1, 7-3]. Sind die Planunterlagen nicht vollständig oder ungenügend, sollten die entsprechenden Unterlagen nachgefordert werden bzw. ergänzt werden.

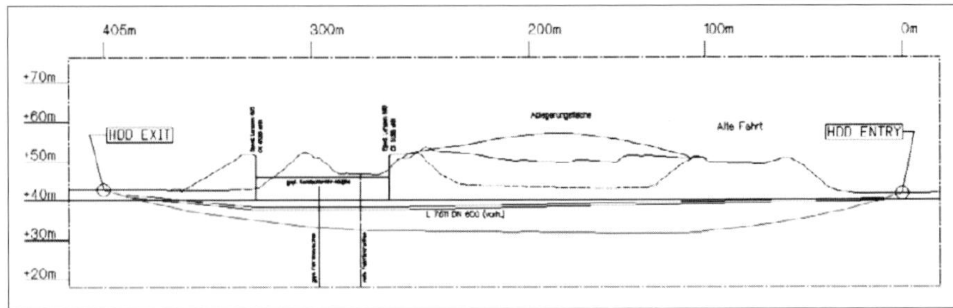

Bild 7.2: Längsschnitt einer Querung des Dortmund-Ems-Kanals mit einer Gashochdruckleitung DN 600 [7-5]

7.4 Geometrie einer Bohrung

Unter der Geometrie einer Bohrung wird die Gesamtheit der geometrischen Aspekte der Bohrlinie einer Horizontalbohrung sowie des dazu gehörigen Oberbogens mit Ablaufbahn verstanden. In diesem Zusammenhang werden die nacheinander aufgeführten Aspekte detailliert behandelt [7-6]:

- Geologische Aspekte
- Ein- und Austrittspunkt
  - Platzangebot
  - Höhenunterschied
- Bohrungslänge
- Überdeckung
  - Unter Hindernissen
  - Im Ein- und Austrittsbereich
  - Belastung durch Beulen

Tabelle 7.1: Leistungsbereiche einer Leistungsbeschreibung bzw. -verzeichnis [7-4]

Leistungsbereich	Position
Geländevorbereitung	Begehung des Geländes mit dem Eigentümer/ Nutzungsberechtigten und Protokollierung des Ist-Zustandes Entfernung des Bewuchses und Abtragen, seitliches Absetzen von Oberboden
Baustelleneinrichtung	Befestigung und Sicherung der Fläche, auf der die Bohranlage aufgestellt wird Erd- und Sicherungsarbeiten für Start- und Zielschächte, Widerlager des Bohrgerätes Erdarbeiten für Sammelgruben der Bohr bzw. Stützflüssigkeit Herstellen der Wasserversorgung Antransport aller benötigten Geräte und des Verbrauchsmaterials Aufbau der Bohranlage mit Testlauf Büro- und Sozialräume für das Personal Flächen und Räumlichkeiten für Lagerung und Montage von Gerät und Material Absperrung, Verkehrsregelung, Baustellentransporte usw.
Bohrarbeiten	Herstellen der Pilotbohrung Aufweiten der Pilotbohrung auf den für den Einbau des/der Rohrleitung(en) erforderlichen Durchmesser Bohrspülung inkl. Entsorgung bzw. Separation Kontrollen des Geländes bezüglich Hebungen, Ausbläsern, Senkungen und Tagbrüchen Vorhaltung von Geräten und Material gegen vorgenannte Geländeveränderungen Verfüllen von aufgegebenen Bohrlöchern mit auf dem Baugrund abgestimmten Material
Vorrichten der Rohrleitung/en	Alle Arbeiten, die erforderlich sind, um die Rohrleitung/en für das Einziehen vorzubereiten Aufbau der Montage- und Ablaufbahn Umschlagen der Rohre oder Kabel vom Lager- zum Montageplatz Montage der Rohre oder Kabel (Schweißen, Umhüllen, Bündeln usw. Abbau der Montage- und Ablaufbahn Prüfungen
Einziehen der Rohrleitung/en	Einziehvorgang mit allen erforderlichen Montagearbeiten und Verbindungskonstruktionen so wie der erforderlichen Vorrichtungen und Messeinheiten bei der Flutung der Rohrleitungen und anderen Auftriebssicherungsmaßnahmen Bereitstellung von Hilfsgeräten, Hebegeräten und Zuggeräten sowie zusätzlichem Personal im stand-by
Qualitätskontrollarbeiten	Die vor Beginn vom AN einzureichenden Planunterlagen Kontrollmessungen und -aufnahmen vor und nach dem Einziehvorgang Druckprüfung vor und nach dem Einziehvorgang Tiefenlagemessung und Peilung Bestandunterlagen, wie Pläne, Protokolle, Fotodokumentation, Bohrprotokolle
Baustellenräumung	Demontage aller Geräte und Baukonstruktionen sowie deren Abtransport Schadloser Abtransport aller überschüssigen Materialien Schadlose Entsorgung jeglicher Bohr- und Stützflüssigkeit
Gelände-wiederherstellung	Wiederandecken des Oberbodens Auflockern des Unterbodens Wiederherrichten von Wegen, Anlagen und Begrünung ggf. Ersatzpflanzung vornehmen

- Krümmungsradien
  - Bohrgestänge
  - Produktenrohr/e
- Bohrungswinkel/radien
  - Vertikal:
    - o Eintrittswinkel
    - o Austrittswinkel (siehe auch Oberbogen)
  - Horizontal: s.o.
  - Ggf. überlagerte Radien
- Bohrabschnitte
- Überschnittfaktor
  - Einzelrohr
  - Rohrbündel
- Oberboden
  - Biegeradius
  - Max. Höhe und Länge
  - Ablaufbahn

7.4.1 Geologische Aspekte

Für das Design von Horizontalbohrungen sind die geologischen Bedingungen im Trassenbereich von größter Bedeutung und deshalb vom Planer sorgfältig vor der Festlegung einer Bohrlinie zu analysieren.

Insbesondere sind dabei solche Bereiche zu meiden, die nachweislich bei der Durchführung einer Horizontalbohrung zu Problemen führen können, wie z. B. grobkiesige Schichten, Geröllagen oder Torfschichten. Ggf. können für das Durchörten solcher Formationen Maßnahmen ausgeschrieben bzw. gesondert angeboten werden. Wichtig ist, dass potentielle Problemzonen vor Beginn einer Bohrmaßnahme bekannt und eindeutig lokalisiert sind.

Nachdem geeignete, mit dem HDD-Verfahren bohrbare Bodenschichten identifiziert wurden, kann im Rahmen dieser Vorlagen die Festlegung der Geometrie der Bohrlinie erfolgen. Für die weitere Ausführung wird an dieser Stelle angenommen, dass der Boden die Horizontalbohrung zulässt und demzufolge keine auf geologischen Aspekten beruhenden Beschränkungen beim weiteren Design beachtet werden müssen [7-6].

7.4.2 Ein- und Austrittspunkt

Die Position der Ein- und Austrittspunkte ist bei der Planung von Horizontalbohrungen oftmals bereits durch Vorgaben des Bauherrn oder behördliche Anlagen usw. im Wesentlichen festgelegt und kann häufig nur in begrenztem Umfang verändert werden. Dennoch sind einige wichtige Grundsätze bei der endgültigen Bestimmung dieser Punkte zu beachten [7-6].

Platzangebot

Für die Aufstellung der benötigten Maschinen und Ausrüstungen sind am Ein- und Austrittspunkt genügend große Arbeitsflächen erforderlich. Dieser Platzbedarf steigt mit der Kapazität der Bohranlage an, d. h. große Bohranlagen benötigen wesentlich größere Arbeitsflächen als kleine Einheiten.

Zu beachten ist, dass die einzelnen Komponenten einer HDD-Bohranlage in der Regel einem Aufbauschema unterliegen, das auf eine Prozessoptimierung ausgerichtet ist. Dennoch müssen die Arbeitsflächen nicht zwingend quadratisch oder rechteckig sein, sondern der Aufbau kann sich in gewissen Grenzen den topographischen Gegebenheiten anpassen.

Die Größe der Arbeitsflächen an der Rigsite (Eintrittsseite) schwankt je nach Bohranlagengröße zwischen weniger als 100 m² (Mini-Rigs) und mehreren tausend Quadratmetern (Mega-Rigs). Entsprechend verhält sich der Platzbedarf an der Pipesite (Austrittsseite), wobei hier jedoch für die reinen Bohrarbeiten kleinere Flächen ausreichen (ca. 25–50 %) der Rigsite.

Dafür sollte aber auf der Austrittsseite immer genügend Platz vorhanden sein, um den Strang des Produktenrohres in voller Länge auslegen und montieren zu können. Das Auslegen des Produktenrohres erfolgt in Verlängerung der Bohrtrasse von der Zielgrube aus (s. Kapitel 7.4.9) [7-6].

Zusätzlich sollte beachtet werden, dass eine Zufahrt sowohl zur Rig- als auch zur Pipesite während der gesamten Projektausführung permanent gewährleistet ist (evtl. auch für Schwertransporte). Zu beachten sind hierbei wegerechtliche Aspekte mit Hinsicht auf die zur Verfügung stehende Trassenbereite.

Höhenunterschied

Die Bohrspülung im Bohrloch einer Horizontalbohrung verhält sich prinzipiell wie die Flüssigkeit in einer kommunizierenden Röhre, d. h. das Bohrloch wird theoretisch nur bis auf Höhe des niedrigsten Punktes (Ein- oder Austrittspunkt) mit Bohrflüssigkeit gefüllt und damit gestützt. Dies bedeutet, dass der nicht mit Bohrspülung gefüllte Bohrlochabschnitt relativ instabil ist und das Bohrloch letztlich in diesem Bereich kollabieren kann.

Aus diesem Grunde sollte angestrebt werden, den Höhenunterschied Δh (**Bild 7.3**) zwischen Ein- und Austrittsbereich möglichst gering zuhalten, wobei einige wenige Meter

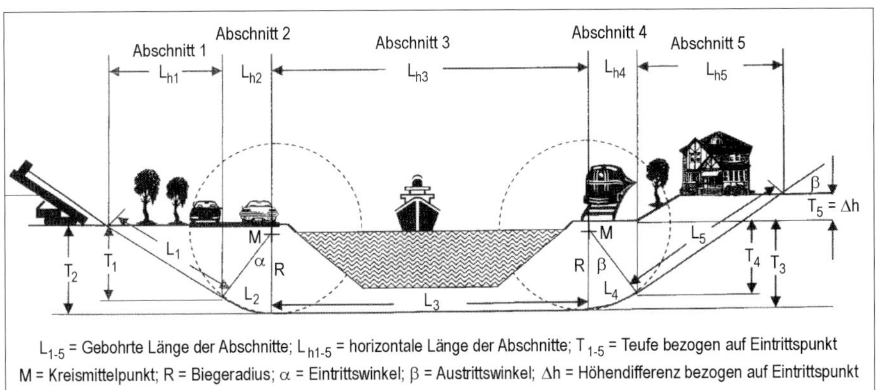

Bild 7.3: Geometrie einer Horizontalbohrung [7-7]

bei entsprechend langer Bohrung keine besondere Problematik darstellen müssen, wenn die Bohrspülung richtig auf die anstehende Geologie angepasst bzw. konditioniert werden kann. Höhenunterschiede von mehr als 10 m erfordern jedoch in jedem Fall besondere Aufmerksamkeit [7-6].

7.4.3 Länge der Bohrung

Bei der Bohrungslänge sind die Begriffe „Horizontale Länge“ und „Gebohrte Länge“ zu unterscheiden. Die horizontale Länge beschreibt den geraden, horizontalen Abstand zwischen Ein- und Austrittspunkt, während die gebohrte Länge ein Maß für die tatsächlich benötigte Rohrlänge darstellt. Auch wenn diese Werte sich oft nur geringfügig unterscheiden, kann es bei sehr tiefen und/oder gekrümmten Bohrungen durchaus zu relevanten Unterschieden bei der Längenangabe kommen. Für die Planung und ggf. Teilung sehr langer und großer Bohrlängen sind die mit der zurzeit verfügbaren Gerätetechnik erreichbaren Bohrungslängen (gebohrte Längen) von großer Wichtigkeit.

In der Tendenz bisher ausgeführter Projekte nehmen diese Werte ab, wenn der Durchmesser der zu verlegenden Rohrleitung relativ groß ist, wie **Bild 7.4** zeigt. Außerdem lässt sich aus dieser Abbildung entnehmen, dass bei geringen Durchmessern die mögliche Verlegelänge steigt.

Generell stellen Bohrungslängen bis 1000 m bei geeigneter Geologie im Trassenbereich für das HDD-Verfahren keine besonderen Herausforderungen mehr dar. Bohrungslängen bis ca. 1500 m sind ebenfalls relativ unkritisch bei kleineren Rohrdurchmessern (bis ca. 600 mm) und geeignetem Baugrund. Bohrungslängen über 1500 m

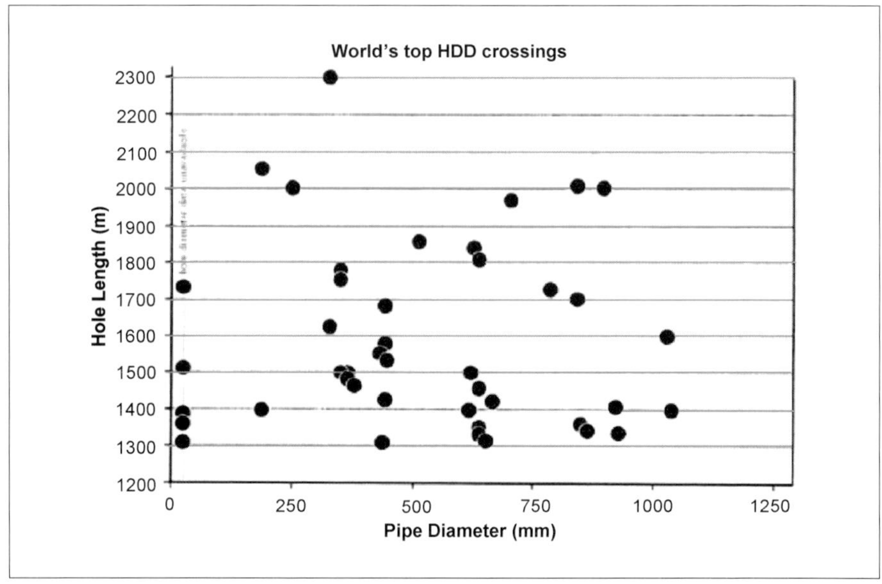

Bild 7.4: Beispiele für realisierte Horizontalbohrungen [7-6]

bzw. große bis sehr große Rohrleitungen (> 800 mm) erfordern in jedem Fall besondere Aufmerksamkeit während der Planungsphase und sind nach [7-4] auch bei einfacher Geologie immer mit einem gewissen Ausführungsrisiko verbunden.

7.4.4 Überdeckung

Unter der sogenannten Überdeckung wird im Allgemeinen der vertikale Abstand zwischen Bohrlochachse und GOK[37] bzw. Gewässersohle verstanden. Mitunter wird auch der Abstand zwischen Bohrlochfirst und GOK bzw. Gewässersohle oder auch derjenige zwischen Rohroberkante und GOK bzw. Gewässersohle als Überdeckung bezeichnet.

Grundsätzlich ist der effektive Unterschied zwischen diesen Angaben zwar gering (maximal einige Dezimeter), wird jedoch mit zunehmenden Bohrlochdurchmesser und/oder abnehmenden Abstand zu GOK größer.

Eine ausreichende Überdeckung ist erforderlich um einerseits ein möglichst standfestes/stabiles Bohrloch erstellen zu können (Gewölbewirkung des Bodens) und andererseits so genannte Ausbläser[38] vermeiden zu können [7-6].

Unter Hindernissen

Als sichere Überdeckung im Bereich von Hindernissen (Gewässer, Straßen, Eisenbahnlinien) wird in der Regel der 10- bis 15-fache Rohrdurchmesser angesehen, d. h. beispielsweise bei der Verlegung einer 800er Rohrleitung sollte die Überdeckung 8 bis 12 m betragen [7-3].

Eine Überdeckung von weniger als 5 m sollte dem gegenüber – wenn möglich – auch bei kleinen Rohrdurchmessern vermieden werden. Bedingt durch die relativ oberflächennahe Verlegung ist eher eine gestörte Geologie, insbesondere im Bereich von Straßen und Wegen anzutreffen.

Bei der Verlegung von Rohrbündeln sollte als Richtwert das 10- bis 12-fache des Bohrlochdurchmessers angenommen werden [7-6].

Im Ein- und Austrittsbereich

Verfahrensbedingt ist im Regelfall die Überdeckung im Ein- und Austrittsbereich von Horizontalbohrungen geringer als im restlichen Verlauf der Bohrtrasse. Da jedoch die tatsächlichen Ein- und Austrittspunkte häufig in kleinen Baugruben liegen, kann als minimale Überdeckung oftmals ein Wert von etwa 1 m eingehalten werden. Grundsätzlich ist es günstig, diese Minimaldeckung schnell zu vergrößern, indem die Ein- und Austrittswinkel entsprechen steil gewählt werden. Da diese Winkel aus anderen Gründen (z. B. Höhe und Länge des Oberbogens) mitunter möglichst klein gehalten werden sollten, besteht hier ein Zielkonflikt, der nur durch projektspezifische Optimierung gelöst werden kann [7-6].

Belastung durch Beulung

Wenn gleich aus bohrtechnischen Gründen oftmals eine große Überdeckung wünschenswert ist, sollte insbesondere bei der Verlegung von PE-Rohren der kritische

---

37 GOK = Geländeoberkante

38 Unkontrollierter Austritt von Bohrspülung an der Geländeoberfläche bzw. im Gewässer

Beuldruck genauestens berechnet werden, um ein späteres Kollabieren des eingezogenen Rohres aufgrund zu hohen Außendrucks (Grundwasser, Bohrspülung, Boden) sicher ausschließen zu können. Hierbei ist dem Langzeit-E-Modul des Werkstoffs PE besondere Aufmerksamkeit zu widmen, da dieser wichtige Parameter wesentlich kleinere Werte aufweist als das für die Bauphase relevante Kurzzeit-E-Modul [7-6].

Die Beuldruckfestigkeit von PE-Rohren sollte dem hydrostatischen Druck widerstehen, der durch die Bohrspülung erzeugt wird [7-8].

Der kritische Beuldruck $P_{kritisch}$ wird nach DVGW [7-1] mit folgender Formel (7-1) ermittelt und sollte laut [7-8] nicht größer als der maximale Spülflüssigkeitsdruck sein.

$$P_{kritisch} = \frac{E_R \cdot f_a}{4 \cdot \left(1 - \mu^2\right)} \cdot \left(\frac{s}{r_m}\right)^3 \cdot 10^{-1} \quad (7\text{-}1)$$

$P_{kritisch}$ = kritischer Beuldruck (bar)

E_R = Langzeit-E-Modul (N/mm²)
bei PE 80 = 160 N/mm²
bei PE 100 = 200 N/mm²

f_a = Abminderungsfaktor für nicht kreisrunde Rohre
($f_{a,\ 0,2\ \%\ Ovalität}$ = 0,75)

μ = Querkontraktionszahl (μ = 0,4)

s = Rohrwanddicke (mm)

r_m = (d_a – s)/2 (mm)

d_a = Außendurchmesser (mm)

Aus dieser Rechnung ergeben sich für PE-Rohre (OD = 500 mm) aus PE 80 und PE 100 folgende kritische Beuldrücke für die im HDD verwendeten SDR-Reihen, siehe **Tabelle 7.2**.

7.4.5 Krümmungsradius

Bei der Entwicklung einer optimalen Bohrlinie hat der minimal zulässige Krümmungsradius eine herausragende Bedeutung. Zur Ermittlung dieses Minimalradius sind verschiedene projekt- bzw. bohranlagenspezifische Aspekte zu berücksichtigen.

Tabelle 7.2: Kritische Beuldrücke für die im HDD verwendeten SDR-Reihen am Beispiel eines PE-Rohres (OD = 500 mm) aus PE 80 und PE 100

	Rohrreihen	**PE 80**	**PE 100**
Gasverteilung	SDR 11	2,8 bar	3,5 bar
	SDR 17	-	9 bar
Wasserverteilung	SDR 7,4	113 bar	-
	SDR 11	2,8 bar	35 bar
	SDR 17		9 bar

Grundsätzlich sollte bei der Planung von Horizontalbohrungen nicht der berechnete, minimal zulässige Krümmungsradius angestrebt werden, sondern aus Sicherheitsgründen immer ein etwas höherer Wert – z. B. 20 % (s. Kapitel 7.3).

Wenn möglich, sollte immer versucht werden, die Krümmungsradien möglichst groß auszulegen und diese durch gerade Abschnitte zu verbinden, da sich derartige Profile besonders schnell und einfach bohren lassen und die Einziehkraft von Produktenrohren mit zunehmender Bohrradiengröße reduziert werden kann [7-6].

7.4.5.1 Minimal zulässiger Biegeradius des Bohrgestänges

Der minimal zulässige Biegeradius des Bohrgestänges hängt bei neuwertigem Bohrgestänge insbesondere von dessen Durchmesser, Wanddicke und E-Modul und bei gebrauchtem Bohrgestänge zusätzlich von dessen allgemeinem Zustand ab.

Kleine Bohrgestänge weisen einen zulässigen Biegeradius von lediglich etwa 20 m auf, größere Bohrgestänge haben einen min. zul. Biegeradius von über 200 m. Der zul. Mindestradius lässt sich analog zu den Stahlrohren berechnen.

In Abhängigkeit der geplanten Bohrungslänge, der zu erwartenden Bohrlochdurchmesser und der anstehenden Geologie kann bereits während der Planungsphase eine geeignete Bohranlagengröße abgeschätzt werden, um anhand des dazugehörigen Bohrgestänges den hier relevanten Minimalradius ermitteln zu können. Zu beachten sind zu erwartende Druck- und Zugkräfte sowie eine ausreichende Drehmomentübertragung auf den Bohrstrang, um ein problemloses Aufweiten des Bohrloches zu gewährleisten.

Für den Fall, dass aus projektspezifischen Gründen die Pilotbohrung nach dem sogenannten „Washover"-Verfahren hergestellt werden soll, ist dabei der Minimalradius des größten Gestänges zu beachten. Die entsprechenden Werte sind in jedem Fall rechtzeitig beim Hersteller oder Nutzer des Bohrgestänges in Erfahrung zu bringen.

In den meisten Fällen – besonders bei der Verlegung größerer Stahlleitungen – wird jedoch nicht das Bohrgestänge den Minimalradius vorgeben, sondern das einzuziehende Produktenrohr [7-6].

7.4.5.2 Minimal zulässiger Biegeradius des Produktenrohres

Bei der Ermittlung der zulässigen Biegeradien ist der spätere Verwendungszweck der Rohrleitung zu beachten.

Das nachstehende Schaubild (**Bild 7.5**) verdeutlicht, dass der min. zul. Biegeradius der Produktenrohre, der Mantelrohre und des Bohrgestänges zu beachten ist, wobei ggf. im Schutzrohr befindliche Hochdruckleitungen nicht vernachlässigt werden dürfen.

Außerdem ist bei der Bestimmung des min. zul. Biegeradius der Aufbau des Produktenrohres insbesondere bei Stahlrohren zu beachten. Der Mindestbiegeradius muss so gewählt sein, dass er nicht nur den nachfolgenden Berechnungen entspricht, sondern dass auch eine Beschädigung der ggf. vorhandenen Zementmörtelauskleidung ausgeschlossen werden kann. Angaben hierzu müssen von Stahlrohrherstellern eingeholt werden.

Der min. zul. Biegeradius eines Produktenrohres, Schutzrohres oder Bohrgestänges lässt sich auf folgende Weisen berechnen.

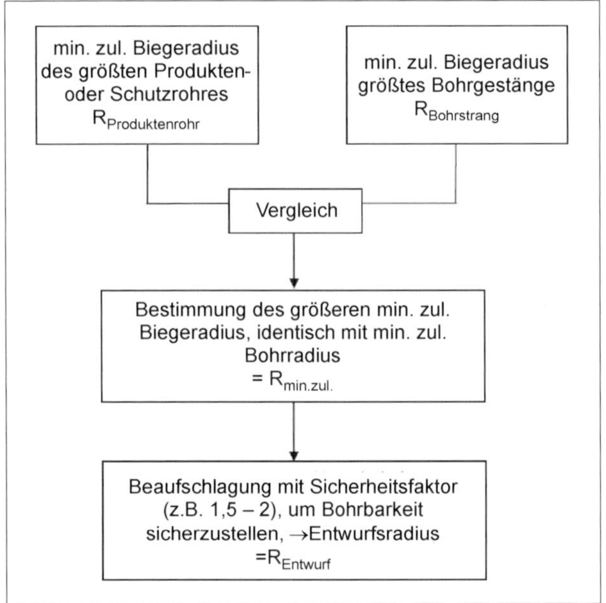

Bild 7.5: Vorgehensweise bei der Ermittlung des min. zul. Biegeradius und den Bohrradius [7-9]

Berechnung des Biegeradius nach DVGW

Der minimale elastische Biegeradius eines sowohl ohne (Formel 7-2) als auch mit einem Innendruck (Formel 7-3) ausgelasteten Rohres berechnet sich nach MOHR. Hierbei ist zu beachten, dass die zulässige Biegebeanspruchung um denjenigen Anteil zu reduzieren ist, der während des Einziehvorganges durch die eingeleitete Zugkraft entsteht ($\sigma = \sigma_{zul} - \sigma_{längs}$).

$$R_{min} = \frac{E \cdot D_A}{2 \cdot \sigma} \cdot 10^{-3} \tag{7-2}$$

$$R_{min} = \frac{E \cdot D_A}{\sigma} \cdot 10^{-3} \tag{7-3}$$

R_{min} = Mindestbiegeradius (m)

E = Elastizitätsmodul (N/mm^2) $2{,}06 \cdot 10^5\ N/mm^2$

D_A = Rohraußendurchmesser (mm)

σ = Biegespannung = $\sigma_{zul} - \sigma_{längs}$ (N/mm^2)

Bei der Verwendung der Formeln (7-2) und (7-3) muss zwischen der Bau- und der Betriebsphase unterschieden werden, da die Rohrleitung im Betrieb unter einem Innendruck stehen kann, während beim Bau noch keiner vorhanden ist. In diesem Fall ist der größere von beiden Radien maßgebend.

Da der Mindestbiegeradius eines PE-Rohres meist den des Schutzrohres oder des verwendeten Bohrgestänges unterschreitet, ist hier gemäß Bild 7.5 der größte aller min. zul. Biegeradien zu verwenden. Daraus ergibt sich für die Berechnung des min. zul. Biegeradius unter Berücksichtigung des Elastizitätsmoduls für Stahl ($E_{Stahl} = 2{,}06 \cdot 10^5$ N/mm²) und $\sigma = K/S$ folgende Berechnung für Stahlrohre mit Formel (7-4):

$$R_{min} = 206 \cdot \frac{S}{K} \cdot D_A \qquad (7\text{-}4)$$

R_{min} = Mindestbiegeradius (m)

S = Sicherheitsbeiwert (-)

K = Mindeststreckgrenze (N/mm²)

D_A = Rohraußendurchmesser (mm)

Die Praxis zeigt aber, dass die Formeln (7-1) bis (7-4), insbesondere bei Stahlrohren > DN 500 und mit Wanddicken > 6 mm nur unter Vorbehalt anwendbar sind, da die Steifigkeit von Rohren, bedingt durch das Widerstandsmoment W bzw. das Trägheitsmoment I in diesen Formeln nicht berücksichtigt wird [7-9].

Da sich in der Praxis gezeigt hat, dass der Einziehvorgang – insbesondere größerer Stahlrohre – einfacher wird, wenn der Bohrradius möglichst groß gewählt wird, sollte die Berechnung nach Formel (7-2) bis (7-4) auf Rohrdurchmesser ≤ 400 mm beschränkt werden. Für größere Nennweiten werden heute gem. DVGW-Arbeitsblatt GW 321 [7-1] minimale Krümmungsradien nach Formel (7-5) bzw. (7-6) vorgesehen:

- DN 400 ≤ Rohrnennweite ≤ DN 700:

$$R_{min} = 1400 \cdot \sqrt{D_A^3} \qquad (7\text{-}5)$$

- DN 700 < Rohrnennweite ≤ DN 1200

$$R_{min} = 1250 \cdot \sqrt{D_A^3} \qquad (7\text{-}6)$$

R_{min} = Mindestbiegeradius (m)

D_A = Rohraußendurchmesser (m)

Die mit Formel (7-6) und (7-7) berechneten Biegeradien sollten in jedem Fall mindestens so groß sein wie die Werte nach Formel (7-2) bis (7-4).

Berechnung des Biegeradius nach DCA und Gasunie

Ein Arbeitskreis des DCA und der Gasunie[39] hat 2005 und 2006 eine neue Vorgehensweise zur Berechnung von Bohrradien entwickelt.

Grundlage war die Unzulänglichkeit einer alten Feldformel für Stahlleitungen < DN 600 für einen Entwurfsradius ($R = 1000 \cdot D_a$). In diesem Zusammenhang wurde eine neue

[39] Gasunie: niederländischer Gasversorger

Rechenmethode (Formel 7-7) entwickelt, die verschiedene Bodenarten und die Wanddicke von Rohren berücksichtigt [7-9]:

$$R = C \cdot \sqrt{D_a \cdot D_w} \tag{7-7}$$

R = min. zul. Bohrradius (m)

C = Faktor (-)

D_a = Außendurchmesser Produktenrohr (m)

D_w = Wanddicke Produktenrohr (m)

Der Faktor C berücksichtigt die Eigenschaften des anstehenden Bodens. Leider fließen hier noch keine Werte für Fels ein.

Bodenarten	Faktor C
für dicht gelagerten Sand	7700
für mitteldicht gelagerten Sand	8300
für locker gelagerten Sand	8900
für mittelsteifer Ton	9800
für weichen Ton und Torf/Humus	10500

Bei einer Gegenüberstellung der Formeln ergeben sich folgende Radien, die in **Tabelle 7.3** dargestellt sind. An diesem Vergleich der Rechenweisen ist ein Unterschied der Biegeradien sehr gut ersichtlich.

Kombinierte Krümmungsradien

Bei einigen Projekten ist es erforderlich, neben den notwendigen vertikalen Bohrradien auch einen oder sogar mehrere horizontale Bögen vorzusehen. Das kann sich unter Umständen auch auf den Oberbogen beziehen.

Hierbei ist zu beachten, dass in Bereichen, in denen sich horizontale Radien und vertikale Radien überlagern, der resultierende kombinierte Radius separat berechnet werden muss, da dieser immer kleiner ist als die zugehörigen Einzelradien (und somit auf den zul. Minimalradius abgestimmt werden muss) [7-6].

Zur Berechnung kombinierter Radien kommt Formel (7-8) zur Anwendung [7-1]:

$$R_{kom} = \sqrt{\frac{R_v^2 \cdot R_h^2}{R_v^2 + R_h^2}} \tag{7-8}$$

R_{kom} = kombinierter Radius (m)

R_v = vertikaler Radius (m)

R_h = horizontaler Radius (m)

Da (mm)	Wanddicke (mm)	Produktenrohr (DN)	$R = 1000 * D_a$ (m)	$R = 1400 * \sqrt{D_a^3}$ (m)	$R = 1250 * \sqrt{D_a^3}$ (m)	$R = C * \sqrt{D_a * D_w}$				
Annahme für Gasleitungen aus Stahl						C= 7700	C= 8300	C= 8900	C= 9800	C= 10500
101,6	3,6	100	102			147	159	170	187	201
219,1	6,3	200	219			286	308	331	364	390
323,9	7,3	300	324			374	404	433	477	511
406,4	8	400	406	363		439	473	507	559	599
508	8,8	500	508	507		515	555	595	655	702
610	10	600	610	667		601	648	695	765	820
711	11	700	711	839		681	734	787	867	929
813	12,5	800	813		916	776	837	897	988	1058
914	14,2	900	914		1092	877	946	1014	1116	1196
1016	16	1000	1016		1280	982	1058	1135	1249	1339
1220	17,5	1200	1220		1684	1125	1213	1300	1432	1534
1420	20	1400	1420		2115	1298	1399	1500	1652	1769

Tabelle 7.3: Vergleich unterschiedlicher Berechnungsmöglichkeiten des min. zul. Biegeradius [7-9]

7.4.6 Bohrungswinkel/-radien

Der Eintrittswinkel α und der Austrittswinkel β (Bild 7.1) sind für das HDD-Verfahren von Bedeutung, da sie zum einen ein Maß dafür sind, wie schnell in den Ein- und Austrittsbereichen genügend Überdeckung aufgebaut werden kann[40] und zum anderen der Austrittswinkel direkten Einfluss auf die Dimensionierung des Oberbogens hat[41] [7-6].

Eintrittswinkel α

Grundsätzlich kann der Eintrittswinkel bei kleineren Bohranlagen steiler gewählt werden als für große Horizontalbohrgeräte, da mit solchen Anlagen meist Produktenrohre eingezogen werden, die keinen großen Durchmesser aufweisen und somit kein Oberbogen zum Einzug des Rohres hergestellt werden muss. In diesen Fällen sind Eintrittswinkel zwischen 15 und 30° üblich. Bei größeren Anlagen liegt der entsprechende Wert etwa zwischen 6 und 15°. Bei der Wahl des Eintrittswinkels ist aber auch der Durchmesser des einzuziehenden Rohrstrangs zu beachten. Je größer der Rohrleitungsdurchmesser ist, desto flacher sollte der Winkel gewählt werden [7-6].

Austrittswinkel β

Die Wahl des Austrittswinkels wird in erster Linie von dem einzuziehenden Rohrstrang beeinflusst. Auch hier gilt, je größer der Durchmesser der Rohrleitung und je biegesteifer das Material, desto flacher sollte der Austrittswinkel gewählt werden.

Bei kleineren Rohrleitungen aus biegeweichen Materialien wie z. B. PE können die Austrittswinkel zwischen ca. 10° und mehr als 20° liegen, während z. B. für große Stahlleitungen Werte zwischen 5° bis 10° angestrebt werden [7-6].

Horizontaler Winkel γ

Randbedingungen machen ggf. einen horizontalen Winkel im Bereich der Entwurfphase erforderlich, aus dem später ein horizontal abzubohrender Bogen resultiert. Hierbei sind die vorstehend in Formel (7-8) erwähnten evtl. überlappenden vertikalen und horizontalen Bohrradien nach Möglichkeit gering zu halten oder aber größt möglich zu wählen. Ziel ist es zu verhindern, dass am Bohrstrang bei der Pilotbohrung durch eine mehrfache Kurvenfahrt Andruckkräfte verloren gehen, die am Meißel benötigt werden. Des Weiteren ist zu erwarten, dass beim Aufweiten des Bohrloches ggf. höhere Drehmomente auftreten. Letztlich sollten beim Einziehen des Rohrstranges die Zugkräfte möglichst gering gehalten werden.

7.4.7 Berechnung der Bohrlinie

Bei der Berechnung einer Bohrlinie wird zwischen einer zweidimensionalen und einer dreidimensionalen Geometrie unterschieden. Diese beiden Bohrlinien unterscheiden sich darin, dass bei einer dreidimensionalen Geometrie zusätzlich zum vertikalen Bogen ein horizontaler Radius gefahren wird.

7.4.7.1 Zweidimensionale Berechnung

Eine zweidimensionale Geometrie lässt sich in fünf Abschnitte unterteilen. Diese Abschnitte und die dazugehörigen Maße können Bild 7.1 entnommen werden. Die Berechnung der Maße basiert auf [7-7] und setzt sich wie folgt zusammen:

[40] vergleiche Kapitel 7.4.8
[41] vergleiche Kapitel 7.4.9

Ideale Länge einer HDD-Bohrung (gebohrte Länge) [7-7]

$$L = L_1 + L_2 + L_3 + L_4 + L_5 \tag{7-9}$$

$L_{1\text{-}5}$ = gebohrte Länge der Abschnitte 1–5 (m)

Abschnitt 1: Linear abfallender Teil

Der erste Abschnitt einer Horizontalbohrung besteht aus einer Geraden. Der Neigungswinkel richtet sich ganz nach dem Eintrittswinkel α und damit nach den Parametern der Bohranlage und dem Produktenrohr. Wird der erste Abschnitt zu flach gewählt, ergeben sich lange Bohrungen und die bergen aufgrund der geringen Überdeckung die Gefahr von Ausbläsern. Ist der erste Abschnitt besonders steil, erhöhen sich die Einziehkräfte. Der linear abfallende Teil sollte mindestens die Länge einer Bohrstange haben, um ein Widerlager für eine Ansteuerung zu einer Richtungsänderung zu bilden. Durch den Winkel und die Länge der Geraden werden die Tiefe und damit die Überdeckung festgelegt [7-10]:

$$L_1 = \frac{-T_1 - R \cdot (1 - \cos \alpha)}{\sin \alpha} = \frac{L_{h1}}{\cos \alpha} \tag{7-10}$$

$$L_{h1} = \frac{t_2 - R \cdot (1 - \cos \alpha)}{\tan \alpha} = L_1 \cdot \cos \alpha = \frac{-T_1}{\tan \alpha} \tag{7-11}$$

$$T_1 = -L_1 \cdot \sin \alpha = -L_{h1} \cdot \tan \alpha \tag{7-12}$$

L_1 = gebohrte Länge 1. Abschnitt (m)

L_{h1} = horizontale Länge 1. Abschnitt (m)

T_1 = Teufe bezogen auf Eintrittspunkt (m)

α = Eintrittswinkel

R = Biegeradius (m)

Abschnitt 2: Bogenförmig abfallender Teil

In diesem Abschnitt erfolgt die Richtungsänderung von dem linear abfallenden Teil in eine horizontale Gerade. Hier wird ein Kreisbogen gefahren, der sowohl an den linear absteigenden Teil als auch an den folgenden horizontalen Teil (Abschnitt 3) anschließt. Der Radius des Kreisbogens wird durch den min. Biegeradius des Produktenrohres bestimmt. Er sollte immer so groß wie möglich gewählt werden, damit

a) die Einziehkräfte gering gehalten werden und

b) die Einhaltung der minimal zulässigen Bohrradien beim gesteuerten Richtbohren (Pilotbohrung) gewährleistet wird [7-10].

Anmerkung: Der minimal zulässige Bohrradius ist nicht identisch mit dem Bohrradius der Ausführungsplanung. Er muss größer sein; im Regefall Faktor 1,5 bis Faktor 2,0 (Feldformel) in Abhängigkeit der anstehenden Geologie. Ursache dafür ist die Tatsache, dass im HDD-Verfahren nie exakt geradlinig gebohrt wird. Die Pilotbohrgarnitur weist eine Exzentrizität auf, die zum einen das Abbohren von Kurven und Ausweichen von Hindernissen ermöglicht, gleichzeitig aber spezielle Bohrtechniken erfordert, um „geradeaus“ in Abhängigkeit von vorgegebenen min. zulässigen Bohrradien zu bohren [7-9].

$$L_2 = \frac{\pi \cdot R \cdot \alpha}{180} \qquad (7\text{-}13)$$

$$L_{h2} = R \cdot \sin \alpha \qquad (7\text{-}14)$$

$$T_2 = \text{vorgegebene Teufe} = L_1 \cdot \sin \alpha - R \cdot (1 - \cos \alpha) \qquad (7\text{-}15)$$

L_2 = gebohrte Länge 2. Abschnitt (m)

L_{h2} = horizontale Länge 2. Abschnitt (m)

T_2 = eufe bezogen auf Eintrittspunkt (m)

α = Eintrittswinkel

L_1 = gebohrte Länge 1. Abschnitt (m)

R = Biegeradius (m)

Abschnitt 3: Horizontaler gerader Teil

Die Länge der horizontalen Strecke wird durch die Breite des zu kreuzenden Hindernisses bestimmt. Der horizontale Teil kann bei kurzen Bohrungen entfallen. Bei Bohrungen für Stahlrohre mit einem minimalen Biegeradius ist es immer von Vorteil, wenn ein kleiner horizontaler gerader Abschnitt vorhanden ist, um notwendige Richtungskorrekturen durchführen zu können [7-10].

$$L_3 = L_{h3} = \text{vorgegebene Länge} \qquad (7\text{-}16)$$

$$L_3 = T_2 = \text{vorgegebene Teufe} \qquad (7\text{-}17)$$

L_3 = gebohrte Länge 3. Abschnitt (m)

L_{h3} = horizontale Länge 3. Abschnitt (m)

T_3, T_2 = Teufe bezogen auf Eintrittspunkt (m)

Abschnitt 4: Bogenförmig aufsteigender Teil

Im bogenförmig aufsteigenden Teil erfolgt die Richtungsänderung vom horizontalen Teil (Abschnitt 3) zum linear aufsteigenden Teil (Abschnitt 5). Der Kreisbogen verläuft analog zum bogenförmigen absteigenden Teil (Abschnitt 2) [7-10].

$$L_4 = \frac{\pi \cdot R \cdot \beta}{180} \qquad (7\text{-}18)$$

$$L_{h4} = R \cdot \sin \beta \qquad (7\text{-}19)$$

$$T_4 = T_3 + R \cdot (1 - \cos \beta) = T_4 = - L_5 \cdot \sin \beta + \Delta h \qquad (7\text{-}20)$$

L_4 = gebohrte Länge 4. Abschnitt (m)

L_{h4} = horizontale Länge 4. Abschnitt (m)

T_4, T_3 = Teufe bezogen auf Eintrittspunkt (m)

β = Austrittswinkel

Δh = Höhendifferenz bezogen auf Eintrittspunkt (m)

R = Biegeradius (m)

L_5 = gebohrte Länge 5. Abschnitt (m)

Abschnitt 5: Linear aufsteigender Teil

Der linear aufsteigende Teil wird genau wie der linear absteigende Teil (Abschnitt 1) vom Winkel bestimmt. Darüber hinaus bestimmt dieser Winkel den rohrspezifischen Oberbogen. Normale Ausfahrwinkel liegen im Bereich zwischen 6 und 15°. Rohre mit einem großen Durchmesser werden mit einem kleinen Winkel ausgefahren. Bei Platzmangel kann dieser Teil entfallen und es wird mit dem bogenförmig aufsteigenden Teil ausgefahren [7-10].

$$L_5 = \frac{-T_2 + \Delta h - R \cdot (1 - \cos\beta)}{\sin\beta} = \frac{L_{h5}}{\cos\beta} \qquad (7\text{-}21)$$

$$L_{h5} = \frac{-T_2 + \Delta h - R \cdot (1 - \cos\beta)}{\tan\beta} = L_5 \cdot \cos\beta = \frac{-T_4 + \Delta h}{\tan\beta} \qquad (7\text{-}22)$$

$$T_5 = \Delta h = L_5 \cdot \sin\beta + T_4 = L_{h5} \cdot \tan\beta + T_4 \qquad (7\text{-}23)$$

L_5 = gebohrte Länge 5. Abschnitt (m)

L_{h5} = horizontale Länge 5. Abschnitt (m)

$T_{1\text{-}5}$ = Teufe bezogen auf Eintrittspunkt (m)

β = Austrittswinkel

Δh = Höhendifferenz bezogen auf Eintrittspunkt (m)

R = Biegeradius (m)

Neben der gebohrten Länge spielt auch die horizontale Länge eine wichtige Rolle.

Ideale horizontale Länge einer Horizontalenbohrung [7-7]

$$L_h = L_{h1} + L_{h2} + L_{h3} + L_{h4} + L_{h5} \qquad (7\text{-}24)$$

$L_{h1\text{-}5}$ = horizontale Länge der Abschnitte 1–5 (m)

7.4.7.2 Dreidimensionale Berechnung

Die Berechnung dreidimensionaler Bogenabschnitte von Bohrachsen kann mit verschiedenen Rechenmethoden aus der Tiefbohrtechnik (Richtbohrtechnik) durchgeführt werden. Diese Methoden werden nur kurz vorgestellt. Um aber die Bohrlinie möglichst genau berechnen zu können, sollte hier mit einer entsprechenden Software gearbeitet werden.

- *Durchschnittswinkelmethode (Average Angle Method)*

  Die Average Angle Method beruht auf der Mittlung der Winkel in der X-, Y- und Z-Achse. Es wird ein geradliniger Verlauf zwischen den zwei Messpunkten A und B angenommen. Diese Methode ist nicht sehr genau, reicht aber für die Bestimmung der Pilotbohrtrasse im Feld aus.

- *Tangentenmethode*

  Die Tangentenmethode ist die einfachste und ungenaueste Methode. Die Bestimmung der Koordinaten erfolgt durch die Berücksichtigung der gemessenen Werte für Azimut und Neigung am Ende jeder Messstrecke.

- *Ausgleichstangentenmethode*

  Die Ausgleichstangentenmethode lässt sich auf die Tangentenmethode zurückführen. Ihr Rechenaufwand ist jedoch erheblich größer. Deshalb wird sie auch nicht für Feldberechnungen herangezogen, die ohne die Unterstützung von Rechnern durchgeführt werden.

- *Mercury Methode*

  Die Mercury Methode ist eine Kombination aus der Ausgleichstangentenmethode und der Tangentenmethode. Sie nimmt an, dass sich die Messsonde dem Bohrlochverlauf nicht anpasst. Das ist gerade in gekrümmten Löchern, wie sie beim HDD-Verfahren auftreten, unzutreffend. Daher wird auf diese Berechnungsmethode, die außerdem für den Feldeinsatz nicht geeignet ist, verzichtet.

- *Methode der minimalen Krümmung*

  Die Methode der minimalen Krümmung berücksichtigt den gekrümmten Verlauf zwischen zwei Messstationen, kann aber nicht eine sich ändernde Krümmung zwischen zwei Messpunkten erfassen. Sie wird rechnergestützt zur Bohrtrassenberechnung verwendet.

- *Krümmungsradiusmethode*

  Die Krümmungsradiusmethode berücksichtigt wie die Methode der minimalen Krümmung die Krümmung des Bohrloches. Diese Methode ist die genaueste zur Berechnung des Bohrlochverlaufs und eignet sich daher besonders zur End- und Nachberechnung von Bohrtrassen mit Unterstützung von Computern. Zur Berechnung im Feld ist diese Methode nicht geeignet, da sie unverhältnismäßig aufwendig ist.

  Die Berechnung der Trassen erfolgt in der Regel in Schritten bzw. Abständen von ca. 3 m. Je kürzer eine abzubohrende Trasse und je enger der zu fahrende Radius ist, desto kürzer sollten auch die Schritte bzw. Abstände gewählt werden, für die die Koordinaten berechnet werden.

7.4.8 Überschnittfaktor

Unter Überschnittfaktor wird das Verhältnis Bohrlochdurchmesser zu Rohrdurchmesser verstanden. Der Überschnittsfaktor wird neben dem Rohrdurchmesser maßgeblich durch die Stabilität des Baugrundes beeinflusst. Bei standfestem Boden kann der Überschnittsfaktor kleiner gewählt werden als bei instabilen, unter Umständen zum Nachfallen neigenden Schichten [7-6].

Einzelrohr

Bei der Verlegung eines einzigen Rohrstranges im Bohrloch sollte der Überschnittsfaktor zwischen 1,2 und 1,5 liegen, d. h. bei der Verlegung einer 600er Rohrleitung sollte das Bohrloch bis auf einen Durchmesser von ca. 720 bis 900 mm aufgeweitet werden. Ausschlaggebend für den Bohrlochdurchmesser nach dem letzten Aufweitschritt ist generell die Stelle des Produktenrohres im Bohrloch mit dem größten Durchmesser, bei Gussrohren zum Beispiel der Bereich der Muffen [7-6].

Rohrbündel

Sollen Rohrbündel in ein Bohrloch eingezogen werden, ist die Bestimmung eines geeigneten Enddurchmessers nicht mittels eines einfachen Richtwerts möglich, sondern muss im Einzelfall festgelegt werden [7-6]. Die Betrachtung der Produktenrohrbündelfläche, vereinfacht durch einen überlagernden Kreisquerschnitt, empfiehlt sich. Eine graphische Überprüfung ist einfach und ohne größere Hilfsmittel möglich (**Bild 7.6**).

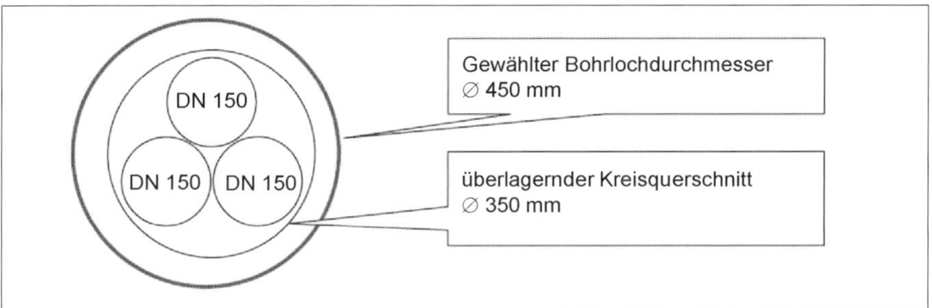

Bild 7.6: Beispiel einer graphischen Überprüfung des Enddurchmessers eines Rohrbündels [7-9]

7.4.9 Oberbogen

Der Oberbogen ist die temporäre Hochführung des abgelegten Produktenrohrstrangs (**Bild 7.7** und **Bild 7.8**), um zu gewährleisten, dass die Mindestradien für das verwendete Rohr nicht unterschritten werden. Durch den Oberbogen soll eine einwandfreie Einführung des Produktenrohres in den Bohrkanal gewährleistet werden. Eine schematische Darstellung eines Oberbogens kann **Bild 7.9** entnommen werden.

Bild 7.7: Der Oberbogen, konstruiert mit Containern und Rollenböcken [7-9]

Bild 7.8: Der Oberbogen, konstruiert mit Sitebooms [7-11]

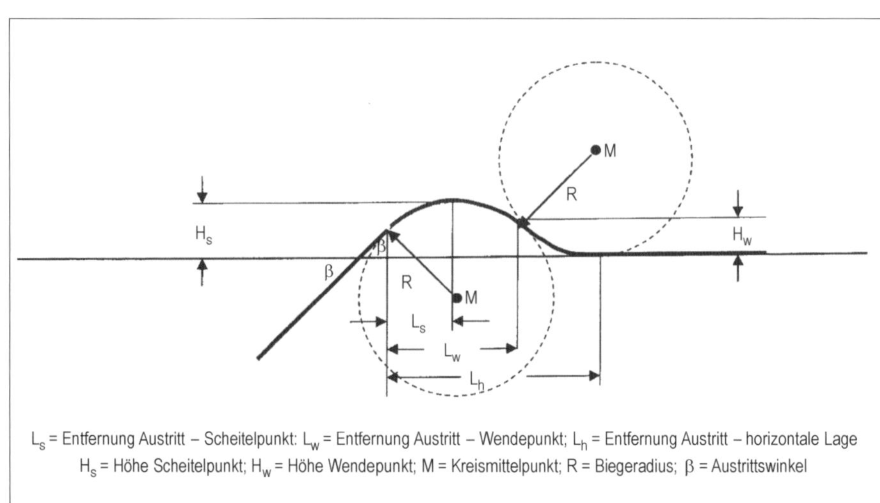

Bild 7.9: Geometrie des Oberbogens [7-7]

Biegeradius des Oberbogens

Durch den Oberbogen und die Verlegung der Produktenrohre in Kreisbogenabschnitten treten im Bereich der Krümmungen Spannungen auf.

Daraus ergibt sich für den Biegeradius R folgende Formeln zur Berechnung des Oberbogens. Die Berechnung des min. zul. Biegeradius verläuft gemäß Kapitel 7.4.5.2. Da der Rohrstrang während des Einziehvorganges in der Regel nicht mit einem Innendruck beaufschlagt ist, kann der zul. Mindestradius in diesem Bereich nach Formel (7-2) ermittelt werden. Der Sicherheitsbeiwert kann nach [7-1] bei der Berechnung von 1,5, wie bei der Berechnung des zul. Biegeradius des Produktenrohres im Bohrloch, auf 1,3 gesenkt werden.

Zu beachten sind auch im Oberbogen ggf. auftretende kombinierte vertikale und horizontale Radien, z. B. verursacht durch den Trassenverlauf bzw. Zugangsrestriktionen wie Bebauung, Bewuchs oder kontaminierte Flächen.

$$R_{min} = \frac{134 \cdot D_a}{K} \qquad (7\text{-}25)$$

R_{min} = Mindestbiegeradius (m)

D_a = Außendurchmesser (mm)

K = Mindeststreckgrenze (N/mm²)

Auch bei der Berechnung des min. zul. Biegeradius für den Oberbogen ist der Aufbau des Produktenrohres zu beachten. Bei Stahlrohren mit einer Zementmörtelauskleidung sollte ein angemessener Radius gewählt werden, da die Zementmörtelauskleidung weniger Belastungen erträgt als die Stahlrohre. Dies ist aber in Absprache mit dem Rohrhersteller zu klären.

Höhe des Oberbogens

Die Höhe des Scheitelpunktes H_S (Formel (7-26)) [7-6] ist ein wichtiges Kriterium für die Erstellung des Oberbogens. Nach ihr richten sich das einzusetzende Hebegerät und auch die aus sicherheitstechnischen Gründen – insbesondere bei großen und schweren Rohrleitungen – erforderlichen Maßnahmen (z. B. Statik der Stützen).

$$H_s = R \cdot (1 - \cos \beta) \qquad (7\text{-}26)$$

H_s = Höhe des Scheitelpunktes (m)

R = Biegeradius des Oberbogens (m)

β = Austrittswinkel

Weitere Maße eines Oberbogens

Neben dem Biegeradius wird die Geometrie des Oberbogens durch weitere Maße beschrieben [7-6].

Entfernung des Scheitelpunktes vom Austritt L_S

$$L_S = R \cdot \sin \beta \qquad (7\text{-}27)$$

Höhe des Wendepunktes H_W

$$H_W = \frac{1}{2} \cdot R \cdot (1 - \cos \beta) \tag{7-28}$$

Entfernung des Wendepunktes vom Austritt L_W

$$L_W = R \cdot \sin \beta + \frac{1}{2} \cdot R \cdot \sqrt{3 - 2 \cdot \cos \beta - \cos^2 \beta} \tag{7-29}$$

Entfernung der horizontalen Lage vom Austrittspunkt L_h

$$L_h = R \cdot \sin \beta + R \cdot \sqrt{3 - 2 \cdot \cos \beta - \cos^2 \beta} \tag{7-30}$$

R = zulässiger Biegeradius (m)

L_1 = Stützweite der Lagerböcke bis max. zum Wendepunkt (m)

L_2 = Stützweiter der Lagerböcke bis zur horizontalen Lage (m)

β = Austrittswinkel

Ablaufbahn

Die Ablaufbahn (**Bild 7.10**) ist so zu konstruieren, dass das Produktenrohr ohne Beschädigung in den Bohrkanal eingezogen werden kann. Dazu ist es notwendig, dass die Ablaufbahn und damit das Produktenrohr in direkter Verlängerung der Bohrlinie montiert werden. Liegt im Bereich der Ablaufbahn ein weicher Untergrund vor und besteht somit keine Gefahr der Beschädigung des Rohrstranges, kann auf Hilfsmittel wie Rollenböcke (**Bild 7.11**) oder ähnliche Konstruktionen verzichtet werden. Ist dies nicht der Fall, müssen die Rollenböcke oder Vergleichbares dem Rohr entsprechend dimensioniert werden. Je schwerer und größer das Rohr, desto eher ist eine geregelte Ablaufbahn mit Rollenkonstruktionen erforderlich.

Bild 7.10: Ablaufbahn eines Produktenrohres aus Stahl mit einer nachträglichen Umhüllung an den Schweißnähten mit GFK [7-11]

Der Abstand der Unterstützung des Oberbogens ergibt sich

Bild 7.11: Rollenböcke mit einem Produktenrohrstrang DN 500 (HDPE)

a) aus der Tragkraft der Rollenböcke und

b) aus der Biegesteifheit des einzuziehenden Produktenrohres, frei liegend zwischen zwei Auflagern, wobei zu beachten ist, ob das Produktenrohr im ballastierten oder im leeren Zustand zu betrachten ist.

Die Tragkraft von Rollenböcken ist von den Herstellerangaben abhängig und muss dort angefragt werden.

Im Regefall sollte man die Rollenböcke in einem Abstand von nicht mehr als 25 m Entfernung zu einander positionieren. Das Rohrende bedarf ggf. einer Unterstützung, z. B. durch einen mitfahrenden Seitenbaum/Bagger.

7.5 Weitere planerische Aspekte

Neben den Berechnungen zur Geometrie einer Horizontalbohrung sind weitere Aspekte zu berücksichtigen, um eine Horizontalbohrmaßnahme erfolgreich zu realisieren.

In diesem Rahmen wird auf solche Aspekte eingegangen, indem diesbezüglich relevante Bohrparameter kurz vorgestellt werden. Weiterhin wird auf Einzelheiten, die beim Einziehvorgang von Bedeutung sind, eingegangen.

7.5.1 Bohrparameter

Der Erfolg einer Bohrmaßnahme ist von mehreren Faktoren abhängig, die im Vorfeld beachtet werden müssen. Diese Faktoren sind relevant, um das Vorhaben schnell und sicher zum Abschluss bringen zu können.

- *Kapazität der Hochdruckpumpe*

  Die Pumpe muss in der Lage sein, die Bohrspülung mit dem entsprechenden Druck zum Bohrkopf zu pumpen. Dieser hydraulischer Druck muss so dimensioniert sein, dass die Ortsbrust gelöst und ggf. zusätzlich einen Mud Motor angetrieben werden kann. Außerdem muss ein ausreichender Volumenstrom gewährleistet sein.

- *Tragfähig bzw. Feststoffgehalt der Bohrspülung*

  Die Inhaltsstoffe und dessen Anteile sind so zu wählen, dass die angemischte Bohrspülung die für das anstehende Gebirge entsprechenden Eigenschaften aufweist. Die Bohrgeschwindigkeit sollte so gewählt werden, dass die Bohrspülung nicht mit Bohrklein überladen ist. Eine Faustformel besagt, dass in der mit Bohrklein belasteten Spülung nicht mehr als 25 % Feststoffe sein sollten.
- *Kapazität der Recyclinganlage*

  Die Recyclinganlage muss das zurückfließende Volumen der mit Bohrklein belasteten Spülung aufnehmen können, ohne dass der Bohrfortschritt dabei zum Erliegen kommt bzw. die Recyclinganlage überfordert ist.
- *Auswahl des geeigneten Bohrwerkzeuges, der geeigneten Bohrgarnitur*

  Die Bohrgarnitur ist nach den Eigenschaften des anstehenden Gebirges und der Wahl des Ortungssystems entsprechend auszusuchen.

Neben den oben aufgeführten Parametern sind für einen wirtschaftlichen Erfolg einer Horizontalbohrmaßnahme weitere Parameter maßgebend:

- Dauer eines Gestängewechsels
- Dauer einer Kabelverbindung (Pilotbohrung) bzw. Messwertablesung und -interpretation
- Professionalität der Bohrmannschaft
- Zustand der Bohranlage und -ausrüstung

7.5.2 Einziehvorgang

Bei der Planung des Einziehvorganges ist im Wesentlichen darauf zu achten, dass das Produktenrohr ohne Beschädigung in das Bohrloch eingezogen wird. Um dies zu gewährleisten sind sowohl die zul. Zugkräfte zu beachten, als auch zu überprüfen, ob das Rohr in der im Bohrloch befindlichen Spülung schwimmt und dabei nicht an der Bohrlochwand entlang gezogen wird (Ballastierung) und ob das Rohr, insbesondere bei PE-Rohren, dem hydrostatischen Druck im Bohrloch standhält (Beuldruck, s. Kapitel 7.4.4).

Einhaltung der Zugkraft

Die zulässige Zugkraft eines Produktenrohres wird meist vom Hersteller angegeben und darf auf keinen Fall überschritten werden.

Die Kraft, mit der dann endgültig an einem Produktenrohr gezogen werden muss, um den Strang einzuziehen, ist zum einen mit den Maßen des Rohres verbunden (Masse), wird aber auch durch die Verhältnisse im Bohrloch (Reibung, Spülungsdruck, Länge usw.) beeinflusst. Die Berechnung der tatsächlichen Zugkraft während des Einziehvorganges ist daher nur theoretisch möglich. Da man aber eine Größenordnung für die Wahl der Bohranlage benötigt, werden hier meist Erfahrungswerte aus anderen Projekten herangezogen. Sollte aber doch die Zugkraft ermittelt werden, sind umfangreiche Berechnungen mit Software-Unterstützung notwendig, da die Zugkraft im Allgemeinen mit Fortschreiten des Einziehvorganges zunimmt.

Ballastierung

Eine Ballastierung des Produktenrohres ist notwendig, wenn der Rohrstrang an der Bohrlochwand entlang reibt und dadurch u. U. Beschädigungen erfährt. Dies ist der

Fall, wenn die spez. Gewichtskraft F'_G des Rohres kleiner ist als die spez. Auftriebskraft F'_A. Dabei ist zu beachten, dass es sich in Anbetracht komplexer Rohrumhüllungssysteme empfiehlt, Erkundigungen beim Hersteller über die spezifische Masse von fertigen Rohrsträngen einzuholen.

Für die spez. Auftriebskraft gilt, dass sie der Gewichtskraft der Masse an Spülung entspricht, die durch das Produktenrohr verdrängt wird.

Aus dieser Betrachtung ergibt sich für den Rohrstrang im Bohrloch:

$F'_G - F'_A = 0$ → schwebender Zustand

$F'_G - F'_A > 0$ → sinkender Zustand

$F'_G - F'_A < 0$ → aufreibender Zustand

Anzustreben ist stets der schwebende Zustand des Rohrstranges während des Einziehvorganges. Aufgrund der Dichte von HDPE-Rohren wird dieser ideale Zustand beinahe während des Einziehvorganges erreicht, wenn die im Bohrloch befindlichen Rohre komplett mit Bohrspülung befüllt sind. Daher gilt für das spezifische Auffüllvolumen bei PE-Rohren nach [7-7]:

$$V' = \frac{\pi \cdot d_R^2}{4000} \qquad (7\text{-}31)$$

V' = spezifische Auffüllvolumen (l/m)

d_R = Innendurchmesser des PE-Rohres (mm)

Bei Stahl- und Gussrohren verhält es sich etwas anders. Hier findet nur eine Ballastierung statt, wenn ein sinkender Zustand (F' > 0) gegeben ist und dies in Anbetracht der erwartenden Einziehkräfte angemessen erscheint. In diesem Fall kann ein PE-Rohr in das Produktenrohr aus Stahl bzw. Guss eingezogen und entweder das PE-Rohr (Ballastkörper) oder der Raum zwischen Produktenrohr und PE-Rohr (Auftriebkörper) komplett mit Wasser gefüllt werden (**Bild 7.12**). Unter diesen Voraussetzungen ergibt sich folgendes:

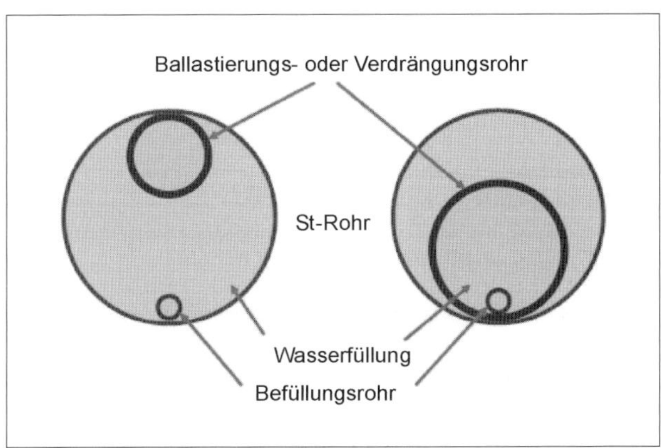

Bild 7.12: Möglichkeiten der Ballastierung eines Stahlrohres [7-10]

Spezifisches Auffüllvolumen V' in l/m

$$V' = \frac{\pi \cdot \rho_M \cdot D_R^2 \cdot 10^{-3}}{4} - m' \qquad (7\text{-}32)$$

Außendurchmesser des Ballastkörpers D_{PE} aus PE

$$D_{PE} = \sqrt{\frac{4000 \cdot V'}{\pi}} \qquad (7\text{-}33)$$

Innendurchmesser des Auftriebkörpers d_{PE} aus PE

$$d_{PE} = \sqrt{(D_R - 2 \cdot w_R)^2 - 4000 \cdot \frac{V'}{\pi}} \qquad (7\text{-}34)$$

ρ_M = Dichte der Spülung (kg/dm³)
D_R = Außendurchmesser des Rohres (mm)
w_R = Wanddicke des Rohres (mm)
g = Erdbeschleunigung (m/s²)
m' = Spezifische Masse des Rohres (kg/dm³)

Alternativ kann auch das komplette Produktenrohr ohne Ballast- oder Auftriebskörper mit Flüssigkeiten beaufschlagt und dadurch beschwert werden.

7.6 Genehmigungsverfahren

Um überhaupt eine Horizontalbohrung wie geplant durchführen zu dürfen, sind einige Genehmigungen sowohl vom Bohrunternehmen als auch vom Bauherrn einzuholen.

Gemäß den Richtlinien des DCA [7-3] hat sich der Bauherr um folgende Genehmigungen zu kümmern:

- *Baurechtliche Genehmigung*

  Bei der baurechtlichen Genehmigung handelt es sich um die allgemeine Baugenehmigung und die strom- und schifffahrtspolizeiliche Genehmigung bei der Kreuzung von Gewässern.

- *Nutzungsrechtliche Genehmigung*

  Hier klärt der Bauherr die Verhältnisse mit den Eigentümern aller berührten Liegenschaften, so dass die Überquerung einzelner Grundstücke und die Nutzung von Flächen für die Baustelleneinrichtung sichergestellt werden.

- *Umweltrechtliche Genehmigung*

  Der Bauherr hat Abstimmungen mit den entsprechenden Fachbehörden über die Rekultivierung, Ausgleichsmaßnahmen sowie zulässige Bauzeiten in Landschaftsschutzgebieten vorzunehmen.

Nicht nur der Bauherr sondern auch der Auftragnehmer hat laut den Richtlinien des DCA [7-3] einige Genehmigungen einzuholen:

- *Verkehrsrechtliche Genehmigung*

  Befindet sich die Baustelle einer Horizontalbohranlage im Raum des öffentlichen Straßenverkehrs, ist dies meist mit Einschränkungen des Verkehrs an Rigsite und

Pipesite zu rechnen. Es sind Maßnahmen zur Straßensperrung, Fahrbahneinengung und Geschwindigkeitsbeschränkung zu planen und die entsprechenden Genehmigungen einzuholen.

Aber nicht nur für die Baustelle sind verkehrsrechtliche Genehmigungen erforderlich, sondern bereits beim Antransport der Anlage und den dazu gehörigen Komponenten. Beim Einsatz von Mega-Rigs werden meist mehrere Schwerlasttransporte benötigt. Diese benötigen spezielle Genehmigungen zur Nutzung einzelner Straßen.

- *Arbeitsrechtliche Genehmigung*

  Große Horizontalbohrmaßnahmen mit großen Längen und/oder großen Durchmessern sind in Bezug auf Bohrlochstabilität und Spülungskreislauf sehr anfällig. Dann wird meist eine begonnene Arbeitsphase wie z. B. ein Aufweitvorgang nicht unterbrochen. Dies kann zu Arbeiten zu ungewöhnlichen Zeiten (nachts oder am Wochenende) oder zu Mehrarbeit führen. Da dies aufgrund des Arbeitszeitgesetzes nicht ohne Weiteres möglich ist, müssen hierfür entsprechende Genehmigungen eingeholt werden.

- *Umweltrechtliche Genehmigung*

  Für die Herstellung der Bohrspülung oder eine unter Umständen notwendige Ballastierung des Rohrstranges wird auch Wasser aus Oberflächengewässern oder Brunnen entnommen. Hierzu ist eine Genehmigung nach dem Wasserhaushaltsgesetz (WHG) nötig.

  Zu den umweltrechtlichen Genehmigungen zählt auch die Erlaubnis der Weiterverwertung des Bohrkleins und der Entsorgung der nicht mehr für den Bohrprozess benötigten Bohrspülung auf landwirtschaftlichen Flächen.

- *Sonstiges*

  Neben den oben genannten Genehmigungen und denen, die zur Leitungsverlegung üblich sind, kann bei einzelnen Projekten eine Genehmigung im Sinne des Bundesberggesetzes (BbergB) erforderlich sein. Dies betrifft Bohrungen mit Bohrgeräten > 400 kN Rückzugskraft und Bohrlängen > 100 m. Liegt dies vor, ist eine Anzeige bei dem zuständigen Bergamt zu tätigen.

7.7 Bauzeitenplan

Ein detaillierter Bauzeitenplan (**Bild 7.13**) muss nicht Teil einer jeden Horizontalbohrung sein. Ein Bauzeitenplan macht erst ab einer bestimmten Bauvorhabengröße Sinn, wenn die Maßnahme über mehrere Tage geht.

Folgende Punkte sollten unbedingt in einem Bauzeitenplan vorhanden sein:

- Baustelleneinrichtung
- Pilotbohrung
- Aufweitbohrung(en)
- Einziehvorgang
- Rohrbau, mit allen wesentlichen Ausführungsphasen
- Baustellenräumung
- Geländewiederherstellung

Es ist sinnvoll hier mit entsprechender Software zur Bauzeitenplanerstellung zu arbeiten, wobei als kleinste Zeiteinheit mindestens ein Tag vorzusehen ist. Interdependenzen zwischen dem Horizontalbohren und dem Rohrleitungsbau sollten dargestellt werden.

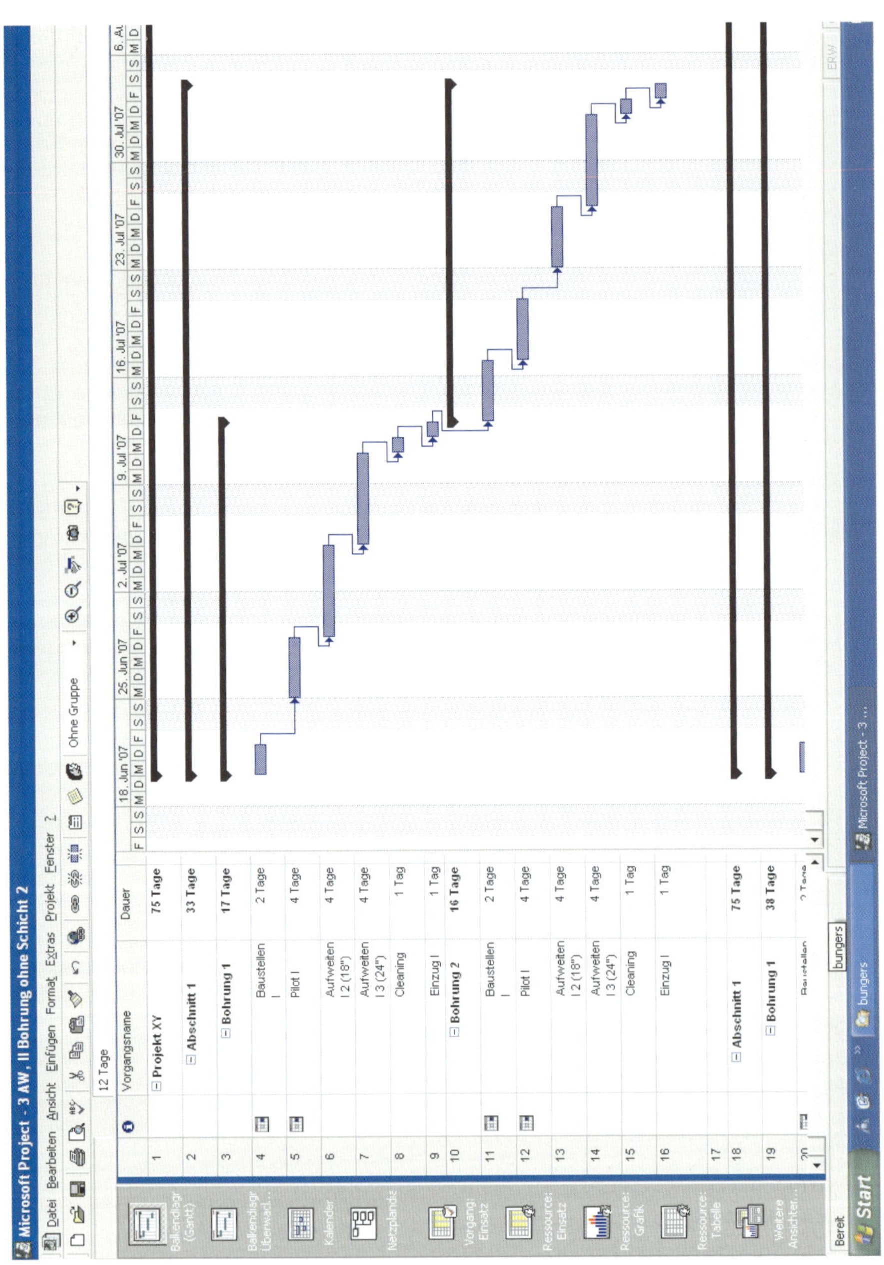

Bild 7.13: Beispiel eines Bauzeitenplanes der Fa. LMR-Drilling GmbH [7-9]

8. Durchführung einer Horizontalbohrmaßnahme

Für die erfolgreiche Durchführung einer Horizontalbohrmaßname sind verschiedene Aspekte zu beachten, die nachstehend, sich am generellen Ablauf einer Horizontalbohrung orientierend, dargestellt werden.

Gegenwärtig kann jedes Unternehmen, das die entsprechende Bohranlage besitzt, eine Horizontalbohrung ausführen. Aus der Sicht des Auftraggebers empfiehlt es sich vor der Vergabe einer HDD-Baumaßname Informationen über die Qualifikation des HDD-Unternehmens einzuholen (s. Kapitel 9). Dazu können Referenzen des Unternehmens, Ausbildungsnachweise nach DVGW-Arbeitsblatt GW 329 des Personals und die Zertifizierungen des Unternehmens nach DVGW-Arbeitsblatt GW 301 für die Gruppe GN2, nach DIN EN ISO 9001:2000 (Qualitätsmanagement) und nach dem Regelwerk SCC** (Sicherheitsmanagementsystem) dienen.

Die Abwicklung einer Horizontalbohrmaßname besteht im Wesentlichen aus den folgenden Tätigkeiten:

- Arbeitsvorbereitung
- Baustelleneinrichtung/Mobilisieren
- Pilotbohrung
- Aufweiten des Bohrloches, wenn erforderlich
- Einziehen des Produktenrohres
- Demobilisieren/Oberflächeninstandsetzung

Zeitlich versetzt oder parallel dazu finden Rohr- und Tiefbauaktivitäten statt. Diese können (müssen aber nicht) beinhalten:

- Arbeitsvorbereitung
- Baustelleneinrichtung/Mobilisieren
- Oberflächenvorbereitung
- Ausfahren der Rohre, wenn erforderlich
- Schweißen der Rohre, wenn erforderlich
- Zerstörungsfreie Materialprüfung
- Bau des Oberbogens und Vorbereitung des Produktenrohres zum Einzug, wenn erforderlich
- Einbindungen
- Qualitätskontrolle nach dem Rohreinzug, wenn erforderlich
- Rückbau und Oberflächeninstandsetzung

In Abhängigkeit der vertraglichen Aufgabenstellung ist eine enge Zusammenarbeit zwischen der HDD-Ausführung und den Rohr- und Tiefbauaktivitäten erforderlich. Diese Zusammenarbeit beginnt im Idealfall spätestens mit einer aufeinander abgestimmten Arbeitsvorbereitung.

In Anbetracht der Einzigartigkeit von Projekten werden die nachstehenden Punkte nur generelle Ansätze bieten, wobei baustellen- und projektspezifische Aspekte individuell einzupflegen sind.

8.1 Baustellen-/Arbeitsvorbereitung

Mit der Arbeitsvorbereitung (AV) steht und fällt der Erfolg einer HDD-Baustelle. Erfahrungswerte von HDD-Unternehmen zeigen, dass ca. 80 % des Erfolges einer Baustelle von der AV abhängen. Ursache dafür ist, dass beim HDD-Verfahren überwiegend Maschinentechnik zum Einsatz kommt. Diese muss für den Zeitraum der Ausführung permanent einsatzbereit sein, da sonst die Baustelle zum Erliegen kommt.

Nachstehend werden Stichpunkte aufgeführt, die für die AV beachtet werden sollten; sinnvoll ist die Erarbeitung von Checklisten, um sicherzustellen, dass die erforderlichen Parameter beachtet werden.

- Baustellenbegehung (dringend empfohlen)
- Überprüfung der Trassen und Identifikation von zu kreuzenden Bauwerken/ Leitungen
- Überprüfung der Ausschreibungsunterlagen, ggf. Gegenkalkulation,
- Definition des Leistungsumfangs
- Erforderliche Genehmigungen und Auflagen auf Inhalt und Vollständigkeit prüfen
- Ggf. Konzept zur Ausführung der HDD-Arbeiten erstellen
- Abstimmung von Arbeitsschritten mit dem Rohr- und Tiefbau
- Abstimmung Maschinen- und Geräteeinsatz einschl. dazugehöriger Dokumentation
- Zeitpläne, BE-Pläne, Ausführungspläne
- Personaldisposition
- Termingerechte Auslösung von Bestellungen für Materiallieferungen und/oder Subunternehmerleistungen

8.2 Baustelleneinrichtung und -räumung

Zu jeder Baustelle gehört eine Baustelleneinrichtung (**Bild 8.1**). D. h. alle für das Vorhaben benötigten Maschinen, Container, Verkehrswege und Lagerplätze müssen auf einer begrenzten, vom Bauherrn zur Verfügung gestellten Fläche, einen Platz finden. Dieser Platzbedarf variiert je nach Größe des Vorhabens. Große Anlagen (Mega-Rigs) brauchen ein Vielfaches mehr an Platz als kleine Bohranlagen (Mini-Rigs). Daher ist es bei den größeren Anlagen um so sinnvoller, einen Baustelleneinrichtungsplan bereits in der Vorbereitungsphase zu erstellen, damit die Geräte, Lagerstätten usw. entsprechend ihrer Funktion zur Bohranlage angeordnet werden können (s. Kapitel 7.4.2). Dieser Baustelleneinrichtungsplan kann auch für das Genehmigungsverfahren notwendig sein. Da dieser Plan aber meist erst nach der Auftragserteilung angefertigt wird, muss er der Genehmigungsbehörde nachträglich vorgelegt werden.

Im Baustelleneinrichtungsplan wird die gesamte Baustelleneinrichtung (sowohl Startseite als auch Zielseite) zeichnerisch dargestellt. Dabei sind neben dem Maschinenpark und der Lagerplätze auch öffentliche Verkehrswege und Baustraßen, Bauten wie Baubüro oder Aufenthaltscontainer für die Mannschaft oder vorhandene unterirdische und oberirdische Leitungen in dem Plan aufzunehmen. Was in einem Baustelleneinrichtungsplan nicht fehlen darf, ist der Ein- und Austrittspunkt.

Die Einmessung des Ein- bzw. Austrittpunktes und der Bohrtrasse sind in die Baustelleneinrichtung zu integrieren, sofern keine gesonderte Vermessung ausgeschrieben ist.

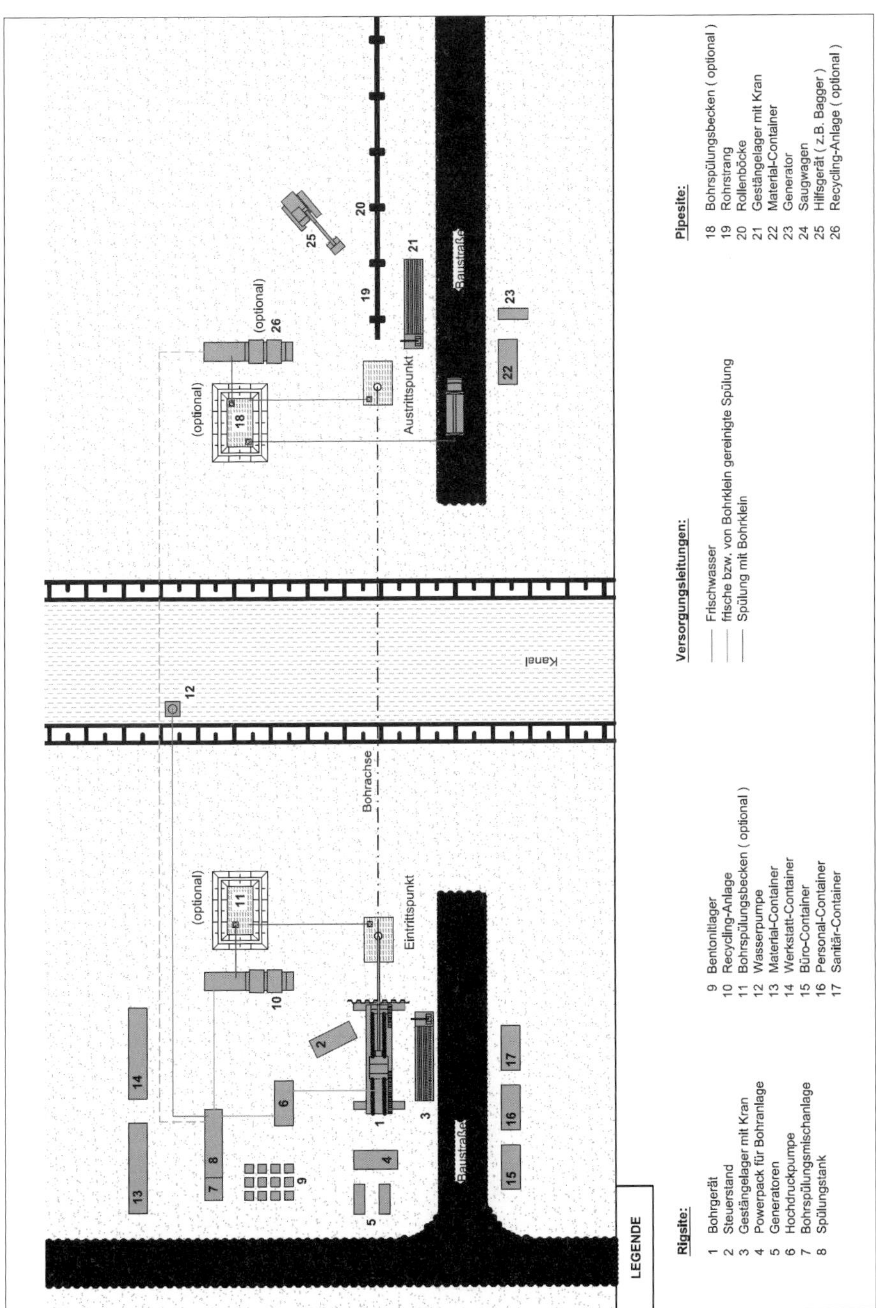

Bild 8.1: Prinzipielle Darstellung der Baustelleneinrichtung [8-1]

Für die Baustelleneinrichtung sind einige Aspekte zu beachten, soweit es die räumlichen Gegebenheiten zulassen:

- Der Bohrgeräteführer sollte stets die Möglichkeit des Sichtkontaktes (idealerweise auch Sprechverbindung) zum Abwurf der Spülungsaufbereitungsanlage (wenn vorhanden/erforderlich) sowie zum Spülungsmischtank haben.
- Das Bohrgestängelager und eine Bohrgestängehebevorichtung sollten beim Bohrgerät stehen, auf der gegenüberliegenden Seite des Steuerstandes.
- Interaktion und räumliche Abstände von Bohrausrüstung hinsichtlich erforderlicher Verbindungsleitungen sind zu beachten.
- In Abhängigkeit der Bohrungslänge bzw. des Bohrlochdurchmessers sollten mit einem LKW und/oder Bagger zugänglich sein:
  - Bohrgestängelager (Bohrgestängeumtransport)
  - Mischanlage (z. B. Anlieferung Bentonit)
  - Separier-/Recyclinganlage (Abtransport Bohrklein/Abwurf)
  - Pipesite (Bohrgestängeumtransport)
- Einfluss von Baustellenverkehr auf Straßenverkehr minimieren
- Ausreichend Bewegungsfreiheit für alle mobilen Geräte vorsehen (einschl. Parkplätze)
- Ggf. temporäre Spülungs- und/oder Feststoffsammelflächen vorhalten

Bevor aber der Baustelleneinrichtungsplan umgesetzt wird, empfiehlt es sich, eine Beweissicherung (z. B.: Fotos, Protokolle, ggf. Flächennivellements) in Absprache mit dem AG vorzunehmen, um den Urzustand des Geländes, der Anfahrtswege usw. festzuhalten.

Der Regelfall ist, dass in Abhängigkeit der vertraglichen Pflichten nach Beendigung der HDD-Baumaßnahme die Einbindung der/des eingezogenen Rohres erfolgt und anschließend eine Instandsetzung der benutzten Oberflächen stattfindet, die ggf. auch dokumentiert werden muss [8-2].

8.3 Bohrarbeiten

Die Durchführung einer HDD-Maßnahme ist durch drei Arbeitsphasen gekennzeichnet:

Die erste Phase ist die Pilotbohrung, bei der sich ein Bohrkopf von der Startgrube zur Zielgrube durch den anstehenden Boden arbeitet. Ziel ist das möglichst genaue Abbohren der vorgegebenen Bohrlinie.

Der Pilotbohrung folgt, wenn erforderlich, das Aufweiten des Bohrloches. Dabei wird der Bohrkanal auf einen Durchmesser aufgeweitet, der i. d. R. dem 1,2- bis 1,5-fachen des Produktenrohres / des Produktenrohrbündels entspricht.

Der letzte Schritt ist der Einziehvorgang des Produktenrohres / des Produktenrohrbündels, das bereits an der Pipesite zum Einzug bereit liegt.

Jede Arbeitsphase unterscheidet sich von der anderen durch die verwendeten Werkzeuge, die entsprechend dem anstehenden Boden ausgesucht werden (s. Kapitel 4.2.2).

8.3.1 Pilotbohrung

Während der Pilotbohrung wird ein Bohrkopf mit einem Bohrgerät sowie der Unterstützung einer Bohrspülung entlang einer vorgegebenen Bohrlinie vorangetrieben. Die

Lage des Bohrkopfes wird durch ein Ortungssystem bestimmt und durch Vorschieben und Rotieren des Bohrstrangs beeinflusst bzw. gelenkt.

Die Pilotbohrung beginnt damit, dass der erste Teil der Bohrgarnitur von der Bohranlage aus, einem vorher definierten Eintrittswinkel folgend, in das Erdreich drehend hinein gedrückt wird. Gleichzeitig wird Bohrspülung durch das Gestänge zur Ortsbrust gepumpt, wo es aus kleinen Düsen mit hohem Druck ausströmt. Das Erdreich wird in Abhängigkeit der gewählten Bohrgarnitur hydraulisch und/oder mechanisch gelöst und durch den Ringraum nach Übertage transportiert. Hier fließt es in eine dafür vorbereitete Spülungssammelgrube, ggf. einen Pumpensumpf, von dem aus die Spülung über die Recyclinganlage, die Spülungsmischanlage zu einer Hochdruckpumpe dem Spülungskreislauf[42] zugeführt wird.

Nach jeder abgebohrten Stange wird auf der Bohranlage eine neue eingebaut. Dieser Vorgang wird solange wiederholt bis die Bohrlinie entsprechend der Spezifikationen des AG abgebohrt wurde und der Bohrkopf am Zielpunkt ankommt. Eine Dokumentation der Pilotbohrung erfolgt entsprechend vertraglicher Vereinbahrung und/oder angewandter Qualitätssicherungssysteme des ausführenden Unternehmens.

Die Bohrlinie besteht i. d. R. aus mehreren Abschnitten (s. Kapitel 7.4), die abgebohrt werden. Werden gerade Strecken gebohrt, stehen dem Bohrgeräteführer verschiedene Bohrtechniken zur Verfügung, dieses zu bewerkstelligen.

42 Auf kleineren Bohranlagen wird oftmals ohne einen Spülungskreislauf gearbeitet.

Soll eine Kurve in horizontaler oder in vertikaler Richtung gebohrt werden, wird der Bohrstrang ohne oder mit nur phasenweiser Rotation in das Bohrloch vorgeschoben. Dazu wird die Bohrgarnitur in die entsprechende Stellung gedreht und vorwärts geschoben. Aufgrund der Exzentrizität der Bohrgarnitur kann eine Kurve gefahren werden.

Während der Pilotbohrung muss die Position des Bohrkopfes bezogen auf die geplante Bohrlinie sowohl in horizontaler als auch in vertikaler Richtung zu jeder Zeit zu bestimmen sein. Weicht der Bohrkopf von der geplanten Trasse ab, werden Richtungsänderungen vorgenommen. Dabei ist aber zu beachten, dass nicht geplante Richtungsänderungen zu größeren Zugkräften und unter Umständen zu nicht zulässigen Radien für das Produktenrohr führen.

Die Abweichung zwischen geplanter Bohrlinie und tatsächlicher Lage der Pilotbohrung darf nicht von den zwischen AG und AN vereinbarten zulässigen Toleranzen abweichen. Hierbei sind bzgl. der abzubohrenden Radien die elastischen Radien der/des Produktenrohre/s im Betrieb bzw. unter Prüfdruck und des Bohrstrangs im Betrieb (beide mit einem baugrundabhängigen Sicherheitsfaktor versehen) zu vergleichen.

Zusätzlich muss die zur Verfügung stehende Trassenbreite sowie die im Trassenbereich zur Verfügung stehenden aussagekräftigen Baugrundaufschlüsse beachtet werden.

Des Weiteren muss auf ggf. vorhandene projektspezifische Besonderheiten, wie z. B. Auflagen Dritter, Rücksicht genommen werden.

Eine klare Regelung der Vorgehensweise für den Fall, dass von einer vorgesehenen Bohrlinie abgewichen werden muss, ist daher vor Ausführungsbeginn der Bohrarbeiten anzustreben bzw. in einer den Ausschreibungsunterlagen beigefügten Baubeschreibung darzustellen.

Bei sehr langen Bohrungen oder bei Bohrungen mit dünnen Bohrgestängen kann es notwendig sein, das Bohrgestänge zu überwaschen. Dabei wird mit dem so genannten „Wash-Over-Verfahren“ ein kleines Bohrgestänge mit einem größeren Bohrgestänge überbohrt/überwaschen.

Vorteile dieses Vorgehens sind:

- Engere Bohrradien bedingt durch das kleinere Bohrgestänge, wobei jedoch der elastische Biegeradius des größeren Bohrstrangs im Betrieb die Restriktion bildet, jedoch ohne oder mit nur geringerem Sicherheitszuschlag
- Reduzierung der Gefahr des Knickens des kleineren Bohrgestänges
- Sicherung des erbohrten Pilotbohrloches durch Überwaschgestänge
- Reduzierung von Ringraumdrücken durch Überwaschen

Nachteile:

- Längere Bohrzeiten
- Zwei Bohrstränge erforderlich
- Abbau von Feststoffen beim Überwaschen ggf. weniger effizient als beim konventionellen Aufweiten des Bohrloches

Folgende Punkte sollten während der Pilotbohrung beachtet werden:

- Vereinbarung mit Bauaufsicht (wenn vorhanden und erforderlich) über Informationsintervalle und -inhalte treffen

- Prüfung und Kontrolle des Bohrlochvermessungssystems sowie aller dazugehörigen Arbeiten, ggf. Einweisung des Bohrlochvermessers in Baustelle und Bohrrestriktionen
- Betriebsbereitschaft und -zustand der kompletten Bohrausrüstung ist sicherzustellen
- Während der Bohrarbeiten Kontrolle der Bohrlochvermessungsberichte, der Bohrspülungsberichte und des Bohrberichtes vornehmen
- Bestände an Verbrauchsstoffen kontrollieren und ggf. Ersatzbestellungen rechtzeitig auslösen
- HDD-Aktivitäten am Zielpunkt/Austrittspunkt der Bohrung/en vorab mit Rohr- und Tiefbau koordinieren, insbesondere Oberbögen, wenn erforderlich

8.3.2 Aufweitvorgang

Nach Abschluss der Pilotbohrung wird die Pilotbohrgarnitur i. d. R. am Austrittspunkt der Bohrung demontiert/abgeschraubt, und ein Aufweitwerkzeug wird mit dem Bohrgestänge verbunden.

Dieses Aufweitwerkzeug wird in Abhängigkeit der anstehenden Geologie und den Kapazitäten der zur Verfügung stehenden Bohrausrüstung (Drehmoment Rig und Bohrstrang, Volumenkapazität Hochdruckpumpe und Recyclinganlage) ausgewählt.

Das Aufweiten des Bohrloches kann in einem oder mehreren Schritten durchgeführt werden. Bei mehreren Aufweitschritten ist darauf zu achten, dass die Werkzeuge mit unterschiedlichen Durchmessern immer zentriert arbeiten, so dass ein möglichst runder Bohrlochquerschnitt entsteht. Dabei können unterstützend (abgestufte) Reamer oder Stabilisatoren eingesetzt werden. Arbeiten die Werkzeuge nicht zentriert, entsteht ein schlüssellochförmiges Bohrloch (**Bild 8.2**).

Das Aufweitwerkzeug wird drehend und spülend durch das Bohrloch bewegt. Für jede Bohrstange, die an Rigsite ausgebaut wird, muss eine an Pipesite nachgesetzt werden, so dass sichergestellt ist, dass sich jederzeit ein kompletter Bohrstrang im Bohrloch befindet.

Der Aufweitvorgang (**Bild 8.3**) zielt auf die Erstellung eines zumindest temporär standfesten Bohrloches. Daher muss die Arbeitsgeschwindigkeit des Räumvorganges auf

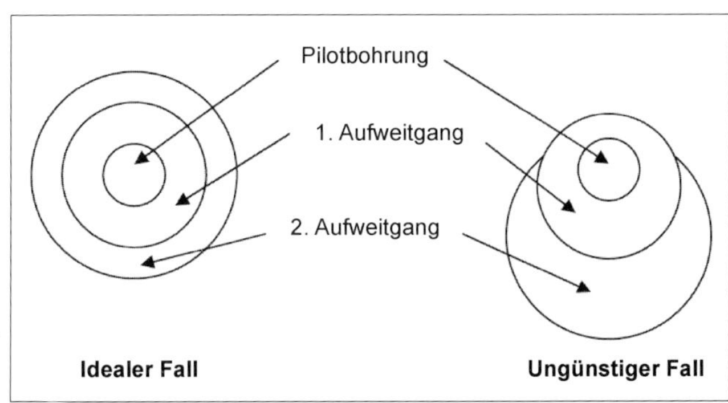

Bild 8.2:
Darstellung der Arbeitsschritte im idealen und im ungünstigen Fall

die anstehende Geologie angepasst werden. Dabei stehen die Volumenkapazität der Hochdruckpumpe und der Recyclinganlage, die Mischkapazität der Spülungsmischeinheit und die Feststoffbeladung der Bohrspülung sowie die Spülungszusammensetzung im Vordergrund. Ziel dieses Arbeitsschrittes ist es, ein Bohrloch herzustellen, das einen reibungslosen Einzug der/des Produktenrohre/s ermöglicht.

Bild 8.3: Ausritt des Räumers aus dem Bohrkanal auf Rigsite [8-3]

Nach dem Aufweiten des Bohrloches kann sich ggf. ein Testlauf und/oder ein Cleaning-run anschließen.

Der Testlauf mittels eines Probekörpers, der durch das Bohrloch gezogen wird, prüft die Befahrbarkeit und die Einziehbedingungen des Bohrloches.

Der Cleaning-run hat zum Ziel, evtl. im Bohrloch vorhandene Sedimente/Hindernisse durch eine Befahrung des Bohrloches mit einem entsprechenden Bohrwerkzeug zu beseitigen.

Folgende Punkte sollten während der Aufweitarbeiten am Bohrloch beachtet werden:

- Kommunikation mit dem AG bzw. dessen Vertretung aufrechterhalten, Informationsaustausch
- Betriebsbereitschaft und -zustand der kompletten Bohrausrüstung
- Während der Bohrarbeiten Kontrolle der Bohrspülungsberichte und des Bohrberichtes mit Schwerpunkt auf Einhaltung des Bohrprogramms
- HDD-Aktivitäten am Zielpunkt/Austrittspunkt der Bohrung/en vorab mit Rohr- und Tiefbau koordinieren
- Bestände an Verbrauchsstoffen kontrollieren und ggf. Ersatzbestellungen rechtzeitig auslösen
- Ggf. anfallende Subunternehmer(-arbeiten) koordinieren und/oder vorbereiten
- Einziehen des Produktenrohres vorbereiten
- Demobilisierung der Baustelle vorbereiten

8.3.3 Einziehvorgang

Der Einziehvorgang ist der letzte und entscheidende Schritt einer Horizontalbohrmaßnahme. Hierfür muss das einzuziehende Produktenrohr bereit liegen, das im Vorfeld ausgelegt und zum Einzug bereit in Position gebracht worden ist (**Bild 8.4**).

Um das Produktenrohr in das Bohrloch einziehen zu können, wird zwischen Bohrgestänge und Rohrstrang ein Räumer und ein Swivel (Drehwirbel) eingebaut (**Bild 8.5**).

Bild 8.4: Ausgelegter Produktenrohrstrang beim Einziehvorgang [8-4]

Bild 8.5: Produktenrohrstrang mit Einziehgarnitur kurz vor dem Einzug [8-4]

Zum Einziehen des Produktenrohres wird der Räumer rotierend und spülend zur Bohranlage gezogen. Durch den Swivel wird verhindert, dass Drehmomente vom Bohrgerät über das Gestänge und den Räumer auf das Produktenrohr übertragen werden. Um einen einwandfreien Einzug des Produktenrohrs sicherzustellen, wird, abhängig von der Biegesteifheit des Produktenrohres, ein Oberbogen am Austrittspunkt in Verlängerung der Bohrlinie der Bohrung und dem elastischen Verlegeradius des Rohres eingeplant und entsprechend eine Ablaufbahn konstruiert. Das Rohr wird, nach Möglichkeit ohne Unterbrechung, bis auf notwendige Stangenwechsel, eingezogen [8-2, 8-1] (**Bild 8.6**).

In der Regel wird das Produktenrohr mit einer auf Bentonit basierenden Bohrspülung, die bereits während der Pilotbohrung und den Aufweitschritten wichtige Aufgaben übernommen hat, eingezogen. Dies ist allerdings nicht immer gewünscht. Um u. a. Setzungen des über der Rohrleitung befindlichen Geländes zu verhindern, wird vereinzelt vom AG die Verdämmung des Ringraumes beim oder nach dem Einzug gefordert. Hier kann mit herkömmlichen, auf Zement basierenden Dämmfüllstoffen gearbeitet werden, die über eine oder mehrere speziell dafür mit eingezogene Leitung verpumpt werden. Heute finden alternativ auch selbsterhärtende Bohrspülungen Anwendung (s. Kapitel 5.6.1), die unter Beachtung der Herstellerspezifikationen wie eine herkömmliche Bohrspülung funktionieren und verarbeitet werden können [8-5, 8-6].

Folgende Punkte sollten unmittelbar vor und während des Einziehens des Produktenrohres beachtet werden:

Bild 8.6: Erfolgreicher Einzug des Produktenrohres und ein 32“ Barrelreamer [8-7]

- Kommunikation mit dem AG bzw. dessen Vertretung aufrechterhalten, Informationsaustausch
- Betriebsbereitschaft und -zustand der kompletten Bohrausrüstung
- Während des Einziehens Kontrolle der Bohrspülungsberichte und des Bohrberichtes mit Schwerpunkt auf Einhaltung des Bohr-/Einziehprogramms
- HDD-Aktivitäten am Zielpunkt/Austrittspunkt der Bohrung/en vorab mit Rohr- und Tiefbau koordinieren
- Ggf. anfallende Subunternehmer(-arbeiten) koordinieren
- HDD-Aktivitäten am Zielpunkt/Austrittspunkt der Bohrung/en vorab mit Rohr- und Tiefbau koordinieren

Bild 8.7: 12“ Mantelrohrstrang aus Stahl in voller Länge ausgelegt [8-8]

8.4 Rohrbauarbeiten

Das Produktenrohr wird nach den anerkannten Regeln der Technik durch den Rohrbau erstellt. Auf die anerkannten Regeln der Technik wird im Rahmen dieses Buches nicht eingegangen. Trotzdem soll die Herstellung des Produktenrohrstrangs kurz dargestellt werden.

Produktenrohre

Mit der Horizontalbohrtechnik können Leitungen aus den verschiedenen Materialien eingezogen werden. Im Regelfall werden entweder HDPE- oder Stahlrohre mit dem HDD-Verfahren, in selteneren Fällen aber duktile Gussrohre eingezogen. Die Eigenschaften der Materialien, der Aufbau der Rohre (z. B. Auskleidung von Stahlrohren) und die Liefermöglichkeiten (Einzelrohre oder Ringbunde) haben einen großen Einfluss auf die Wahl des Werkstoffes und auf die Erstellung des Bohrstranges.

Weitere Informationen zu den Eigenschaften der unterschiedlichen Werkstoffe können Kapitel 3 entnommen werden.

Herstellung des Rohrstranges

Die Herstellung eines Rohrstranges gestaltet sich, je nach Werkstoff und Abmessungen des Produktenrohres, unterschiedlich:

Wird z. B. ein PE-HD-Rohr als Ringbund angeliefert, fällt die Schweißarbeit weitestgehend weg. Der Arbeitsaufwand erhöht sich, wenn das Produktenrohr in Form mehrerer Einzelrohre vorliegt und die Einzelrohre zu einem Strang verbunden werden müssen (siehe Bild 7.11) (s. Kapitel 3.2.5).

Kommt Stahl als Werkstoff zum Einsatz, ist die Verbindung der Einzelrohre zu einem Strang aufwendiger als bei einem Kunststoffrohr (**Bild 8.7** und **Bild 8.8**). Die Herstellung einer einwandfreien Schweißnaht ist bedingt durch den relativ hohen nicht mechanisierten Anteil dieser Arbeiten auf der Baustelle umfangreicher. Zudem ist eine nachträgliche Umhüllung der Schweißnähte und unter Umständen eine nachträgliche Innenauskleidung an den Nähten durchzuführen (s. Kapitel 3.1).

Bild 8.7:
Schweißen einer Gashochdruckleitung aus Stahl DN 600 [8-8]

Dagegen vereinfacht sich die Herstellung des Rohrstranges bei der Verwendung von Gussrohren im Vergleich zu den vorher genannten Werkstoffen, denn Gussrohre werden nicht zusammengeschweißt. Die Einzelrohre werden mit Muffen zu einem längskraftschlüssigen Strang zusammengesetzt. Dieses Zusammensetzen kann je nach projektspezifischen Gegebenheiten variiert werden. Es kann sowohl der komplette Rohrstrang an einem Stück zusammengesetzt (**Bild 8.9**) als auch die Einzelrohre in Zyklus des Gestängeausbauens an der Bohranlage aneinander gefügt werden [8-10]. In diesen Fällen werden die Rohre aus Platzgründen auf einen speziell dafür gefertigten Schlitten gelegt, der die entsprechende Steigung zum Austrittswinkel aufweist (s. Kapitel 3.3).

Auslegen und Positionieren des Rohrstranges

Nach der Herstellung des Rohrstranges kann dieser an den Gegebenheiten der Baustelle angepasst ausgelegt werden. Bei großen Durchmessern und schweren Rohren werden die Rohre bereits so positioniert, dass der entstehende Rohrstrang in der Verlängerung der Trasse liegt.

Erst nach der Pilotbohrung (und vor dem Einziehen) sollte der Oberbogen erstellt werden. Dazu wird der Rohrstrang so auf z. B. Rollenböcke, Container oder Aufschüttungen (beide zusammen mit Rollenböcke) gelegt, dass sich der errechnete Oberbogen und die Ablaufbahn aus der Planungsphase (Kapitel 7.4.9) ergibt.

Die restliche Ablaufbahn kann mit dem Beginn der Rohrbauarbeiten konstruiert werden.

Bild 8.9:
Produktenrohrstrang aus duktilem Gusseisen [8-9]

Beim Einziehvorgang sollte stets Personal auf der Pipesite vorhanden sein, das den Einzug des Produktenrohres in das Bohrloch, den Oberbogen, und die Ablaufbahn beobachtet, damit das Produktenrohr schadenfrei in das Bohrloch gezogen wird.

8.5 Abnahme

Bei der Durchführung einer Horizontalbohrmaßnahme sind unter Umständen Zwischenabnahmen der ausgeführten Arbeiten vorgesehen. Diese können mit unterschiedlichen technischen Prüfungen verbunden sein. Sie dienen der Einhaltung der technischen Vertragsbedingungen.

Eine Definition der dafür vorhergesehenen Verfahrensweise sollte vor Beginn der Bohrarbeiten zwischen allen beteiligten Stellen abgestimmt werden.

Es ist ratsam die Abnahmen vor Baubeginn mit dem Auftraggeber abzusprechen und somit eine höchstmögliche Qualität abliefern zu können.

Die Technischen Richtlinien des „Verbandes Güteschutz Horizontalbohrungen e.V.“ (DCA) [8-1] unterscheidet die Abnahmen folgendermaßen:

Abnahme vor dem Einziehen des Rohrstrangs

Die Herstellung des Rohrstranges ist abgeschlossen, und dieser kann für den Einziehvorgang vorbereitet werden. Doch bevor mit dem Bohrstrang der Oberbogen konstruiert wird, müssen einige Prüfungen vor allem bei korrosionsgeschützten metallischen Rohren durchgeführt werden.

Insgesamt muss der gesamte Rohrstrang laut DVGW-Arbeitsblatt GW 321 [8-11] visuell untersucht und auf Dichtigkeit in Absprache zwischen Auftraggeber und Auftragnehmer geprüft werden, egal um welchen Werkstoff es sich handelt. Dies ist aber nur möglich, wenn der Rohrstrang als Ganzes vorliegt. Wird er aber während des Einziehvorganges schrittweise montiert, ist eine Dichtigkeitsmessung nicht möglich.

Der DVGW schlägt in seinem Arbeitsblatt weiterhin vor, die Schweißprotokolle zu überprüfen und die Güte der Schweißnähte mit zerstörungsfreien Untersuchungen zu ermitteln.

Die Dichtigkeitsprüfung wird mittels der Wasserdruckprüfung nach EN 805 und ergänzend dazu nach DVGW-Arbeitsblatt W 400-2 in Form des Kontraktionsverfahrens durchgeführt.

Weiterhin ist zu überprüfen, ob der Einziehkopf den Anforderungen entsprechend bemessen ist, die Einziehwerkzeuge funktionsfähig und die Stand- und Lastsicherheit des Oberbogens und der Rollenbahn gegeben sind.

Abnahme während des Einziehvorganges

Beim Einziehen ist darauf zu achten, dass die zulässigen Zugkräfte auf den Rohrstrang eingehalten bzw. nicht überschritten werden. Darüber hinaus ist sicherzustellen, dass der Bohrstrang so eingezogen wird, dass keine Beschädigungen an Umhüllungen usw. auftreten.

Abnahme nach dem Einziehen des Rohrstrangs

Neben den nachfolgenden Prüfungen ist nach dem Einziehvorgang bei metallischen Werkstoffen der Umhüllungstest zu wiederholen. Damit kann sichergestellt werden, dass der Korrosionsschutz auch nach dem Einziehvorgang intakt ist.

Druckprüfung

Nach der Vollendung des Rohreinzuges sollte nach DVGW-Arbeitsblatt GW 321 [8-11] erneut eine Druckprüfung durchgeführt werden. Die Prüfungen sind nach E 805 durchzuführen und zu protokollieren. Für Gasleitungen gilt außerdem das DVGW-Arbeitsblatt G 469 bzw. für Wasserleitungen das Arbeitsblatt W 400-2. Wurde vor dem Einziehverfahren der Rohrstrang einer Stressdruckprüfung unterzogen, kann in Vereinbarung mit dem Auftraggeber auf die Druckprüfung verzichtet werden [8-12].

Kalibermessung

Auf Verlangen des Auftraggebers kann eine Kalibermessung vorgenommen werden. Hierbei wird der Innendurchmesser des Produktenrohres untersucht, indem ein Kaliber (z. B. Scheibenmolche, Trenn- oder Säuberungsmolche) durch die Leitung gefahren wird, der die eventuell vorhandenen Abweichungen vom ursprünglichen Innendurchmesser unter Berücksichtigung einer Toleranz aufnimmt [8-2, 8-12].

Tiefenlagemessung

Neben der Kalibermessung kann der Auftraggeber vor der weiteren Einbindung der Leitung eine Tiefenlagemessung verlangen. Hierbei soll die tatsächliche Tiefenlage der eingezogenen Rohrleitung ermittelt werden. Hierzu eignet sich das Druckdosenmessverfahren. Um eine Gesamtlagemessung der Leitung vorzunehmen, wird bei diesem Messverfahren mit einem Kreiselkompass gearbeitet [8-12].

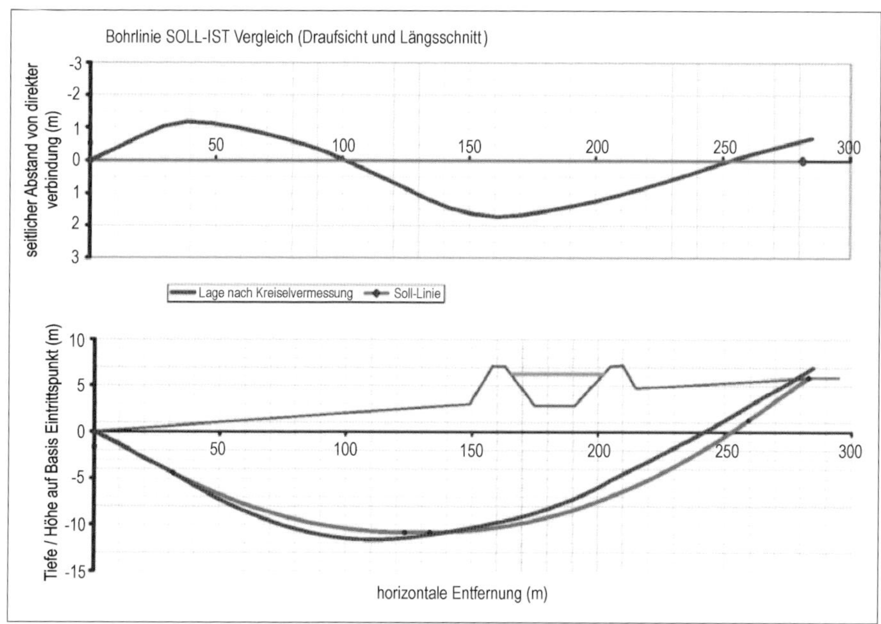

Bild 8.10: Graphische Darstellung der Lagevermessung der neu verlegten Leitung [8-13]

Nachträgliche Lagemessung

Verschiedene Versorger im Hochdruckbereich sind dazu übergegangen, generell zumindest eine nachträgliche räumliche Lagevermessung nach dem Einzug zu fordern (**Bild 8.10**). In Einzelfällen werden aber auch Nachvermessungen der Pilotbohrung und/oder von Aufweitungen des Bohrloches gewünscht. Solche Lagevermessungen werden oftmals mit Kreiselkompass gesteuerten Systemen durchgeführt, sind aber eher die Ausnahme und entsprechen auch nicht den gegenwärtigen DVGW-Vorschriften/-Empfehlungen.

Die Prüfungen bzw. Abnahmen sind nicht verpflichtend für alle Horizontalbohrungen. Eine projektspezifische Auswahl der Abnahmen und Prüfungen kann mit dem Auftraggeber vereinbart werden. Die Protokolle der jeweiligen vereinbarten Abnahmen werden der Dokumentation der Baumaßnahme beifügt [8-1].

8.6 Dokumentation

Für jede durchgeführte Horizontalbohrmaßnahme wird von dem Bohrunternehmen eine lückenlose Dokumentation sämtlicher Prozessschritte angefertigt. D. h. die Pilotbohrung, der Aufweitvorgang und ein Einziehvorgang werden in Bohrprotokollen festgehalten, der Rohrbau wird durch Rohrbuch und entsprechende Schweißprotokolle dokumentiert. Über die im Rahmen der Abnahme durchgeführten Prüfungen sollten Protokolle geführt werden.

Im Folgenden wird der Inhalt der Dokumentation zum einen bezogen auf die Rohrarbeiten und zum anderen bezogen auf die Horizontalbohrmaßnahme getrennt voneinander aufgelistet.

Dokumentation Rohrbau

- Rohrbuch
- Schweißprotokolle
- Prüfzeugnisse Schweißer
- Protokolle zur Materialprüfung
  - zerstörungsfreie Materialprüfung
  - ggf. zerstörende Materialprüfung
- Umhüllungstest
- Druckprüfung
- Kalibermessung
- Bautagesberichte

Dokumentation HDD-Maßnahme

- Bautagesberichte

  Die Bautagesberichte geben Informationen über die Gegebenheiten auf der Baustelle. Ein Baustellentagesbericht soll laut [8-1] folgende Angaben beinhalten:
  - Ort
  - Datum
  - Witterung
  - Projekt
  - Sicherheitsunterweisung
  - Ausgeführte Arbeiten
    - o Täglicher Bohrfortschritt
    - o Weitere Arbeiten
  - Subunternehmerleistungen
  - Personaleinsatz
  - Geräteeinsatz
  - Täglicher Materialverbrauch und Restbestände
  - Bestellungen
  - Besondere Vorkommnisse

  Der Bautagesbericht wird täglich vom Bauleiter oder seinem Vertreter vor Ort ausgefüllt und kann daraufhin zur Projektleitung oder auf Wunsch auch zum Bauherrn weitergegeben werden.
- Bohrprotokolle

  Bei den drei Arbeitsschritten einer Horizontalbohrmaßnahme (Pilotbohrung, Aufweitvorgang und Einziehvorgang) wird je ein Protokoll geführt, in dem folgende Informationen zu finden sein sollten:
  - Zeit
  - Station
  - Bohrstange Nr.
  - Azimut, Inklination und Toolface des Bohrkopfes bei der Pilotbohrung

  - Zugkraft/Druckkraft
  - Drehmoment
  - Pumprate
  - Pumpendruck
  - Spülungsviskosität
  - Besondere Vorkommnisse

- Pilotbohrungsvermessungsprotokolle

  Ein solches Protokoll ist eine Art SOLL/IST-Vergleich zwischen geplanter Bohrlinie und tatsächlicher Bohrlinie. In einem solchen Protokoll wird die SOLL-Position des Bohrkopfes der IST-Position gegenübergestellt. Diese dürfen nur mit geringen Toleranzen voneinander abweichen.

- Spülungsprotokolle

  In Spülungsprotokollen sollen die Bestandteile der verwendeten Bohrspülung und physikalischen Eigenschaften der Spülung festgehalten werden.

  - Spülungsverantwortlicher
  - Datum
  - Angaben zur Mischanlage
  - Angaben zur Separieranlage
  - Urzeit
  - Spülungseigenschaften
    - Marsh-Zeit
    - Rheologische Parameter
    - Sandgehalt
    - pH-Wert
    - Temperatur
  - Massenanteile der einzelnen Komponenten
  - Besondere Vorkommnisse
  - ggf. Angaben zum Baugrund

- Prüfzertifikate für das Bohrgestänge

  Bei großen und langen Bohrungen werden vereinzelt von Auftraggebern Spezifikationen und Prüfzertifikate über das Bohrgestänge verlangt werden, um sicher zu gehen, dass das verwendete Gestänge für die projektspezifischen zu erwartenden Belastungen geeignet ist.

- Baubesprechungsprotokolle

- Weitere Protokolle

  Die Protokolle zur nachträglichen Lagevermessung in Form der Tiefenlagemessung oder der Gesamtlagenmessung werden der Dokumentation beigefügt. Außerdem sind der Dokumentation die Übergabeprotokolle anzufügen.

- Bestandsaufnahme

  Eine Bestandsaufnahme beinhaltet die zeichnerische Darstellung der Bohrung als Bauplanungszeichnung und als Baubestandszeichnung. Beide Zeichnungen können im Längsschnitt, Querschnitt und in der Draufsicht kombiniert werden.

Weiterhin gehört zur Bestandsaufnahme die Beweissicherung zur Geländewiederherstellung. Dazu gehören Protokolle, Fotos der BE-Fläche vor Beginn der Arbeiten und nach Wiederherstellung des Geländes oder Flächennivellements.

Eine Zusammenstellung der Dokumentation erfolgt i. d. R. entsprechend vertraglicher Verpflichtungen nach Abschluss aller Arbeiten. Nach gegenwärtiger Rechtslage ist der AN verpflichtet, wenn keine anderen Vereinbarungen mit dem AG getroffen worden sind, die Dokumentation zehn Jahre aufzubewahren, damit bei auftretenden Mängeln eine gezielte Ursachenermittlung möglich ist und geeignete Korrekturmaßnahmen ergriffen werden können [8-12].

9. Qualitätssicherung

Der Begriff Qualität wird meistens verwendet, ohne wirklich seinen Sinn zu kennen und um ihn dann werbewirksam zu missbrauchen. DIN 55350 definiert den Begriff Qualität folgendermaßen: „Qualität ist die Eignung einer Einheit für die Erfüllung von festgelegten und gesetzten Erfordernissen" [9-1]. Bezogen auf den Rohrleitungsbau und auf die Horizontalbohrtechnik heißt das, dass eine Leistung oder ein Produkt qualitativ hochwertig ist, wenn es den DIN-Normen, den anerkannten Regelwerken z. B. des DVGW entspricht. Um dies gewährleisten zu können, ist eine Sicherung dieser Qualität durch Dokumentation und Zertifizierung der Unternehmen besonders im grabenlosen Leitungsbau aus folgenden Gründen von Bedeutung:

- Die Durchführung der Arbeiten geschieht im nicht sichtbaren Bereich, wo Kontrollen schwierig sind.
- Der verstärkte Kostendruck führt häufig zu Nachlässigkeiten bei der Arbeitsausführung.
- Die Beseitigung der Folgeschäden von Mängeln kosten häufig sehr viel Geld.

Um eine gleich bleibende bzw. eine besser werdende Qualität sicherzustellen, haben sich im Rohrleitungsbau – wie in vielen anderen Bereichen auch – Unternehmenszertifizierungen und Qualitätsmanagementsysteme etabliert. Denn wenn mit Hilfe eines dokumentierten Entstehungs- oder Entwicklungsprozesses die Qualität des Produktes sichergestellt wird, kann auf teure und gegebenenfalls umstrittene Einzelprüfungen verzichtet und auf die Reproduzierbarkeit vertraut werden. Darin liegt ein wesentlicher Vorteil bei der Anwendung eines Qualitätsmanagementsystems.

Heute sehen sich die agierenden Unternehmer mit einer Vielzahl von Qualitätsmanagementsystemen und Zertifizierungsmaßnahmen konfrontiert.

Unternehmen aus dem Horizontalbohrbereich können sich nach DVGW[43] Arbeitsblatt GW 301 in der Gruppe GN 2 bzw. GW 302 zertifizieren lassen. Hiermit weist der Unternehmer nach, dass sein Unternehmen, die Leistung und die Personen die gesicherten oder vorgegebenen Eigenschaften besitzen. Im Rahmen der Überprüfung und Zertifizierung durch Qualitätsmanagementsysteme werden die organisatorischen Abläufe in einem Unternehmen beleuchtet. Im Rohrleitungsbau häufig vertretende Systeme sind das Qualitätsmanagementsystem nach ISO 9001 und auch das SGU-Managementsystem nach dem SCC-Regelwerk. Das SGU-Managementsystem befasst sich mit der Arbeitssicherheit, der Gesundheit und dem Umweltschutz sowohl auf der Baustelle als auch im Unternehmen.

Neben den Qualitätssystemen, die im Folgenden kurz beschrieben werden, kommen heute immer mehr qualitätssichernde Programme auf den Markt, die von unabhängigen Fachbüros entwickelt worden sind und angeboten werden.

9.1 Qualitätssicherung durch DVGW-Zertifizierung

Qualitätssicherung im Rohrleitungsbau erfolgt hauptsächlich auf der Grundlage der Qualifizierung der ausführenden Unternehmen. Der DVGW praktiziert gemeinsam mit der FIGAWA (Bundesvereinigung der Firmen des Gas- und Wasserfaches e.V.) und

[43] Deutsche Vereinigung des Gas- und Wasserfaches

dem RBV (Rohrleitungsbauverband e.V.) ein System der Qualifizierung von Rohrleitungsbaufirmen [9-2].

Entsprechend den Bedürfnissen der Praxis werden durch die Qualifikationskriterien Anforderungen an das Rohrleitungsbauunternehmen gestellt. Die Kriterien beziehen sich auf Ausbildung des Personals, Ausstattung mit Geräten und Erfahrungen im beantragten Bereich.

Der DVGW bietet in vielen Bereichen des Rohrleitungsbaus Möglichkeiten der Zertifizierung. Das Arbeitsblatt, das für Unternehmen aus dem Horizontalbohrbereich gilt, ist das DVGW-Arbeitsblatt 301 in der Gruppe GN 2 bzw. GW 302. Unternehmen, die nur nach GW 302 zertifiziert sind, dürfen die Leitungen lediglich verlegen. Das Arbeiten an in Betrieb befindlichen Rohrleitungen, Außer- bzw. Inbetriebnahmen und ggf. Druckprüfungen sind den Unternehmen nur dann erlaubt, wenn sie auch nach DVGW-Arbeitsblatt 301 in der entsprechenden Gruppe zertifiziert sind [9-3, 9-4].

9.1.1 Personelle Voraussetzungen

Die Horizontalbohrtechnik ist Anfang der 1990er Jahren aus Amerika nach Europa gekommen und wurde schnell ein fester Bestandteil des grabenlosen Leitungsbau. Obwohl die Horizontalbohrtechnik aus der Tiefbohrtechnik entwickelt wurde und zahlreiche Technologien aus der vertikalen auf die horizontale Bohrtechnik übertragen wurden, weisen beide Gebiete einen gravierenden Unterschied auf. Während in der Tiefbohrtechnik die Planer und das ausführende Personal schon seit einigen Jahrzehnten eine fundierte Ausbildung genießen, konnte dies die europäische Horizontalbohrtechnik nicht aufweisen. Dies ist darin begründet, dass in Europa das Horizontalbohrverfahren in der Regel von Tiefbauunternehmen angewandt wird und hier lange Zeit keine Ausbildung stattfand. Dies wurde bis Ende der 1990er als entscheidender Schwachpunkt im Hinblick der Qualitätssicherung angesehen.

Darum bemühte sich die DRILLING CONTRACTORS ASSOSIATION (DCA) bereits sehr früh um eine Schulung seiner Mitglieder nach eigenen Richtlinien. Diese Idee wurde dann vom DVGW und RBV aufgenommen. Es wurden zunächst zusammen mit dem DCA die Richtlinien nach dem Arbeitsblatt GW 321 ausgearbeitet, mit denen dann die Ausbildung der Fachaufsicht, also der Planer und des Fachpersonals, nach dem Arbeitsblatt GW 329 entwickelt wurden, um einheitliche und gleichbleibende Qualitätsstandards sicherzustellen.

Nach GW 301/302 soll das zu zertifizierende Unternehmen über qualifiziertes Fachpersonal verfügen, das sich aus Fachaussicht, Bauleitern und Geräteführern zusammensetzt. Dieses qualifizierte Personal muss nach DVGW-Arbeitsblatt 329 ausgebildet sein.

Heute ist diese Ausbildung der Fachaufsicht und des Fachpersonals ein entscheidender Aspekt in der Qualitätssicherung, in der Sicherheit und im Umweltschutz, so dass bereits Auftraggeber bei der Beauftragung von zertifizierten Unternehmen ausgewiesene Qualität erwarten können [9-6].

Das Ausbildungskonzept nach DVGW-Arbeitsblatt GW 329 [9-5] geht von drei Zielgruppen aus, die noch einmal nach der verwendeten Anlagengröße unterschieden werden.

So werden Ausbildungsprogramme für die Fachaufsicht, die die technische Verantwortung tragen, für Bauleiter, denen die Oberaufsicht auf der Baustelle obliegt und für Geräteführer, die die Anlagen bedienen, angeboten. Die Differenzierung nach Bohranlagengröße erfolgt nach deren Zugkraft. So kann der Auszubildende sich zwischen Ausbildungsstufe A für Bohranlagen mit 400 kN und der Ausbildungsstufe B für Bohranlagen > 400 kN entscheiden, wobei die Ausbildungsstufe B erst angetreten werden kann, wenn die Ausbildungsstufe A erfolgreich absolviert werden konnte.

Doch diese Ausbildung reicht nicht allen zur Erhaltung hoher Qualität aus. Die Fachaufsichten sind im Rahmen der DVGW-Zertifizierung angehalten sich in entsprechenden Fortbildungen weiteres Wissen anzueignen. Diese Fortbildungen werden von Schulungsorganisationen wie der Bohrmeisterschule Celle, dem Zentrum für Weiterbildung in Oldenburg (ZfW) und dem DCA angeboten.

Des Weiteren ist es sinnvoll, das Wissen des gewerblichen Personals in Form von firmeninternen Fortbildungen zu erweitern und neue Technologien auf diesem Gebiet zu vermitteln [9-6].

9.1.2 Gerätetechnische Voraussetzungen

Die Unternehmen, die sich nach DVGW-GW 301 in der Gruppe GN2 bzw. GW 302 zertifizieren lassen möchten, müssen nachweisen, dass sie für die Arbeitsdurchführung notwendige Ausrüstung in genügender Menge und einwandfreier Beschaffenheit besitzen.

9.1.3 Formale Voraussetzungen

Neben qualifiziertem Personal und dem Nachweis der Ausrüstung, verpflichten sich die zu zertifizierenden Unternehmen zu folgendem:

- Vorhaltung, Beachtung und Aktualisierung öffentlich-rechtlicher Vorschriften, der Unfallverhütungsvorschriften (UVV) und der Technischen Regeln für den entsprechenden Arbeitsbereich
- Einsatz von qualifiziertem Personal auf der Baustelle
- Festlegung der Befugnisse und Verantwortungsbereiche der verantwortlichen Fachaufsicht
- Durchführung regelmäßiger Maßnahmen zur Fortbildung und Unterweisung des Fachpersonals
- Festlegung von Maßnahmen zur Überprüfung von Bescheinigungen, Zeugnissen, Befähigungen usw. auf Gültigkeit

Die allgemeinen Belange bezüglich des Zertifizierungsverfahrens hinsichtlich Antragstellung, Vorprüfung, Prüfungsverfahren, Ausstellung und Geltungsdauer des Zertifikates oder Zurückziehen des Zertifikates werden in der „DVGW-Geschäftsordnung für die Zertifizierung von Fachunternehmen" geregelt.

Hierbei sei auch die Erfahrung des Unternehmens im Bereich der Horizontalbohrtechnik zu nennen. Das Unternehmen hat dem Antrag Unterlagen über bisher ausgeführte Arbeiten einschließlich Referenzen, aus denen eine ausreichende Tätigkeit in der beantragten Gruppe hervorgeht, einzureichen.

9.2 Qualitätssicherung nach ISO 9001

Die ISO 9001 [9-7] ist ein internationales anerkanntes Qualitätsmanagementsystem, das länderübergreifend verstanden wird und Qualitäten vergleichbar macht. Aus der Anwendung eines QM-Systems nach ISO 9001 ergeben sich folgende Vorteile:

- Dokumentation von Unternehmensabläufen und Prozessen
- Verbesserte Prozess- und Strukturverbesserung
- Minimierung von Risiken im Bereich Produkthaftung
- Reduzierung von Prüfaufwand in eigener Produktion und bei Lieferanten
- Erkennen und Minimieren von Schwachstellen

Dabei ist die ISO 9001:2000 so transparent gehalten, dass zielgerichtete sowie an der Unternehmensphilosophie orientierte eigene, bewährte und zweckmäßige Verfahrensweisen sowie Regelungen berücksichtigt werden können. Um sich zertifizieren zu lassen, ist vom Unternehmer ein Qualitätsmanagement-Handbuch anzufertigen, nach dem im Unternehmen gearbeitet wird.

Zur Zertifizierung besuchen Auditoren einer Zertifizierungsstelle, z. B. der TÜV (Technische Überwachungsverein), das zu zertifizierende Unternehmen und bewerten das dortige QM-System auf die Übereinstimmung mit der gültigen Zertifizierungsnorm und mit den Anforderungen, die das Unternehmen bzw. die Organisation im Rahmen des Qualitätsmanagement-Handbuchs an sich selbst stellt. Die Zertifizierungsauditoren sind Branchenkenner, die das Managementsystem nicht nur hinsichtlich allgemeiner Kriterien sondern auch im Blick auf branchenspezifische Besonderheiten und Risiken prüfen.

9.3 Qualitätssicherung durch das Regelwerk SCC

Das SCC-System wurde auf Initiative der petrochemischen Industrie eingeführt. Dieses in den Niederlanden entwickelte System bewertete ursprünglich das Arbeitsschutzmanagementsystem von Firmen, die auf den Geländen von (petro-)chemischen Unternehmen oder Mineralölfirmen tätig sind. Ziel ist es gewesen, die beauftragten Firmen auf ein ähnlich hohes Sicherheitsniveau zu bringen, wie der Auftraggeber von seinen eigenen Mitarbeiten auf dem Werksgelände forderte.

Dieses Sicherheitsniveau wird von Unternehmern erfüllt, wenn sie ein Sicherheitsmanagementsystem (SGU-Managementsystem) einführen und dessen Umsetzung gemäß den SCC-Richtlinien in Form eines Zertifikates nachweisen. Die Buchstaben SGU stehen für Sicherheit, Gesundheits- und Umweltschutz.

Für viele Unternehmen ist die SCC-Zertifizierung eine Notwendigkeit geworden, da Auftraggeber in bestimmten Industriebranchen den Nachweis zur Voraussetzung für die Vergabe von Aufträgen fordern. Weitere Vorteile sind:

- Wettbewerbsvorteil gegenüber nicht zertifizierten Unternehmen
- Optimierung des Arbeits- und Gesundheitsschutzes im Betrieb
- Förderung des Gesundheitsbewusstseins der Mitarbeiter
- Reduzierung von Unfallquoten und Ausfallzeiten, dadurch Kostensenkung durch geringes Unfallgeschehen im eigenen Betrieb und auf Baustellen
- Verbesserte Rechtssicherheit

Bei der Zertifizierung wird zwischen zwei Zertifikaten unterschieden. Zum einen gibt es das SCC*-Zertifikat, für kleinere Unternehmen mit weniger als 35 Mitarbeitern und zum anderen können sich Unternehmen nach SCC** zertifizieren lassen, wenn sie als Hauptunternehmer auftreten und weitere Nachunternehmer beauftragen.

Ein wesentlicher Bestandteil des SCC sind die Forderungen, die an die Ausbildung von Mitarbeitern und Führungskräften der Unternehmen gestellt werden. Die Schulung der Mitarbeiter kann unternehmensintern durch die Fachkraft für Arbeitssicherheit oder durch einen betreuenden sicherheitstechnischen Dienst durchgeführt werden. Die Schulungsinhalte und Teilnehmer sind zu dokumentieren.

9.4 Qualitätssicherung durch unterstützende Software

Immer mehr unabhängige Ingenieurbüros, die sich im Horizontalbohrbereich etabliert haben, entwickeln eigene Software zur Qualitätssicherung. Diese Programme stellen meist einen SOLL-IST-Vergleich an, indem sie die vorher geplante Bohrlinie mit der tatsächlich gebohrten Bohrlinie bzw. die geplante Lage der Leitung mit der tatsächlichen Lage vergleichen und diese graphisch darstellen. Hiermit kann die Einhaltung der technischen Vertragsbedingungen in Bezug auf Lage der Leitung, Abstände zu Hindernissen oder zulässige Biegeradien kontrolliert werden. Durch solche Maßnahmen wird es für die Unternehmer zwingend notwendig, hinreichend gute Qualität abzuliefern. Diese Software ist meist mit dem Einsatz spezieller Messsonden verbunden, die die Position z. B. des Ziehkopfes oder der Leitung beim Einziehvorgang aufzeichnen. Diese Geräte nehmen neben der Position des Senders außerdem charakterisierende Parameter auf, die Aussagen über die Güte des Einziehvorganges erlauben. Hier stehen insbesondere die Zugkraftmessung und der Spülungsüberdruck im Vordergrund.

Eine weitere Entwicklung in den letzten Jahren ist die Anwendung von Bohrprogrammen, die nach der Eingabe der Randbedingungen einer Horizontalbohrung (Produktenrohrwerkstoff, zul. Biegeradien, Hindernisse, Geologie usw.) eine ideale Bohrlinie berechnen. Je nach Ausführung einer solchen Software können bereits in der Planungsphase Ausführungsrisiken beurteilt werden und frühzeitig qualitätssichernde Maßnahmen geplant werden.

10. Weitere HDD-Anwendungen

Der Entwicklungsstand des HDD-Verfahrens beschränkt sich nicht mehr nur auf die klassische Arbeitsweise, bei der auf die Pilotbohrung ein oder mehrere Aufweitschritte folgen, um das Produktenrohr im Einziehvorgang in den Bohrkanal zu ziehen. Es haben sich im Laufe der Zeit einige Techniken entwickelt, die auf einer Weiterentwicklung des HDD-Verfahrens oder auf neue Anwendungsmöglichkeiten der Gerätetechnik zurückzuführen sind. Im folgenden Abschnitt werden einige dieser Entwicklungen kurz beschrieben.

10.1 Horizontalfilterbrunnen und -drainagen

Das Spektrum des HDD-Brunnenbaus mit der Horizontalbohrtechnik (**Bild 10.1**) reicht von Förderbrunnen für die Trinkwassergewinnung, Absenkbrunnen, Drainagen und Entwässerung und Meerwasserentnahmestellen bis hin zu Altlastensanierungsbrunnen (**Bild 10.2**).

Das HDD-Verfahren ermöglicht eine optimale Verlegung von horizontalen Filterstrecken im Grundwasserleiter oder in kontaminierte Bereiche. Durch die Verwendung eines

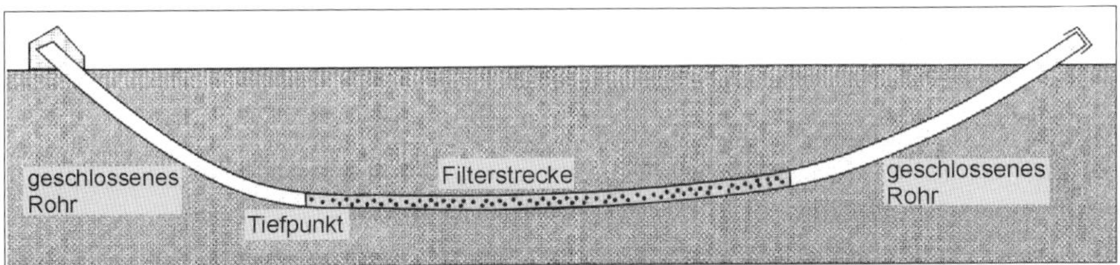

Bild 10.1: Darstellung eines Horizontalfilterbrunnens hergestellt mit der Horizontalbohrtechnik [10-1]

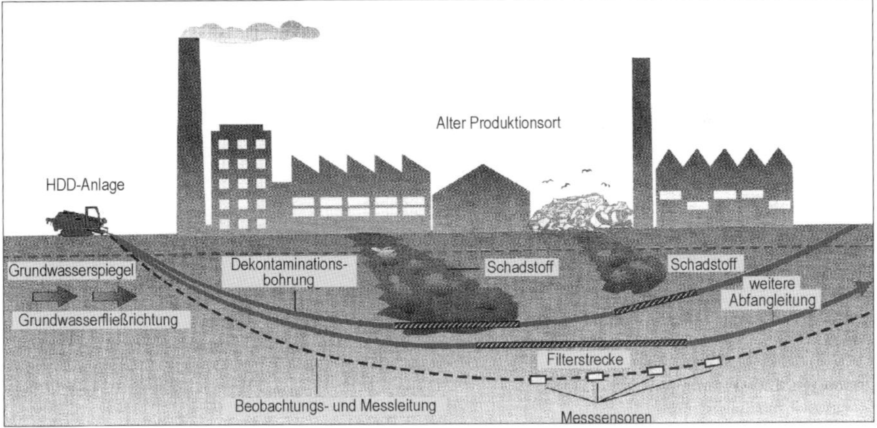

Bild 10.2: Schema einer hydraulischen Altlastensanierung mit HDD-Schadstoffförderbrunnen, -Sicherungsbrunnen und HDD-Messsensorenstrecke zur Grundwasserüberwachung unterhalb des Schadenherdes [10-1]

Hüllrohres beim Einzug des Filterkörpers werden diese reibungs- und verschmutzungsgeschützt ins Erdreich eingebaut. Erst danach wird das Hüllrohr gezogen.

Der zuvor vom Hüllrohr benötigte, frei werdende Ringraum dient der Entspannung und der Lockerung der umgebenen Formation, dadurch entsteht schnell eine natürliche Filterwirkung. Vorteil eines Horizontalfilterbrunnens erstellt mit der HDD-Technik ist der Zugang von zwei Seiten, wodurch Revisionsarbeiten vereinfacht werden. Die Baukosten sind gegenüber der herkömmlichen Herstellung von Horizontalbrunnen niedriger, während das Einzugsgebiet größer ist.

Es kann zwischen zwei Verfahren des HDD-Brunnenbaus unterschieden werden. Die erste Variante wurde bereits oben beschrieben. Die zweite weicht von der ersten insofern ab, dass anstatt des Hüllrohres ein Rohr mit recht großen Durchlässen (Löchern, Schlitzen, Maschen usw.) in das Erdreich eingeführt wird. In dieses Trägerrohr werden dann Filterstränge eingezogen, die jederzeit wieder herausgezogen werden können, um sie unkompliziert reinigen zu können.

Für den HDD-Brunnenbau ist das Einhalten einiger Grundregeln von größter Wichtigkeit [10-1]:

- Es dürfen nur spezielle Brunnenbau-Bohrspülungen verwendet werden
- Das Aufweiten sollte in kleinen Schritten geschehen, um die umliegende Formation nicht unnötig zu strapazieren
- Der Überschnittsfaktor sollte bei 1,5 bis 1,6 liegen.
- Filterstrang und Anschlussleitung sollten flexibel miteinander verbunden sein.
- Die Filterdurchlässe müssen in besonderer Weise auf das umgebene natürliche Korngefüge abgestimmt sein.

10.2 Zusammenführung von HDD und Microtunneling

Das Microtunneling-Verfahren ist neben der Horizontalbohrtechnik eine weit verbreitete und vor allem in problematischeren Böden einsetzbare grabenlose Verlegetechnik von Rohrleitungen. In den letzten Jahren haben sich neue Techniken entwickelt, die auf den klassischen Arbeitsschritten des jeweiligen Verfahrens basieren. Dazu zählen in

Bild 10.3: Modifizierte Microtunneling Maschine an Bohrgestänge [10-2]

erster Linie das „Pull-and-Push“-Verfahren (PPT) und das „Easypipe“-Verfahren. In beiden Verfahren sind die Technologien der Horizontalbohrtechnik und des Mircotunnelings wieder zu erkennen.

Das PPT-Verfahren ist eine von der Firma Herrenknecht entwickelte Technik. Da die Anwendung des HDD-Verfahrens in rolligen Böden fast nicht möglich ist, haben die Entwicklungsingenieure des Schwanauer Unternehmens das HDD-Verfahren weiter optimiert. Durch die Kombination mit dem Microtunneling-Verfahren zum „Push-and-Pull“ -Verfahren wurde das geologische Spektrum der Horizontalbohrtechnik auf Bohrungen im rolligen Boden erweitert [10-2].

Die Bohrung wird nur noch in zwei Arbeitsschritten ausgeführt. Zunächst wird auf herkömmlicher Art und Weise die Pilotbohrung durchgeführt. An Pipesite wird nun eine modifizierte Microtunneling-Maschine am Bohrgestänge befestigt, die mit den für die Geologie erforderlichen Arbeitswerkzeugen ausgestattet ist (**Bild 10.3**). Der Antrieb der Werkzeuge erfolgt vom Rig aus über das Bohrgestänge, durch das auch die Bohrspülung zur Microtunneling-Maschine und damit an die Ortsbrust gelangt.

Das abgebaute Bohrklein wird von den Werkzeugen zerkleinert und über eine Förderleitung durch den fertigen Rohrstrang transportiert und anschließend separiert.

Aufweitschritte wie beim herkömmlichen HDD-Verfahren entfallen bei PPT. Der benötigte Bohrquerschnitt wird in einem Schritt hergestellt. Die dafür benötigte Druckkraft an der Ortsbrust wird hauptsächlich durch die Zugkraft der HDD-Anlage aufgebracht. Dies kann zusätzlich durch einen sogenannten „Thruster“ unterstützt werden, der auf der Pipesite das Produktenrohr mit zwei Klemmscheiben in das Bohrloch schiebt. Dabei gilt es für einen problemlosen Vortrieb die Arbeit der Anlagen zu synchronisieren (**Bild 10.4**).

Somit ermöglicht das PPT-Verfahren den Einsatz der HDD-Technik in nicht standfesten Böden, wo man sonst auf zusätzliche stützende Hilfsmittel (Casingrohre) hätte zurückgreifen müssen.

Das Easypipe-Verfahren ergänzt das Mircotunneling-Verfahren insofern mit der HDD-Technologie, dass das Produktenrohr mit dem Vortriebsrohr eingezogen wird.

Bild 10.4: Kombination Horizontalbohranlage und Pipe-Thruster [10-3]

Zunächst wird aber ein spezielles Vortiebsrohr mit zugfesten Verbindungen an der geplanten Bohrlinie entlang mit der Mircotunneling-Technik vorangetrieben. Ist das Vortriebsrohr an der Zielgrube angekommen, wird das Produktenrohr direkt an das Vortriebsrohr montiert und eingezogen. In der Startgrube werden die Vortriebsrohre während des Einziehvorganges wieder nacheinander ausgebaut bis das Produktenrohr vollständig eingezogen ist.

Vorteil dieses Verfahrens ist, dass nur wenig Bentonitspülung verwendet werden muss. Beim Vortrieb dient die Spülung lediglich zur Schmierung des Vortriebrohres. Da das Produktenrohr nur wenig kleiner im Durchmesser ist als das Vortriebsrohr, wird beim Einziehvorgang wenig Bohrspülung zur Stabilisierung des Bohrloches benötigt.

Auch das Easypipe-Verfahren kann bei rolligen Kiesen bzw. bei nicht standfesten Böden eingesetzt werden.

Durch diese Verfahren hat sich das Einsatzgebiet der Horizontalbohrtechnik erweitert. Wo sonst die klassische Verfahrensweise an seine Grenzen stieß, können nun Bauvorhaben mit diesen Ergänzungen erfolgreich durchgeführt werden [10-3].

10.3 HDDD – Horizontal Dry Directional Drilling

Unter HDDD – Horizontal Dry Directional Drilling versteht man das horizontale Bohren ohne eine Bohrspülung. Anstatt der im herkömmlichen Horizontalbohrbereich verwendeten Bohrspülung wird mit Druckluft (12–25 bar) gearbeitet. Diese Luft dient zum Antrieb der Druckluftwerkzeuge im Bohrgestänge, die mit ca. 1000 Schlägen/min arbeiten. Die Abluft sorgt für die Abförderung des Materials. Die Druckluft wird mit speziellen Kompressoren hergestellt (**Bild 10.5**).

Zum Einsatz kommen diese Geräte für Verlegung in kleinen Querschnitten für Strom- und Glasfaserkabel und in Geologie in der Hohlraum nicht gestützt werden muss.

Vorteilhaft ist, dass eine Aufbereitung bzw. Entsorgung der Bohrspülung entfällt.

Bild 10.5: Bohranlage für HDDD mit Druckluftgenerator

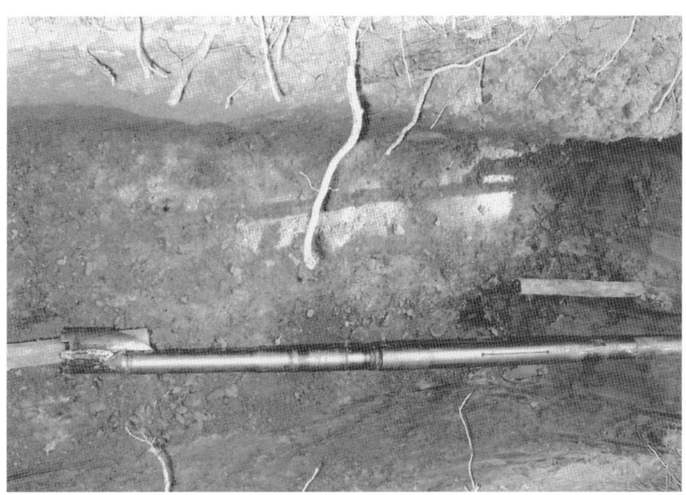

Bild 10.6: Überbohrkopf zum Überbohren und Auswechseln von Erdkebelleitungen [10-5]

10.4 Grabenloser Kabelaustausch

Die Tracto-Technik GmbH hat einen speziell für den Kabelaustausch geeigneten Überbohrkopf entwickelt, um defekte Kabel, Stahlleitungen, alte Telefonleitungen in Strangform grabenlos auszutauschen (**Bild 10.6**).

Das Bohrgestänge einer HDD-Anlage wird mit dem von Tracto-Technik patentierten Überbohrkopf verschraubt und lageparallel über das Altkabel gefahren. Das Altkabel wird danach mittels Kabelschuh und Seilverbindung zugfest an einer Halterung fest verbunden. Der Überbohrkopf wird daraufhin mit einer links-rechts schwenkenden Bewegung über das Altkabel gefahren. Durch diese Schwenkbewegung ist ein leichtes Überfahren der Altleitung möglich. Da das Altkabel somit die Zwangsführung bildet, ist eine Ortung nicht zwingend erforderlich. Eine zusätzliche Kontrolle der Bohrtrasse ist aber empfehlenswert, um auf Abweichungen reagieren zu können. Der Überbohrkopf schneidet und spült in gleichmäßigem Abstand sowie berührungslos das Altkaben vom anhaftenden Erdreich bzw. Sandbett und möglichen Wurzelwerk in einem schmalen Ringkranz frei. Nach diesem Freischnitt kann das Altkabel nach Überwindung der noch geringen anfänglichen Mantelreibung problemlos mit einem Ziehstrumpf oder Kabelschuh und einem Bagger als Zuggerät aus seiner Bettung gezogen werden. Der entstandene Hohlraum wird beim Rückzug des Gestänges verdämmt oder es wird ein neues Kabel bzw. Kabelschutzrohr beliebigen Durchmessers eingezogen. Vorteilhaft ist, dass Bestandspläne nicht erneuert werden müssen, lediglich das neue Kabel wird im Kartenwerk vermerkt [10-4].

10.5 Freispiegelkanäle

Heutzutage hat sich die Horizontalbohrtechnik so weit entwickelt, dass es möglich ist Freispiegelleitungen mit dieser grabenlosen Verlegeweise herzustellen.

Dabei steht natürlich die Lagegenauigkeit der Leitung im Vordergrund. Auch bei der Verlegung von Druckleitungen oder Leerrohren für Stromleitungen oder Leitungen für die Telekommunikation ist ein genauer Einbau entsprechend der technischen Vertragsbedingungen erforderlich, doch beim Bau von Freispiegelleitungen wird von Gefällen von wenigen Prozent gesprochen und da ist eine sehr hohe Lagegenauigkeit gefordert. Diese Genauigkeit ist aber auch mit der modernsten Mess- und Steuertechnik nicht zu realisieren. Laut [10-6] ist es jedoch mit der Horizontalbohrtechnik möglich, eine Leitung mit einer Toleranz im Dezimeterbereich einzubauen und somit ein rechnerisches Gefälle von 1,66 % herzustellen. Daraus entsteht die Forderung eines Mindestgefälles von 2 % bezogen auf die Gesamtgefälle.

Durch Korrekturmaßnahmen bei der Pilotbohrung entsteht eine wellenförmige Trassierung, die nicht problematisch ist, wenn das Gesamtgefälle nicht gegenläufig ist.

Nachteil dieser Verlegeweise für Freispiegelleitungen ist die lange Anfahrstrecke und Ausfahrstrecke bei der Bohrung, was zusätzliche Kosten fordert [10-6].

Literaturverzeichnis

Kapitel 1

[1-1] DCA-Informationsbrochüre: Gesteuerte Horizontalbohrtechnik- Horizontal Directional Drilling, 2007

[1-2] DVGW-Arbeitsblatt GW 321 „Steuerbare horizontale Spülbohrverfahren für Gas- und Wasserrohrleitungen – Anforderungen, Gütesicherung und Prüfung" (2003-10)

[1-3] Horizontal Directional Drilling – Technische Richtlinien des DCA, Informationen und Empfehlungen für die Planung, Bau und Dokumentation von HDD-Projekten, Aachen 2000

[1-4] Verband Güteschutz Horizontalbohrungen e.V. (dca-Europe)

Kapitel 2

[2-1] Arbeitskreis zur Weiterentwicklung des HDD-Verfahrens (der Ruhrgas AG): Schlussbericht, 1996

[2-2] Bayer, H. J.: HDD-Praxis Handbuch, Essen: Vulkan-Verlag, 2005

[2-3] Stein, D.: Grabenloser Leitungsbau, Berlin: Ernst & Sohn Verlag, 2003

[2-4] DIN 4020 „Geotechnische Untersuchungen für bautechnische Zwecke" (1990-10)

[2-5] DIN 4021 „Baugrund: Aufschluss durch Schürfe und Bohrungen sowie Entnahme von Bohrungen" (1990-10)

[2-6] DIN EN ISO 14688 „Geotechnische Erkundung und Untersuchung – Benennung, Beschreibung und Klassifizierung von Boden" (2003-01)

[2-7] Universität Karlsruhe (TH), Institut für Bodenmechanik und Felsmechanik: Formelsammlung zur Vorlesung Bodenmechanik I, SS 2005

[2-8] DIN 4094 – 1 bis 4 „Baugrund; Felduntersuchungen"

[2-9] DIN 18196 „Erd- und Grundbau; Bodenklassifizierung für bautechnische Zwecke"

[2-10] Vergabe und Vertragsordnung für Bauleistungen (VOB), Teil C: Allgemeine Technische Vertragsbedingungen für Bauleistungen (ATV), Berlin: Beuth Verlag GmbH, 2006

[2-11] Arnold, W.: Flachbohrtechnik, Deutscher Verlag für Grundstofftechnik, 1993

[2-12] Köhler, R. Tiefbauarbeiten für Rohrleitungen, Köln: Verlagsgesellschaft Rudolf Möller, 1997

[2-13] Simmer K.: Grundbau, Teil 2, B.G. Teubner Stuttgart Leipzig, 1999

[2-14] Lenz, J. (Hrsg.): Der gläserne Untergrund, Essen: Vulkan Verlag, 1997

[2-15] Sommerbauer: Stimulation von Horizontalen Bohrungen, Sonderlehrgang: Komplettierung von Horizontalbohrungen, Celle: Deutsche Bohrmeisterschule, 1997

[2-16] Beilke, O.: Arbeitsblätter zum Lehrgang DVGW-Arbeitsblatt GW 329, Teil: Projektgrundlagen. Grundlagenschulung „Technische Regeln DVGW – Arbeitsblatt 329". Oldenburg: Zentrum für Weiterbildung an der Fachhochschule Oldenburg, 2006

[2-17] Bayer, H.-J.: HDD-Erfolgsfaktor Boden – Ein unbekanntes Wesen oder ein beherrschbarer Faktor? Iro-Schriftenreihe Bd. 30, Essen: Vulkan-Verlag, 2002

Kapitel 3

[3-1] Herrmann, G.: Rohrwerkstoffe A / Rohrumhüllungen A – Kunststoff. Grundlagenschulung „Technische Regeln DVGW – Arbeitsblatt 329“. Oldenburg: Zentrum für Weiterbildung an der Fachhochschule Oldenburg, 2006

[3-2] Kocks, H. J., Mannesmann Fuchs Rohr Siegen

[3-3] Fachgemeinschaft PRO AQUA STAHLROHRE e.V.: Stahlrohre für Wasserleitungen, Anwenderhandbuch, 1997

[3-4] DIN 2460 „Stahlrohre und Formstücke für Wasserleitungen, Berichtigungen zu DIN 2460:2006-06” (2007)

[3-5] Sommer, Baldur und andere: Stahlrohre Handbuch. Essen: Vulkan-Verlag, 1995

[3-6] Kocks, H.-J. und andere: Das Stahlrohr in der grabenlosen Rohrverlegung, Sonderdruck 010, Publikation der Mannesmann Fuchs Rohr, Siegen, 2002

[3-7] Mannesmann Fuchs Rohr: Stahlleitungsrohre für die Wasserwirtschaft. Siegen, 2003

[3-8] Arbeitskreis zur Weiterentwicklung des HDD-Verfahrens (der Ruhrgas AG): Schlussbericht, 1996

[3-9] Herrmann, G.: Rohrwerkstoffe A / Rohrumhüllungen A – Stahlrohr. Grundlagenschulung „Technische Regeln DVGW – Arbeitsblatt 329“. Oldenburg: Zentrum für Weiterbildung an der Fachhochschule Oldenburg, 2006

[3-10] Gerodur, Firma; www.gerodur.de

[3-11] Fachverband der Kunststoffrohr-Industrie: Kunststoffrohr Handbuch - Rohrleitungssysteme für die Ver- und Entsorgung sowie weitere Anwendungsgebiete. Essen: Vulkan-Verlag, 2000

[3-12] Schulte, H.B.: Normung der Rohre und Formteileaus PE-Rohrleitungen in der Gas- und Wasserversorgung, Essen: Vulkan-Verlag, 1997

[3-13] egeplast - Werner Strumann GmbH GmbH & Co. KG, Firma; www.egeplast.de

[3-14] DVGW-Arbeitsblatt GW 321 „Steuerbare horizontale Spülbohrverfahren für Gas- und Wasserrohrleitungen – Anforderungen, Gütesicherung und Prüfung” (2003-10)

[3-15] Friatec AG, Firma; www.friatec.de

[3-16] Dr. Rammelsberg, J.

[3-17] DIN 28603 „Rohre und Formstücke aus duktilem Gusseisen; Steckmuffen-Verbindungen; Anschlussmaße und Massen”

[3-18] DIN EN 545 „Rohre, Formstücke, Zubehörteile aus duktilem Gusseisen und ihre Verbindungen für Wasserleitungen; Anforderungen und Prüfverfahren”

[3-19] DIN EN 598 „Rohre, Formstücke, Zubehörteile aus duktilem Gusseisen und ihre Verbindungen für die Abwasser-Entsorgung; Anforderungen und Prüfverfahren”

[3-20] GW 368 „Herstellung und Einbau von zugfesten Verbindungsteilen zur Sicherung nicht längskraftschlüssiger Rohrverbindungen”

[3-21] Nöh, H.: Moseldüker Kinheim, grabenloser Einbau von Gussrohrleitungen mit der FlowTex-Großbohrtechnik. GUSSROHR-TECHNIK 30 (1995) S. 25

[3-22] Hofmann, U. und Langner, T.: Einziehen eines 432 m langen Rohrstranges DN 500 mit gesteuerter Horizontalbohrtechnik – ein wichtiger Beitrag zum Umweltschutz in Oranienburg an der Havel. GUSSROHR-TECHNIK 32 (1997) S. 5

[3-23] Renz, M.: Rekordpremiere mit duktilen Gussrohren DN 700 im Spülbohrverfahren in den Niederlanden. GUSSROHR-TECHNIK 37 (2003) S. 36

[3-24] DIN 30674-2 „Umhüllung von Rohren aus duktilem Gusseisen, Zementmörtel-Umhüllung"

[3-25] DIN EN 15542 „Rohre, Formstücke und Zubehör aus duktilem Gusseisen – Zementmörtelumhüllung von Rohren – Anforderungen und Prüfverfahren; Deutsche Fassung prEN 15542:2006"

[3-26] DIN EN 805 „Wasserversorgung – Anforderungen an Wasserversorgungssysteme und deren Bauteile außerhalb von Gebäuden"

[3-27] DIN EN 1610 „Verlegung und Prüfung von Abwasserleitungen und -kanälen"

[3-28] Fitzthum, U., Jung, M. und Landrichter, W.: Eine Baumaßnahme der besonderen Art: 1100 m Leitungsbau mit duktilen Gussrohren DN 600 blieb von Anliegern in Fürth unbemerkt. GUSSROHR-TECHNIK 35 (2000) S. 33

[3-29] Renz, M.: Premiere des Spülbohrverfahrens mit duktilen Gussrohren DN 400 bei Einzelmontage in den Niederlanden. GUSSROHR-TECHNIK 40 (2006) S. 13

[3-30] Wolter, S.: Unterquerung der Flussaue der Zusam mit Rohren aus duktilem Gusseisen DN 250 im Spülbohrverfahren. GUSSROHR-TECHNIK 41 (2007) S. 62

[3-31] DVGW-Arbeitsblatt GW 329 „Fachaufsicht und Fachpersonal für steuerbare horizontale Spülbohrverfahren; Lehr und Prüfplan"

[3-32] Gaebelein, W. und Schneider, M.: Grabenlose Auswechslung von Druckrohren mit dem Hilfsrohrverfahren der Berliner Wasserbetriebe, GUSSROHR-TECHNIK 38 (2004) S. 8

[3-33] Falter, B. und Strotmann, A.: Beanspruchungen und Verformungen in der TIS-K-Verbindung beim grabenlosen Auswechseln. GUSSROHR-TECHNIK 40 (2006) S. 41

[3-34] Brugg Rohrsysteme, Firma; www.brugg.de

Kapitel 4

[4-1] Prime Drilling GmbH – HDD Technology, Firma

[4-2] Horizontal Directional Drilling – Technische Richtlinien des DCA, Informationen und Empfehlungen für die Planung, Bau und Dokumentation von HDD-Projekten, Aachen 2000

[4-3] Vermeer Deutschland GmbH, Firma: Produktinformation

[4-4] Max Wild GmbH, Firma

[4-5] Fengler, E.-G., LMR-Drilling GmbH

[4-6] Herrenknecht AG, Firma: www.herrenknecht.de

[4-7] Dr. Schaumberg, G.: Spülungspumpen. Grundlagenschulung „Technische Regeln DVGW – Arbeitsblatt 329". Oldenburg: Zentrum für Weiterbildung an der Fachhochschule Oldenburg (ZfW), 2006

[4-8] Schaumberg, G., Deutsche Bohrmeisterschule Celle, Unterlagen zur Bohrmeisterschulung, Dezember 1996 bis Januar 1997

[4-9] Tramann & Sohn GmbH & Co. KG, Firma

[4-10] Elbe, L.: Bohrspülungen im HDD. Essen: Vulkan-Verlag, 2003

[4-11] Derrick GmbH & Co. KG, Firma: Firmeninformation

[4-12] Körber, R.: Fa. Deutsche Oiltools

[4-13] Gloth, H., Fakultät für Geowissenschaften, Geotechnik und Bergbau, Institut für Bohrtechnik und Fluidbergbau, Technische Universität Bergakademie, Freiberg

[4-14] Arnold, W.: Flachbohrtechnik, Deutscher Verlag für Grundstofftechnik, 1993

[4-15] Spraying Systems, Firma: Katalog D 51 M, 1996

[4-16] Marx, C. Institut für Tiefbohrtechnik, Erdöl- und Erdgasgewinnung. Technische Universität Clausthal-Zellerfeld

[4-17] Aquistapace, J. und Auringer, F.: Das gesteuerte Horizontalbohrverfahren zur grabenlose Rohrverlegung, Diplomarbeit, FH-Oldenburg, 1996

[4-18] Sperry Sun:Technical Sources Handbook, 1997

[4-19] Sperry Sun, Firma: Technische Information über Steuerungs- und Messsysteme, 1997

[4-20] Drilling Data Handbook, Institute francais du petrole publication, 1997

[4-21] Dr. Jenne GmbH, Katalog: Produkt- und Preisinformation Terra-Jet, 1997

[4-22] Bayer, H.J. und Kleiser, K.: Der grabenlose Leitungsbau, Vulkan Verlag, Essen: 1996

[4-23] Deutsch, U.: Untersuchungen zum Diamantbohren in Hartgestein. Dissertation Technische Universität Clausthal-Zellerfeld

[4-24] Ditch Witch, Firma: Katalog: 8/60 Jet Trac

[4-25] DMT, Firma: Verfahrensbeschreibung Uni-Drill, 1996

[4-26] Inrock, Firma: www.inrock.com

[4-27] Tiraspolsky, W.: Hydraulik Downhole Drilling Motors, Institute francais du petrole publications, 1985

[4-28] Fengler, E.-G.: Auswahlkriterien für die Verwendung der verschiedenen Abbaumethoden in Abhängigkeit der prognostizierten bzw. tatsächlichen Geologie, Diplomarbeit, FH Oldenburg, 1997

[4-29] Brevis Swivel, Firma: Kataloge über Zugköpfe und Drehwirbel, 1997

[4-30] ABS Technologies GmbH, Firma: www.rohr-ziehkopf.de

[4-31] Bauer Spezialtiefbau GmbH: Katalog: Geräteprogramm, 1997

[4-32] Dr. Schaumberg, G.: Spülungskreislauf und Feststoffkontrolle für oberflächennahe Horizontalbohrungen. Grundlagenschulung „Technische Regeln DVGW – Arbeitsblatt 329". Oldenburg: Zentrum für Weiterbildung an der Fachhochschule Oldenburg (ZfW), 2006

[4-33] M-I Drilling Fluids, Firma: Drilling Fluids Handbook

[4-34] Sperry Sun, Firma: sperry drill – Technical Information Handbook, 1997

[4-35] Fox, D.: Drillmasters Report, Directional Drilling, 1997

[4-36] Welldone, Firma: diverse Kataloge und Blätter mit Materialbeschreibungen, 1995-1997

[4-37] Alliquander, Ö.: Das moderne Rotarybohren, VEB Deutscher Verlag für Grundstoffindustrie

[4-38] Bohl, Willi: Technische Strömungslehre

[4-39] GSTT. GSTT-Informationen Nr. 4

[4-40] Neidhardt, D.J.; Solids Control im Bohrbereich in Verbindung mit Flockung und Wasseraufbereitung unter besonderer Berücksichtigung des Umweltschutzes (Vortrag: 1990)

[4-41] Schrank, H.J. c/o Fa. Körting, Aufsatz: Flüssigkeitsstrahl-Feststoffpumpen, 1997

[4-42] Vergabe und Vertragsordnung für Bauleistungen (VOB). Berlin: Beuth Verlag GmbH, 2006

Kapitel 5

[5-1] Arnold, W.: Flachbohrtechnik, Deutscher Verlag für Grundstofftechnik, 1993

[5-2] Elbe, L.: Bohrspülungen im HDD. Essen: Vulkan-Verlag, 2003

[5-3] Strauss, H., Fakultät für Geowissenschaften, Geotechnik und Bergbau – Institut für Bohrtechnik und Fluidbergbau, Technische Universität Bergakademie Freiberg

[5-4] Kuchar: Bohrspülung im HDD. Grundlagenschulung „Technische Regeln DVGW- Arbeitsblatt 329“. Oldenburg: Zentrum für Weiterbildung an der Fachhochschule Oldenburg, 2006

[5-5] Stolzenberg, M.: Vortrag über Spülungen während des Maschinenpraktikums Horizontal Drilling im Bau-ABC Rostrup, 1997

[5-6] Schaumberg, G., Deutsche Bohrmeisterschule Celle, Unterlagen zur Bohrmeisterschulung, Dezember 1996 bis Januar 1997

[5-7] www. lsbu.ac.uk

[5-8] Stein, D.: Grabenloser Leitungsbau, Berlin: Ernst & Sohn Verlag, 2003

[5-9] Zanke, U. C. E.: Hydromechanik der Gerinne und Küstengewässer – Für Bauingenieure, Umwelt- und Geowissenschaftler. Berlin: Blackwell Wissenschafts-Verlag, 2002

[5-10] www.fann.com

[5-11] Bunger, S.: Untersuchungen zu den Auswirkungen korrespondierender Einflüsse bei unterschiedlichen Bohrspülungseigenschaften, Diplomarbeit, FH Oldenburg/Ostfriesland/Wilhelmshaven, 2006

[5-12] Produktinformation der Firma HeidelbergCement

[5-13] Herrmann, G.: Verdämmen von steuerbaren horizontalen Spülbohrungen. Iro-Schriftenreihe Bd. 25, S. 558ff, Essen: Vulkan Verlag, 2003

[5-14] Lemmus, J.L. und JJ. Azar: Drilling Fluids Optimization, Pennwell Books, 1986

Kapitel 6

[6-1] Kingma, N.: Fa. SSDS River Crossing

[6-2] Schubert, J.: Horizontale Pilotbohrung mit Händchen und Köpfchen. Grundlagenschulung „Technische Regeln DVGW – Arbeitsblatt 329“. Oldenburg: Zentrum für Weiterbildung an der Fachhochschule Oldenburg, 2006

[6-3] www.digitrak.com

[6-4] Kohlrausch: Praktische Physik. Teubner Verlag, 1968

[6-5] Haustadt & Timmermann GmbH: Vermessung, Steeringtool und TruTracker

[6-6] Unruth, H.: Steuer- und Messtechniken für flüssigkeitsunterstützte, gesteuerte Horizontalbohrungen zur Leitungsverlegung, Diplomarbeit, FH Oldenburg, 1997

[6-7] Johnson, R.: Fa. CBC WELNAV

[6-8] Scheuble, L.: Microtunneling – Unterirdische Verlegung nichbegehbarer Leitungen. 3R International 33 (1994)

[6-9] Sharewell: Katalog: Stearable Rock Drilling Systems und Photos, 1997

[6-10] Kench, S.: Fa. Prime Horizontal

[6-11] Köhler, R.: Rohrleitungsbauverband

[6-12] Fa. Brownline

[6-13] Arnold, W.: Flachbohrtechnik, Deutscher Verlag für Grundstofftechnik, 1993

[6-14] Gloth, H., Fakultät für Geowissenschaften, Geotechnik und Bergbau, Institut für Bohrtechnik und Fluidbergbau, Technische Universität Bergakademie, Freiberg

[6-15] Rhode, D.: Fa. Baker & Hughes

Kapitel 7

[7-1] DVGW-Arbeitsblatt GW 321„Steuerbare Horizontale Spülbohrverfahren für Gas- und Wasserrohrleitungen – Anforderungen, Gütesicherung und Prüfung" (2003-10)

[7-2] Sjut, V.; Ehlen, K.-D.; Kruse, G.; Kögler, R.; Teer, J.: 2.626m-neuer Weltrekord. Iro-Schriftenreihe Bd. 30, S.238ff, Essen: Vulkan-Verlag, 2006

[7-3] Horizontal Directional Drilling – Technische Richtlinien des DCA, Informationen und Empfehlungen für die Planung, Bau und Dokumentation von HDD-Projekten, Aachen 2000

[7-4] Stein, D.: Grabenloser Leitungsbau, Berlin: Ernst & Sohn Verlag, 2003

[7-5] Graßmann, A.; Birtner, S.: HDD-Querung des Dortmund Ems Kanals – Ein Projekt mit Besonderheiten. Iro-Schriftenreihe Bd. 30, S.238ff, Essen: Vulkan-Verlag, 2006

[7-6] Dr. Kögler, R., Ingenieurbüro Dr. Rüdiger Kögler

[7-7] Böge, M.: Rechnen mit praxisbezogenen Gleichungen. Grundlagenschulung „Technische Regeln DVGW – Arbeitsblatt 329". Oldenburg: Zentrum für Weiterbildung an der Fachhochschule Oldenburg (ZfW), 2006

[7-8] Herrmann, G.: Rohrwerkstoff, Rohrumhüllungen - Kunststoff. Grundlagenschulung „Technische Regeln DVGW-Arbeitsblatt 329". Oldenburg: Zentrum für Weiterbildung an der Fachhochschule Oldenburg (ZfW), 2006

[7-9] Fengler, E.-G., LMR Drilling GmbH

[7-10] Herrmann, G.: Projektdurchführung A. Grundlagenschulung „Technische Regeln DVGW-Arbeitsblatt 329". Oldenburg: Zentrum für Weiterbildung an der Fachhochschule Oldenburg (ZfW), 2006

[7-11] Prime Drilling GmbH – HDD Technology, Firma

[7-12] Lukas, A.: Vortrag auf der IPLOCA 2005 in Berlin

Kapitel 8

[8-1] Horizontal Directional Drilling – Technische Richtlinien des DCA, Informationen und Empfehlungen für die Planung, Bau und Dokumentation von HDD-Projekten, Aachen 2000

[8-2] Herrmann, G.: Projektdurchführung A. Grundlagenschulung „Technische Regeln DVGW-Arbeitsblatt 329". Oldenburg: Zentrum für Weiterbildung an der Fachhochschule Oldenburg (ZfW), 2006

[8-3] Hermsmeyer, M.: Gesteuerte Horizontalbohrungen mit geringen Verlegetiefen im Naturschutzgebiet. Iro-Schriftenreihe Bd. 30, S.238ff, Essen: Vulkan-Verlag, 2006

[8-4] Prime Drilling GmbH – HDD Technology, Firma

[8-5] Bunger, S.: Untersuchungen zu den Auswirkungen korrespondierender Einflüsse bei unterschiedlichen Bohrspülungseigenschaften, Diplomarbeit, FH Oldenburg/Ostfriesland/Wilhelmshaven, 2006

[8-6] Herrmann, G.: Verdämmen von steuerbaren horizontalen Spülbohrungen. Iro-Schriftenreihe Bd. 25, S. 558ff, Essen: Vulkan Verlag, 2003

[8-7] Graßmann, A.; Birtner, S.: HDD-Querung des Dortmund Ems Kanals – Ein Projekt mit Besonderheiten. Iro-Schriftenreihe Bd. 30, S. 238ff, Essen: Vulkan-Verlag, 2006

[8-8] Sjut, V.; Ehlen, K.-D.; Kruse G.; Kögler, R.; Teer, J.: 2.626m-neuer Weltrekord. Iro-Schriftenreihe Bd. 30, S. 238ff, Essen: Vulkan-Verlag, 2006

[8-9] Dr. Rammelsberg, j.

[8-10] Brune, P.: Einbau von Rohren aus duktilem Gusseisen mit dem HDD-Verfahren und Einzelrohreinzug. Iro-Schriftenreihe Bd. 31, S. 178ff, Essen: Vulkan Verlag, 2007

[8-11] DVGW-Arbeitsblatt GW 321„Steuerbare Horizontale Spülbohrverfahren für Gas- und Wasserrohrleitungen – Anforderungen, Gütesicherung und Prüfung" (2003-10)

[8-12] Riege, D.: Verfahrensanforderungen an Horizontal-Spülbohrverfahren. GWF-Wasser/Abwasser, 143 (2002) Nr. 13, S. S79

[8-13] Insight: Dreidimensionale Lagebestimmung. Moll prd – Ingenieur- und Planungsbüro für Rohrvortrieb und Dükerbau, 2005

Kapitel 9

[9-1] DIN 55350, Teil 11 „Begriffe zum Qualitätsmanagement – Teil 11: Ergänzung zu DIN EN ISO 9000:2005" (2007)

[9-2] Roscher, H. u.a.: Praxis-Handbuch, Sanierung städtischer Wasserversorgungsnetze. Verlag Bauwesen, Berlin: 2000

[9-3] DVGW-Arbeitsblatt GW 301 „Qualifikationskriterien für Rohrleitungsbauunternehmen" (1999)

[9-4] DVGW-Arbeitsblatt GW 302 „Qualifikationskriterien an Unternehmen für grabenlose Neulegung und Rehabilitation von nicht in Betrieb befindlichen Rohrleitungen" (2001)

[9-5] DVGW-Arbeitsblatt GW 329 „Fachaufsicht und Fachpersonal für steuerbare horizontale Spülbohrverfahren; Lehr- und Prüfplan" (2003)

[9-6] Schaumberg, G.: Ausbildung des Fachpersonals in der Horizontalbohrtechnik. Iro-Schriftenreihe, Band 27, S. 537 ff. Essen: Vulkanverlag

[9-7] ISO 9001 „Qualitätssysteme Anforderungen" (2000)

Kapitel 10

[10-1] Bayer, H.J.: Brunnenbau im HDD-Verfahren. bbr-Fachmagazin für Brunnen- und Leitungsbau 57 (2006) Nr. 5

[10-2] Breig, U.: Horizontal Directional Drilling im PPT-Verfahren. Iro-Schriftenreihe Bd. 28, Essen: Vulkan Verlag, 2004

[10-3] Kuhn. W.: Pipe Thruster, Easy Pipe, zurückziehbare Maschinen. Ergänzungen zur HDD Technologie. Iro-Schriftenreihe Bd. 31, Essen: Vulkan Verlag, 2007

[10-4] Naujoks, G.: Grabenlos und trassengleich – Überbohren oder Auswechseln von Erdkabelleitungen

[10-5] Tracto-Technik GmbH & Co. KG, Firma: Tractuell, Ausgabe 40/2006

[10-6] Gaile, C.: HDD – Einsatz im Freispiegelkanal. Iro-Schriftenreihe Bd. 28, Essen: Vulkan Verlag, 2004

Bautagesprotokoll Nr.:	______	Datum	______
Kolonne:	______	Protokollführer	______
Bauvorhaben:	______	Streckenlänge	______
Verlegestrecke von:	______	bis	______
Werkstoff:	______ PN ______ bar	Stangen-/Wickellänge	______
Bohrgerät Nr.:	______	Liefer-/Trommelnummer	______
Arbeitsstunnden Bohrgerät	______		

Arbeitszeiten Beginn: ______ Ende ______

P/A/E/R/Pr[1]	Zeit	Zeit	Meter	Bemerkungen

Mannschaft

Name		

Materialverbrauch

______ Bohrmeister

______ Verantwortl. Fachaufsicht

P = Pilotbohrung / A = Aufweitung / E = Einzug/ R = Rohrbauarbeiten / Pr = Prüfungen

Beispiel eines Bohrprotokolls für steuerbare, horizontale Spülbohrverfahren

Bohrprotokoll Nr.:	____________	Datum:	____________	Seite:	____________
Kolonne:	____________	Bauvorhaben:	____________	Streckenlänge:	____________
Bohrstrecke von:	____________	bis:	____________	Bohrgerättyp:	____________
Maschinen Nr.	____________	Gerätefü hrer:	____________	Bauleiter:	____________

Aktivität/ Bemerkung	1	2	3				4	5	6	7	8	9	10	11
	Anfang/ Ende Uhrzeit	Gestängetyp	Position am Ende der Bohrstange[2]				Schubkraft x 10 kN	Zugkraft x 10 kN	Drehmoment kNm	Drehzahl min^{-1}	Fördermenge l/min	Pumpendruck bar	Austrittspunkt der Spülung	Hinweise zum Boden z.B. Sand, Lehm
			A	B	C	D								

2) A: Länge Bohrgestänge zu Station o-Punkt (m)
B: Tiefe des Bohrkopfes (m)
C: Abweichung zur Soll-Achse
D: Neigung des Bohrkopfes

PROJEKT ________________

Bericht Nr.		**Länge**		**Datum:**	
Bericht für:		Anlage		Bohrbeginn	

Bohrstrang		**Spülungsvolumen**		**Zirkulationsdaten**	
Werkzeug		Bohrloch (m^3)		Pumpendruck (bar)	
Gestänge		Tanks (m^3)		Pumpenvolumen (l/min)	
NMDC		Gruben (m^3)		Bit to surface (min)	
Mud motor		Umlauf ges. (m^3)		Umlauf (min)	
Düsen				Annular velocity (m/min)	

Spülungseigenschaften					**Feststoffkontrolle**	Laufzeit
Uhrzeit					Schüttelsieb	
Pilot/Räumen (m)					Schüttelsieb	
Dichte (g/cm³)					Schüttelsieb	
ScheinbViscosity (sek)					Desander	
					Desilter	
Plast. Viscosity (cP)					**Materialverbrauch**	
Fließgrenze (lbs/100ft²)					Produkt	Zahl
Gels (10sec/10min)						
Fluid Loss (ml/30min)						
Dichte (Loch) (g/cm³)						
pH						
Chloride (g/l)						
Magnesium (g/l)					**Ganzheitlich Materialver.**	
Sandgehalt (%)						
Feststoffgehalt (%)						
Wassergehalt (%)						
Leitfähigkeit (mS)						

Fann verte		**Bemerkungen**
600		
300		
200		
100		
6		
3		

Bodenformation	Spülungsingenieur	Telefon

Rohrbuch

Bauherr / Betreiber:
Leitungs- / Komm.-Nr.:
Leitung:
Abschnitt:

Unternehmer:
Datum:
Seite: 1 von 1

Lfd.Meter	Rohrabm. d_a x s	Werkstoff	Hersteller	Bestellnr.	Rohrnr.	Einbauteile[1]	Länge (m)	Nahtnr.	geschw. am	Schw.-kolonne	Sicht prüf.	Rep. Schw.	DS[2]	US[3]	Bemerkungen
0,00							0,00								
						Summe Seite:	0,00	1			**Summe Seite:**		0	0	
						Gesamt:	0,00	1			**Gesamt:**		0	0	

1) d.h. Formstücke, Armaturen, Mantelrohre, Meßkontakte Werkbogen (mit Hersteller, Abmessung, Fabr.-Nr.) usw.
2) DS = Durchstrahlprüfung
3) US = Ultraschallprüfung

Rohre und sonstige Rohrleitungsteile in ordnungsgemäßen Zustand eingebaut

Rundnähte und Rohrumhüllungen geprüft und für einwandfrei erkannt

Die Bauaufsicht: ______________________

Protokoll über Fertigung und zerstörungsfreie Prüfungen

Projekt Nr.

Baueinheit **BE 1**

Blatt BE 1-3

	Schweißungen					Schweißnahtprüfungen															
	Wurzel			Füll- und Decklage		Durchstrahlung				Dichtheitsprüfung mit schaumbildenden Mitteln				Oberflächenrissprüfung				Visuelle Prüfung			
Naht-Nr.	Datum	Prozess	Schweißer	Prozess	Schweißer	Datum	Prüfer	e	ne	Datum	Prüfer	e	ne	Datum	Prüfer	e	ne	Datum	Prüfer	e	ne
1/1	26.06.00	141	16	111	1	27.06.00	FW-04	X										04.07.00	TÜV 8	X	
1/2	26.06.00	141	16	111	1	27.06.00	FW-04	X										04.07.00	TÜV 8	X	
1/3	27.06.00	141	5	111	26	27.06.00	FW-04	X										04.07.00	TÜV 8	X	
1/4	27.06.00	141	5	111	26	27.06.00	FW-04	X										04.07.00	TÜV 8	X	
M1/1	29.06.00	141	16	135	16	02.07.00	FW-04	X										04.07.00	TÜV 8	X	
M1/2	29.06.00	141	16	111	26	02.07.00	FW-04	X										04.07.00	TÜV 8	X	
M1/3	30.06.00	141	16	135	16	02.07.00	FW-04	X										04.07.00	TÜV 8	X	

Montage und allgemeine Prüfungen

Montage IR		Montage Lager / Isolierung		Montage MR		Beschichtung		Isotest 25 kV		Beschriftung		Maßkontrolle				Meldeaderkontrolle			
Datum	Monteur	Datum	Monteur	Datum	Monteur	Datum	Monteur	Datum	Prüfer	Datum	Monteur	Datum	Prüfer	e	ne	Datum	Prüfer	e	ne
26.06.00	Thomas	29.06.00	Thomas	29.06.00	Thomas	03.07.00	Heinrich	03.07.00	Heinrich	04.07.00	Heinrich	03.07.00	Thomas	X		entf.	entf.	entf.	
			Andreas		Krebs		Folta												

Endkontrolle

Verpackung		Verladung		Endkontrolle QS		Bemerkungen
Datum	Monteur	Datum	Monteur	Datum	Prüfer	
04.07.00	Heinrich	04.07.00	Heinrich	04.07.00	FW-04	Bauprüfung o. B. TÜV 8
	Altunöz				Kuchenbecker	e: erfüllt
						ne: nicht erfüllt

Inserentenverzeichnis

PRIME DRILLING GmbH
Ludwig-Erhard-Str. 4
57482 Wenden-Gerlingen
Tel. +49 (0) 27 62 / 9 30 96 – 0
Fax +49 (0) 27 62 / 9 30 96 - 50
Internet: www.prime-drilling.de 6

Radiodetection CE, Continental Europe
Groendahlscher Weg 118
46446 Emmerich am Rhein
Tel. +49 (0) 28 51 / 92 37 – 20
Fax +49 (0) 28 51 / 92 37 – 5 20
Internet: www.radiodetection.de 174

SÜD-CHEMIE AG
Spezialtiefbau
Ostenrieder Str. 15
85368 Moosburg
Tel. +49 (0) 87 61 / 82 – 6 25
Internet: www.sud-chemie.com .... 2. Umschlagseite

TRACTO-TECHNIK GmbH & Co. KG
Postfach 40 20
57356 Lennestadt
Tel. +49 (0) 27 23 / 8 08 – 0
Fax +49 (0) 27 23 / 8 08- 1 80
Internet: www.tracto-technik.de 89

Tramann+Sohn GmbH & Co. KG
Haselriege 6 / Etzhorn
26125 Oldenburg
Tel. +49 (0) 4 41 / 9 30 90 – 0
Fax +49 (0) 4 41 / 9 30 90 – 17
Internet: www.tramann.de 231

Vermeer Deutschland GmbH
Puscherstr. 9
90441 Nürnberg
Tel. +49 (0) 9 11 / 5 40 14 - 0
Fax +49 (0) 9 11 / 5 40 14 – 99
Internet: www.vermeer.de 239

Max Wild GmbH
Leutkircher Straße 22
88450 Berkheim
Tel. +49 (0) 83 95 / 9 20 – 0
Fax +49 (0) 83 95 / 9 20 – 30
Internet: www.maxwild.com 9